数据要素化时代的数据治理

上海市静安区国际数据管理协会　编

人 民 邮 电 出 版 社
北 京

图书在版编目（CIP）数据

数据要素化时代的数据治理 / 上海市静安区国际数据管理协会编. -- 北京 : 人民邮电出版社, 2024.
ISBN 978-7-115-65179-2
Ⅰ. TP274
中国国家版本馆 CIP 数据核字第 2024HE1912 号

内 容 提 要

随着数字化的发展，数据逐渐融入生产、分配、流通、消费和社会服务管理等环节，为数据的拥有者或使用者带来经济效益，成为一种新型的生产要素，给生产方式、生活方式和社会治理方式带来了深刻的变革。

本书主要介绍数据要素化时代的数据治理。本书分为 5 篇。第一篇“数据治理新趋势”介绍 DataOps 的发展及实践，产业级数据治理新趋势，数据治理的场景化、工程化和智能化，以及数据资产的安全运营。第二篇“新理论、新方法和新技术”介绍数业的逻辑及路径、数据治理的闭环管理方法、数据资产价值的呈现、数据治理的共治共享、精益数据治理，以及数据治理的“新四化”。第三篇“新型数据基础设施”详细介绍来自平安人寿、阿里巴巴和镜舟科技 3 家企业的数据中台产品的创新情况。第四篇“行业数据治理与数据安全治理”首先介绍高校是如何进行数据治理的，然后介绍数据的安全运营和数据质量问题解决之道。第五篇“企业最佳实践”分享中国石化、中电金信和中国联通 3 家企业在数据治理过程中积累的经验。

本书适合对数据管理、数据治理、数字化转型等主题感兴趣的读者阅读，尤其适合从事相关工作的读者参考借鉴。

◆ 编　　上海市静安区国际数据管理协会
责任编辑　龚昕岳
责任印制　王　郁　焦志炜

◆ 人民邮电出版社出版发行　　北京市丰台区成寿寺路 11 号
邮编　100164　　电子邮件　315@ptpress.com.cn
网址　https://www.ptpress.com.cn
北京盛通印刷股份有限公司印刷

◆ 开本：720×960　1/16
印张：15.5　　2024 年 10 月第 1 版
字数：251 千字　　2025 年 4 月北京第 3 次印刷

定价：69.80 元

读者服务热线：(010)81055410　印装质量热线：(010)81055316
反盗版热线：(010)81055315

编　委　会

主编：胡博

副主编：吕璐

作者（依编写章节排序）：

王　瀚　高　伟　毛大群　王　琤　张晓东　卢云川

符海鹏　凌立刚　史　凯　刘　晨　朱　晟　洪子健

冉秋萍　田奇铣　王有卓　汪　浩　丁　勇　刘永波

郑保卫　蒋　楠　杜啸争　欧阳秀平

序

作为一个专业的非营利性机构，上海市静安区国际数据管理协会（DAMA 大中华区）自成立以来一直秉承国际数据管理协会（Data Management Association International，DAMA 国际）“志愿、服务、共享、开放、中立”的原则，努力为我国的数据管理和数字化转型相关工作贡献力量。每年举办一次“DAMA 中国数据管理峰会”就是这种努力的表现之一。

2022 年的“DAMA 中国数据管理峰会”紧扣“数据基础制度和数字化转型”这一主题，深入分析了数据管理领域的国内外政策、趋势及标准，重点聚焦行业最佳实践与应用，助力业界人士提升认知，帮助企业从容应对数字化浪潮下的挑战与机遇，致力于我国数字化水平的不断提高和创新。本次大会能够圆满举行，要感谢本协会主管单位——上海市静安区科学技术委员会的大力支持，也要感谢各界合作伙伴的帮助，还有我们全体会员的奉献。

本次大会共有四大议题。

- **“基础制度”**：响应国家关于“数据基础制度”的指示，大会邀请了北京、上海、广州、深圳 4 地数据交易所的领导，并由来自北京国际大数据交易所的王臻和上海数据交易所的卢勇进行分享，就数据确权、数据资产价值评估、交易规则、数据合规等问题进行了深度分享和讨论。
- **“数字化转型”**：围绕数字政府和政务数据治理的主题，由来自上海市大数据中心、山东省大数据局、广东数字政府研究院、数字浙江技术运营有限公司、广州市政务服务数据管理局、东莞市政务服务数据管理局等组织机构的专家做了公开或闭门的分享和交流。专家们一致认为数字政府（包括政府和公共数据的数据供应链改革等）是整体数字化转型的一大关键。
- **“生态产业”**：由来自中国联通、中国石化、阿里巴巴、三一集团等组织机构的专家进行分享，分别就数字化组织架构的设立、数字化素养、首席数据官机制、数字生态的建设和健全等问题进行广泛且深入的讨论，并总结各自企业的成功经验。
- **“数据治理”**：十多家在业界具有较高品牌影响力的服务提供商和产品提供商提出了一些新的概念和方法论，比如数业（对应农业、工业）、数商（数据要素的运营商）、产业级（不仅限于项目级和企业级）的数据治理、数据治理的 10 种模式、数据质量问题解决之道等。

本次大会还邀请了国内外著名的行业大咖进行了公开分享，包括“数据仓库之父”比尔·恩门（Bill Inmon）、提出大数据 3V（Volume, Variety, Velocity，分别代表数据量大、数据类型多、数据处理速度快）概念的 Gartner 公司分析师道格·莱尼（Doug Laney）、提出 DIKW（Data, Information, Knowledge, Wisdom，数据、信息、知识、智慧）模型的罗伯特·阿巴特（Robert Abate）、提出数据素养（data literacy）概念的 DAMA 国际主席彼得·艾肯（Peter Aiken）等。

此外，DAMA 大中华区的 11 位资深会员在本次大会上进行了专场分享，他们基于自身丰富的实践经验，梳理了数字化转型的难点和痛点、数据管理的成功之路等，并就个人的职业发展、数字化方向的创业计划等话题进行了充分的讨论和交流。

作为本次大会的后续工作内容之一，我们整理出版了本书，收录了本次大会上部分演讲嘉宾的演讲内容，以及从本次大会征文活动中挑选出来的部分优秀论文。我们这样做不只是为了记录，更是为了能给更多的人提供进一步学习和交流的机会。

数据是数字经济的基础，数据管理是数字化转型的前提。数字化转型是一个长期且艰巨的过程，数据和数据管理本身也面临着许多问题。在业务层面，对于数据的确权、数据的价值评估、数据作为生产要素如何进入市场流通等问题，目前还没有定论。在技术层面，数据网格、湖仓一体、流批一体、数据资源目录的梳理、主数据和数据标准的建设、数据安全、数据质量等也都面临着一系列的问题。

未来，DAMA 大中华区将继续前行，为建设我国自有的数据管理和数字化体系而努力！

期待下次相聚！

汪广盛

DAMA 大中华区主席

上海市静安区国际数据管理协会会长

前　言

2022 年 12 月，《中共中央 国务院关于构建数据基础制度更好发挥数据要素作用的意见》（以下简称“数据二十条”）正式发布，为我国加快构建数据基础制度体系，进一步释放数据要素价值，激活数据要素潜能指明了方向。就在“数据二十条”发布之后不久，DAMA 大中华区举办了以“数据基础制度和数字化转型”为主题的数据管理峰会，与会嘉宾就“数据二十条”展开热烈讨论，一致认为：数据是新的生产要素，数据基础制度的构建无疑能够更好地发挥数据要素的作用，应通过数据资源化、资产化和资本化等数据要素化关键步骤来全面释放数据要素的潜能。

为了将与会嘉宾的观点结集成册以飨读者，我们将此次峰会的部分演讲稿和优秀来稿整理成本书。全书分为五篇，共 20 章。

第一篇“数据治理新趋势”包含 4 章，分别介绍了 DataOps 的发展趋势及实践探索，数据要素时代产业级数据治理新趋势，数据治理进阶——场景化、工程化、智能化，以及数据资产安全运营和演进趋势。

第二篇“新理论、新方法和新技术”包含 6 章，分别介绍了数业的逻辑及路径、业务驱动的数据治理闭环管理方法、数据资产价值呈现之道、数据治理的共治共享、价值驱动的精益数据治理，以及数据治理的“新四化”。

第三篇“新型数据基础设施”包含 3 章，分别介绍了平安人寿数据中台建设实践、阿里巴巴数据治理平台建设实践，以及后 Hadoop 时代的数据分析之道。

第四篇“行业数据治理与数据安全治理”包含 4 章，分别介绍了高校数据治理工程化探索与实践、场景化数据治理助推“智校”提升、数字化时代数据安全运营的探索与实践，以及数据质量问题解决之道。

第五篇“企业最佳实践”包含 3 章，分别分享了中国石化、中电金信和中国联通 3 家企业在数据治理过程中积累的经验。

遗憾的是，受多方因素影响，我们无法将全部，尤其是特定主题的嘉宾报告收录到本书中。我们将通过“MyDAMA”公众号、小程序及视频号等新媒体渠道，将这些精彩的内容以另一种形式呈现给读者，敬请关注。

资源与支持

资源获取

本书提供如下资源：

- 本书思维导图；
- 异步社区 7 天 VIP 会员。

要获得以上资源，您可以扫描下方二维码，根据指引领取。

提交勘误

作者和编辑尽最大努力来确保书中内容的准确性，但难免会存在疏漏。欢迎您将发现的问题反馈给我们，帮助我们提升图书的质量。

当您发现错误时，请登录异步社区（https://www.epubit.com），按书名搜索，进入本书页面，单击“发表勘误”，输入错误信息，然后单击“提交勘误”按钮即可（见下图）。本书的作者和编辑会对您提交的错误信息进行审核，确认并接受后，您将获赠异步社区的 100 积分。积分可用于在异步社区兑换优惠券、样书或奖品。

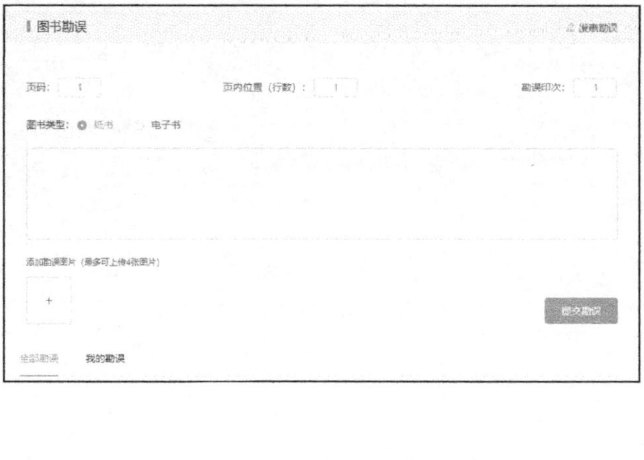

与我们联系

我们的联系邮箱是 contact@epubit.com.cn。

如果您对本书有任何疑问或建议，请您发邮件给我们，并请在邮件标题中注明本书书名，以便我们更高效地做出反馈。

如果您有兴趣出版图书、录制教学视频，或者参与图书翻译、技术审校等工作，可以发邮件给我们。

如果您所在的学校、培训机构或企业想批量购买本书或异步社区出版的其他图书，也可以发邮件给我们。

如果您在网上发现有针对异步社区出品图书的各种形式的盗版行为，包括对图书全部或部分内容的非授权传播，请您将怀疑有侵权行为的链接通过邮件发送给我们。您的这一举动是对作者权益的保护，也是我们持续为您提供有价值的内容的动力之源。

关于异步社区和异步图书

“异步社区”是由人民邮电出版社创办的 IT 专业图书社区，于 2015 年 8 月上线运营，致力于优质内容的出版和分享，为读者提供高品质的学习内容，为作译者提供专业的出版服务，实现作译者与读者的在线交流互动，以及传统出版与数字出版的融合发展。

“异步图书”是异步社区策划出版的精品 IT 图书的品牌，依托于人民邮电出版社在计算机图书领域 30 余年的发展与积淀。异步图书面向 IT 行业以及其他行业的 IT 用户。

目　录

第一篇　数据治理新趋势

第二篇 新理论、新方法和新技术

第一篇
数据治理新趋势

第1章 DataOps的发展趋势及实践探索

王瀚 海南数造科技有限公司联合创始人、首席运营官，南开大学MBA，海南省领军人才，DAMA大中华区会员，DAMA认证数据治理专家（Certified Data Governance Professional，CDGP），开放群岛开源社区首席数据科学家，中国信息协会理事，中国信息通信研究院（以下简称中国信通院）大数据技术标准推进委员会DataOps方向专家委员，曾主导多个世界500强企业数据中台、数据治理项目的咨询和建设，参与中国信通院《数据资产管理实践白皮书》5.0版和6.0版、《DataOps实践指南》1.0版和2.0版等多个行业权威报告及标准的编写。

1.1 DataOps促进数字化转型

在当前的数字经济时代，我国政府出台了一系列规划和意见，强调数据作为一种新型的生产要素，应该赋能数字化转型和实体经济，因此对数据管理提出了新的要求，即能够高效、合规、有序、自主地利用数据，在组织内部要能促进数字化转型，在组织外部要能保障数据要素的有序流通。

当前的数据管理诉求与现状仍存在较大差距，如图1-1所示。企业希望能够快速地调取数据，更快地获得数据洞察；能够有准确的数据以便辅助做出正确的决策；能够有自助分析的能力，让数据分析师、数据科学家进行创新探索；能够在安全合规的环境中使用数据，等等。由此可见，企业在数字化转型方面依然任重而道远。

与此同时，我们也看到了云和大数据技术的普及和演变，以及开源社区的活跃，出现了湖仓一体、流批一体等众多数据架构和新的数据组件（以下简称组件）。这些组件的出现说明当前企业的数据体量更大、类型更加多样化并且数据分析过程更加复杂。但每一种组件的出现主要是为了解决特定的问题，因此这些组件的组合使用带来了新的挑战，包括复杂的数据管道、割裂的元数据、较高的使用门槛和运维成本、不安全的数据环境等。

当前企业在数据管理方面的诉求是从“管”到“用”的转变：希望有敏捷的数

据管道，以便对数据复杂的流程做好编排；希望有统一的元数据，以便形成准确一致的数据语义，让数据消费者能够在统一的语言里去理解数据的含义；希望有自主独立的工作空间，从而能够让不同的数据消费者进行独立的探索；希望有安全可信的数据环境，以便数据消费者更放心地利用数据。图 1-2 展示了现代数据栈及其特点，从中可见当下企业对数据管理提出了更高的要求。

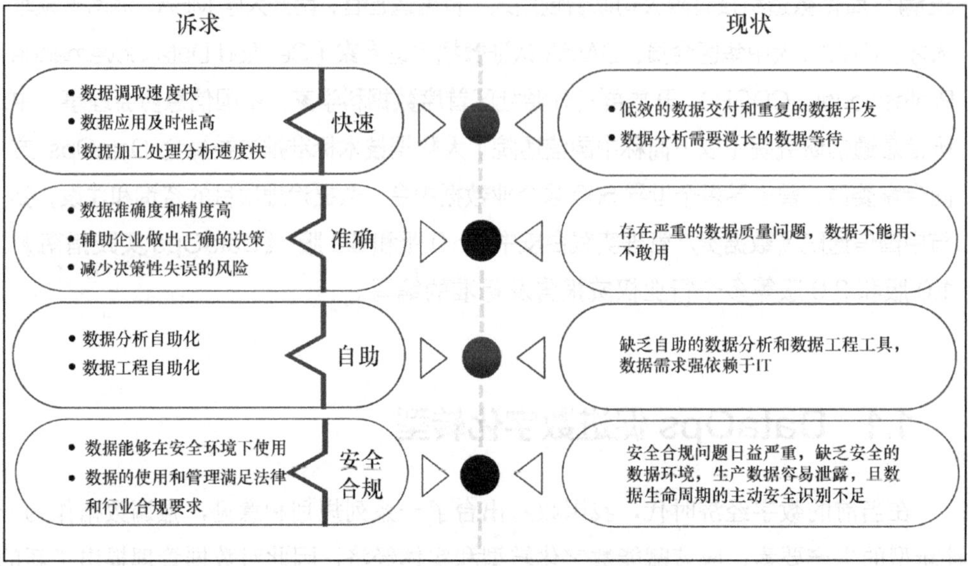

图 1-1 数据管理诉求与现状的差距

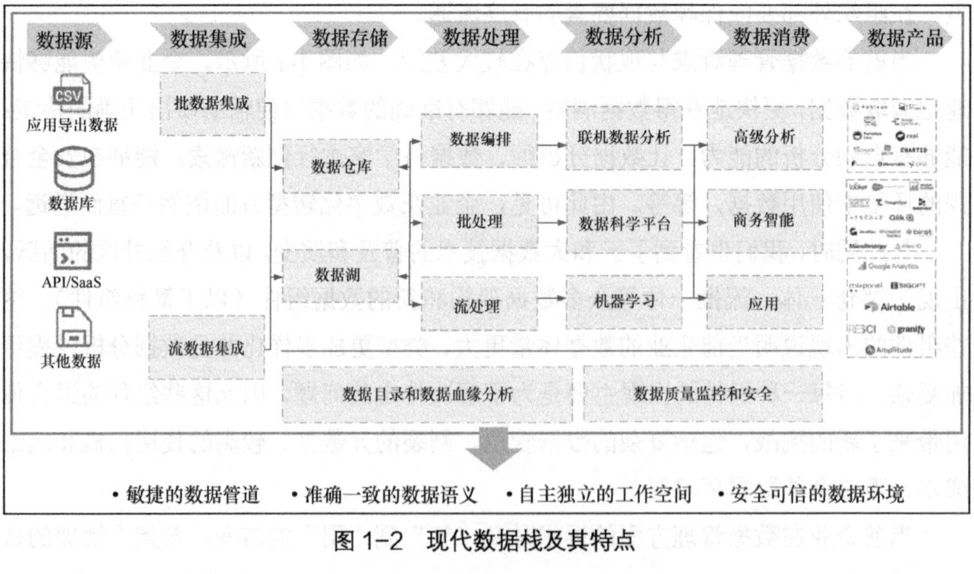

图 1-2 现代数据栈及其特点

面对快速变化的业务需求和复杂的技术组件，业界借鉴 DevOps（开发运维一体化）的方法，提出 DataOps（数据研发运营一体化）的概念。DataOps 是应对业务需求快速变化和业务价值转化的关键策略，其通过构建和增强数据管道的方法和技术，满足新技术引入和数据流向价值流转化的需求。

DataOps 是一种将敏捷、DevOps、精益和产品思维等多个方法论融合在一起的数据开发和运营方法，以实现更高效、更灵活、更稳定的数据生命周期管理。DataOps 强调从业务需求到数据分析价值输出的全链条整合，旨在实现敏捷和协作的数据开发，利用 DataOps 的持续集成/持续交付（Continuous Integration / Continuous Delivery, CI/CD）能力来最大限度地减少流程浪费，并专注于业务本身的成本和收益。同时，DataOps 能够充分体现产品思维，输出能够最大限度满足业务需求的内容，从而实现数据从数据流向价值流的转化。

在 DataOps 中，敏捷的思想体现在快速响应业务需求和变化。参考 DevOps 的方法，DataOps 实现了数据工程更短的迭代周期和更高的交付效率。精益思想的应用可以帮助团队更好地理解数据价值流，消除数据开发和运营过程中的浪费，优化流程，提高数据生产效率和质量。产品思维是一种以用户需求为中心、持续创新和迭代的思考方式，强调的是用户体验和价值创造。在 DataOps 中，产品思维的应用可以帮助团队更好地理解业务需求，将用户价值放在首位，优化数据产品的设计和功能，实现更高效、更灵活、更稳定的数据生命周期管理。

1.2 DataOps 的发展与特点

DataOps 的概念最早由莱尼·利伯曼（Lenny Liebmann）于 2014 年提出，他指出 DataOps 是优化数据科学团队和运营团队之间协作的一些实践的集合。随后，业界开始对 DataOps 的概念进行研究和提炼。2015 年，英国 Tamr 公司的安迪·帕尔默（Andy Palmer）提出了 DataOps 的 4 个关键构成：数据工程、数据集成、数据安全和数据质量。2017 年，美国 Nexla 公司的贾拉·尤斯顿（Jarah Euston）把 DataOps 的核心定义为从数据到价值，这是首个把 DataOps 和业务价值关联起来的定义。自 2018 年被高德纳（Gartner）公司纳入数据管理技术成熟度曲线以来，DataOps 的热度逐年上升。2021—2022 年，Forrester 公司、国际数据公司（International Data Corporation，IDC）、IBM 公司陆续发布各自在 DataOps 方向的研究和探索。自 2022 年以来，DataOps 处在一个从萌芽期到爆发期的关键过渡阶段，预示着未来 2～5 年

DataOps 将得到广泛的实践应用。2022 年，中国信通院将 DataOps 列为当年大数据十大关键词之一，同时发布了 DataOps 成熟度模型的相关标准，可见国内业界对 DataOps 的关注也越来越多。

综合各家观点，可用如下几个关键词来概括 DataOps 的概念：敏捷、协作、自动和业务价值的呈现。那么 DataOps 究竟能给企业带来什么样的价值呢？主要有以下 4 点。

（1）能够提高数据生产效率。速度是 DataOps 的主要驱动力，数据管道的优化使得 DataOps 能够快速实现一个业务从需求到开发成果的输出，整个流程更加敏捷，并且具备快速迭代的能力，从而及时响应需求的变化。

（2）提高质量和可靠性。DataOps 通过定义明确的管道流程来保证研发的规范性，并通过自动化测试和持续集成/持续交付流程来确保交付质量，还通过落标①检查和质量校验来保证数据的标准化和准确性。

（3）自动化和标准化。DataOps 通过自动化和标准化的方式，减少了手动干预和重复工作，降低了 IT 运营和维护的成本。

（4）打破部门之间的界限。DataOps 鼓励交流与协作，有利于企业建设数据文化，提高整个企业的生产力，让所有人都愿意通过数据来做分析。

DataOps 定义了数据管理的新模式，让数据管道、数据处理流程、数据技术和团队能有效结合起来。图 1-3 所示为韦恩 • 埃克森（Wayne Eckerson）给出的一个 DataOps 框架：中间的数据管道表示从数据来源到数据结果输出的过程，包含数据采集、数据工程和数据分析 3 个环节；下半部分列出用到的相关技术，包括数据捕获、ETL（Extract-Transform-Load，提取-转换-加载）、数据准备、数据血缘、数据目录、数据治理、数据分析等；上半部分是整个数据管道的处理流程，包含持续集成、持续部署、编排工作流和调度、持续测试等。总的来讲，DataOps 将 DevOps 的敏捷开发和持续集成应用到了数据领域，以优化和改进数据管理者和数据消费者的协作，实现持续交付的数据生产线。

当前整个数据栈的生态蓬勃发展，有很多开源的组件，且不乏行业领先的独角兽企业。然而从数据的集成、加工到调度编排，再到治理和分析，众多技术栈的出现更需要使用 DataOps 的方法把这些产品和组件集成在一起，以便做好组件的融合和流程编排，让企业的数据开发和运营更便捷、更简单，因此未来几年 DataOps 的发展将迎来爆发期。

① 落标，即落实标准。

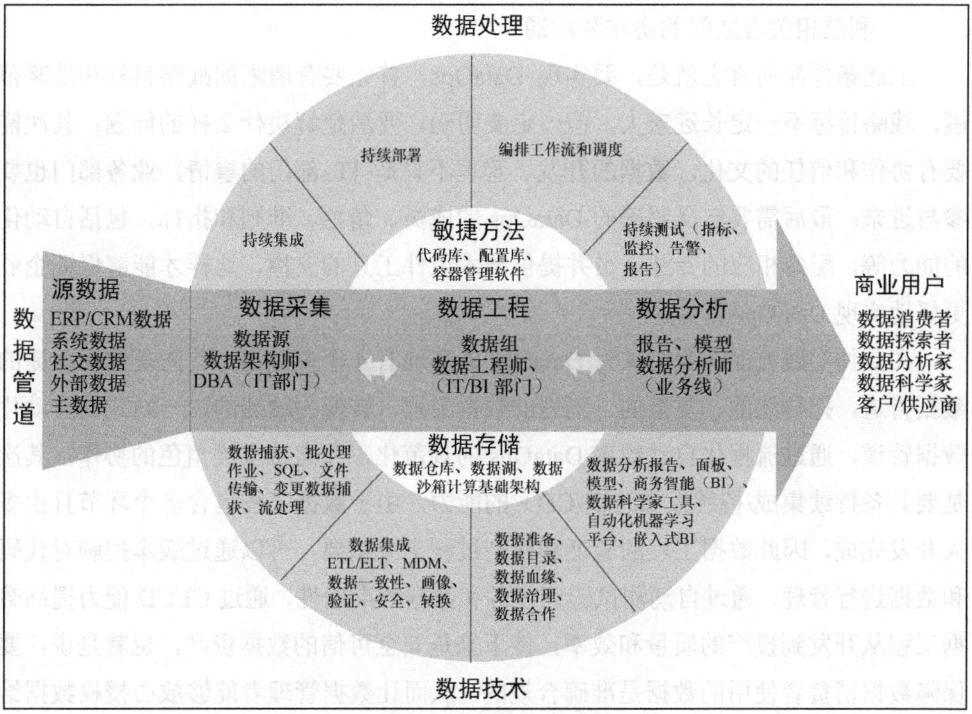

图 1-3 DataOps 框架

1.3 DataOps 的实践探索

IDC 出具的相关统计报告显示，当前已有 10%的企业完全实现了 DataOps，而 80%以上的企业表示需要实现 DataOps，这说明 DataOps 有着广泛的认同和市场。那么实现 DataOps 有哪些条件呢？

- **战略**：DataOps 为数字化转型奠定基础，它是一个经过深思熟虑的数据战略的一部分，组织要明确当前的战略目标和战略范围。
- **文化**：DataOps 的核心是协作和信任的文化。所有利益相关者都必须共同努力，并对整个过程负责。在所有阶段了解业务需求至关重要。
- **流程**：DataOps 需要定义明确的流程、角色、准则和指标，以加强 DataOps 的原则。
- **人员**：DataOps 需要明确与数据生命周期一致的人力资源，包括内部客户和利益相关者。
- **技术**：DataOps 需要工具和基础架构来支持自动化、测试和编制，以及所有利益相关者之间的协作和沟通。

上述条件简而言之就是，要实现 DataOps，首先要有清晰的战略目标和战略范围，战略目标不一定长远宏大，但一定要明确，要清楚解决什么样的问题；其次需要有协作和信任的文化，数据的开发、管理不只是 IT 部门的事情，业务部门也要参与进来；最后需要定义明确的 DataOps 的成员、角色、准则和指标，包括自动化的能力等，配备相应的专业人员并提供技术组件工具的支撑，这样才能够保证企业更好地实现 DataOps 落地。

在具体实践方面，我们认为 DataOps 的落地有 4 个关键点：首先是实现敏捷的数据管道，把传统的、复杂的、割裂的数据工程，转变为敏捷的、一站式的自动化数据管道，通过流程化自动约束 DataOps 的规范化，并支持多类角色的协作；其次是要具备持续集成/持续发布（CI/CD）的能力，由于数据工程包含多个环节且由多人开发完成，因此数据工程的验证和投产过程十分重要，可以通过版本控制对代码和数据进行管理，通过自动测试验证任务和数据的准确性，通过 CI/CD 能力提高数据工程从开发到投产的质量和效率；接下来是安全可信的数据资产，也就是说，要保障数据消费者使用的数据是准确合规的，从而让数据管理者能够放心授权数据给数据消费者使用；最后是自助的数据分析和探索能力，业务分析师和数据科学家等可能有一些创新性的研究或碎片化的需求，他们可以在安全授权的前提下，利用简单快速的数据访问和分析能力来探索数据，实现数据民主化。

下面具体介绍实现 DataOps 落地的每一个关键点。

（1）敏捷的数据管道。敏捷的数据管道强调 DataOps 过程的自动化和协作化，包括沙箱创建、资源申请、数据发现、数据准备/集成、模型设计、数据加工、任务编排、版本管理、任务测试、部署上线等能力，还涉及多种角色的协作过程，旨在高效地对数据工程、数据技术和数据流程进行结合及流程自动化。图 1-4 展示了一个敏捷的数据管道。

（2）持续集成/持续发布的能力。传统的数据开发通常会在文本或工具中编写脚本，并将其提交到测试环境进行验证。如果验证出现问题，则需要修改并重新测试脚本。因此传统的数据开发存在以下 3 个问题。

- 大型数据工程需要多人协作，当团队中有很多人参与编写和修改代码时可能会出现错误，缺少版本控制管理将导致无法找到以前的版本。
- 当切换环境时，需要修改很多环境参数，比如数据集成和加工时的测试或生产环境参数，这很容易造成漏改或错改。

- 传统模式下的整个投产过程缺乏管理，数据审计时发现的问题很难追溯，并且由于数据业务需求变化频繁，即使一次成功的投产，也可能因为后续变更而需要再次进行投产。

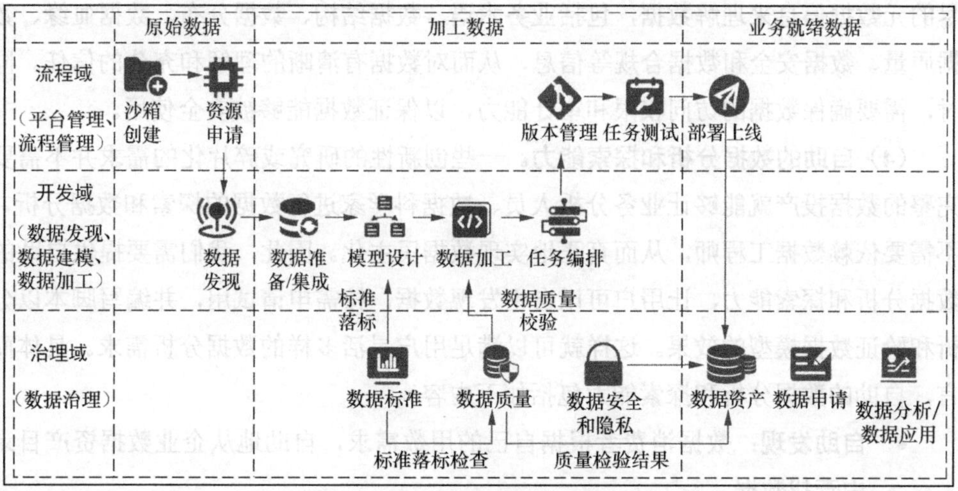

图 1-4 敏捷的数据管道

此时，持续集成/持续发布的能力将发挥作用。它能够实现环境的统一管理、自动化的编排、测试和上线流程的管理，并提供审计功能。持续集成/持续发布的能力是 DataOps 的核心。图 1-5 展示了一个基于 DataOps 平台进行持续集成/持续发布的示例。

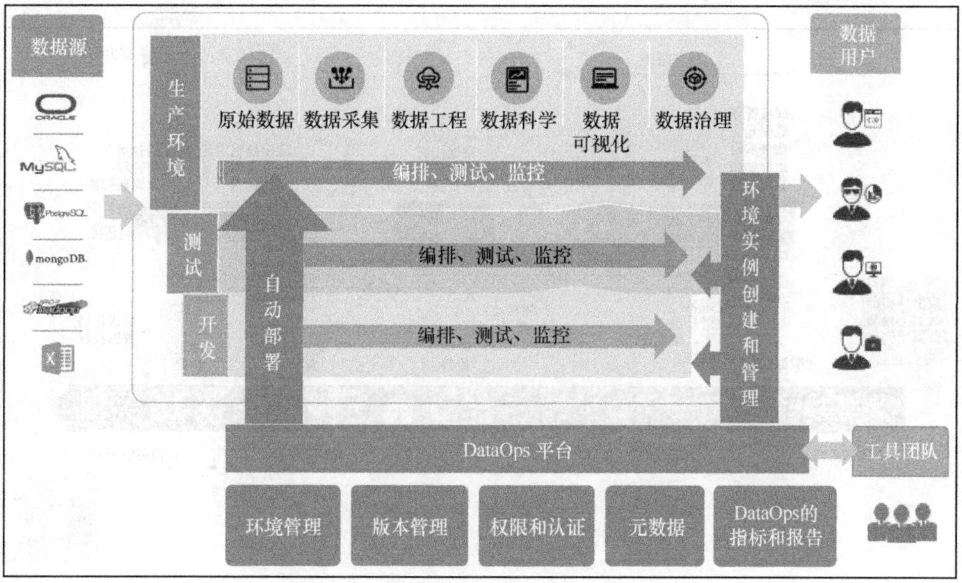

图 1-5 数据的持续集成/持续发布

（3）安全可信的数据资产。对于数据资产，数据消费者需要"能找到""看得懂""放心用"。数据消费者在进行数据分析前，首先需要找到数据。这就需要一个可搜索且易于理解的数据目录工具，以便找到企业中存在的数据资产，并通过详尽的元数据信息来理解数据，包括业务术语、数据结构、数据分布、数据血缘、数据质量、数据安全和数据合规等信息，从而对数据有清晰的理解和充分的信任。同时，需要确保数据的访问权限和审计能力，以保证数据能够被安全使用。

（4）自助的数据分析和探索能力。一些创新性的研究或碎片化的需求并不需要完整的数据投产就能够让业务分析人员、数据科学家进行数据的探索和数据分析，不需要依赖数据工程师，从而真正地实现数据民主化。因此，我们需要提供自助的数据分析和探索能力，让用户可以自主发现数据，按需申请试用，并编写脚本以分析和验证数据模型的效果。这样就可以满足用户灵活多样的数据分析需求。具体而言，自助的数据分析和探索能力包括如下内容。

- **自助发现**：数据消费者根据自己的用数需求，自助地从企业数据资产目录中查找数据。
- **按需访问**：数据消费者获得授权后，能够轻松便捷地访问数据。
- **自助使用**：针对数据分析需求，数据消费者可以构建个人数据沙箱，在个人数据沙箱中进行数据的分析和探索，并将分析结果导出和可视化。

总的来说，DataOps 的能力覆盖了整个数据研发和治理的过程。如图 1-6 所示，

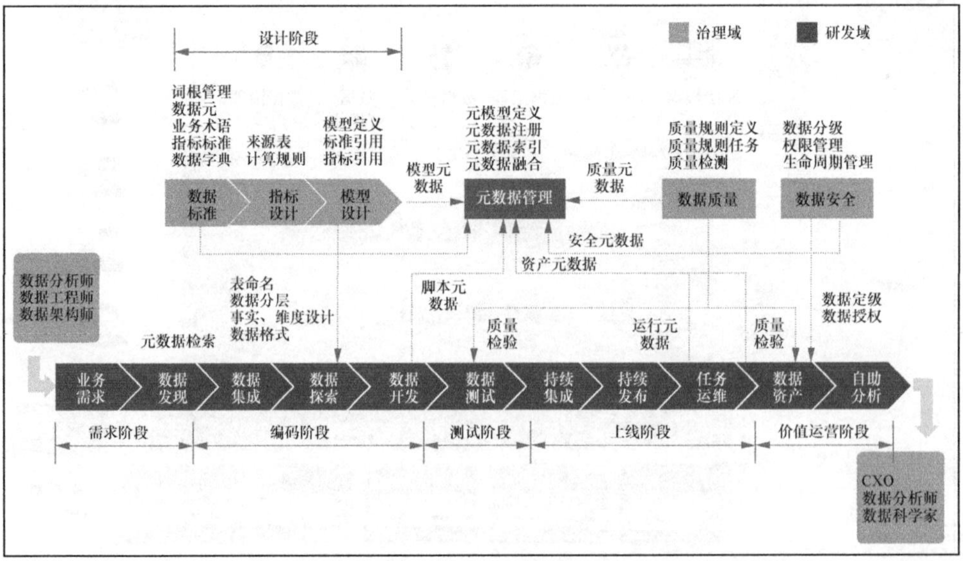

图 1-6 DataOps 灵活贯穿整个数据研发和治理的过程

DataOps 从数据的需求阶段开始，贯穿到编码、测试、上线以及价值运营阶段。通过统一的元数据，它可以贯穿所有流程，并且这些流程在实践中可以组合和拆分，以满足企业在 DataOps 方面的需求。

1.4 未来展望

对于 DataOps 未来的发展，业界充满了信心。2022 年 12 月，Gartner 发布的《DataOps 工具市场指南》指出，DataOps 可以增强我们的数据管理能力，使我们有更好的投入产出，包括通过可靠的数据交付来获得卓越的运营能力，通过多流程的集成和自动化来提高整个生产效率。鉴于此，我们认为未来 DataOps 的演变方向将包括以下 4 个方面。

（1）从理论抽象到具体化、标准化。业界掀起对 DataOps 的探索和实践，让 DataOps 从抽象的概念逐步走向可落地的标准和经验。

（2）从 IT 平台的价值到业务价值。未来 DataOps 将会更加聚焦业务价值的回报，将有更多的业务人员通过敏捷的数据管道快速获得业务洞察和行动指导。

（3）从粗放到精益。DataOps 强调精益思维。未来，DataOps 将越来越关注数据的可观测性，包括工作流的实时监控和分析，以及对整个工作流性能的洞察，以便更好地优化流程，减少浪费。同时，DataOps 会关注投入产出及相关成本指标。

（4）从零散到一体化。在落地形态上，将出现众多一体化的 DataOps 解决方案和平台工具，以使企业更加方便、更低成本地实践 DataOps。

第 2 章　数据要素时代产业级数据治理新趋势

高伟　广州信安数据有限公司董事长、首席执行官，大数据行业资深专家，《数据资产管理：盘活大数据时代的隐形财富》的作者，国务院国有资产监督管理委员会“数字化转型百问”顾问，IEEE PES 数字电网技术委员会（中国）成员，南方电网公司数字电网技术专家委员会成员，南方报业集团大数据应用实验室专家委员会成员，DAMA 大中华区会员，北京航空航天大学软件学院客座教授，上海财经大学青岛财富管理研究院兼职教授。

数据治理是数字技术创新、数字经济发展、数字政府建设的重要基础保障，我国近年来高度重视数据治理体系机制的完善，大力推动数据要素价值释放，行业整体保持高速发展态势，在政务、金融、通信、电力、互联网等领域已逐步深化落地。与此同时，随着数据成为新型生产要素，数据在产权归属、流通交易、收益分配、隐私安全等方面的特殊性使得数据治理面临新的挑战，如何从企业级数据治理走向产业级数据治理，充分释放数据要素价值，成为关乎数字中国建设和国家治理现代化进程的重要因素。

2.1　数据治理发展背景

数据要素既是传统农业经济、工业经济和服务经济转型升级的赋能基础，新兴数字经济培育发展的核心动力，驱动产业发展的全新动能，也是牵引企业数字化转型、重塑竞争优势的重要资源。如图 2-1 所示，在数据价值已被各类企业、组织逐步认识的当下，如何高效应用数据、保证数据标准统一、确保数据可信供给、使用数据权责明晰、实现数据安全共享等，是每一个企业或组织开展数字化转型发展的必要条件。只有以此为基础，才能将数据与经营过程高效融合，实现数据赋能业务创新，适应并满足各类监管要求，进行商业变现，催生新业态、新模式，构建自身的核心竞争力。

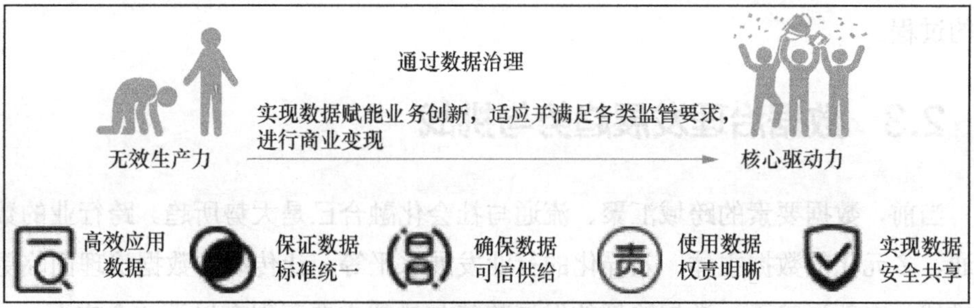

图 2-1 组织开展数字化转型发展的必要条件

2.2 数据治理分类定义

随着对数据治理认知的不断深化，不同行业或组织结合自身发展阶段、产业环境和价值定位，对数据治理产生了不同角度的定义方式。目前，总体上存在如下 3 类定义方式。

（1）制度组织派。以 DAMA 为代表，将数据治理定义为“对数据资产管理行使权利、控制和共享决策（规划、监测和执行）的系列活动”。在《DAMA 数据管理知识体系指南（原书第 2 版）》（DAMA-DMBOK 2）中，数据治理作为一个职能工作域，其主要工作包括制定数据战略、制度、标准和质量、监督、合规管理等各项职能与规则，其核心是解决制度组织的权利管控问题。

（2）方法举措派。方法举措派通常在更大的范围内看待数据治理，认为“数据治理是保证数据可信、可靠、可用，满足业务对数据质量和数据安全期待的系列举措”，其主要工作包括数据标准管理、元数据管理、数据质量管理、主数据管理等方面，其核心是把数据治理当作为了实现数据高质量和安全供给而采取的一系列具体的方法措施。

（3）落地实施派。在特定的行业，如政务行业，落地实施派认为“数据治理是从生数据到熟数据的实施过程，旨在将合适的数据用合适的方式提供给合适的人”。数据治理除了包括通常的数据管理工作，还包括数据编目、数据挂接、数据采集、数据加工等工作。数据治理的实质是围绕数据生命周期开展的全流程各项工作的总和。

对于数据治理的定义，各流派均有自己合理的出发点。如果要做一个共识提炼，我们认为数据治理的本质是保障数据从混乱到有序，从而逐步实现数据价值的过程；也是把合适的数据在合适的时间，以合适的质量标准、安全标准提供给合适的人的过程。

2.3 数据治理发展趋势与挑战

当前，数据要素的跨域汇聚、流通与社会化融合已是大势所趋。跨行业的数据流通、多元化的数据主体、差异化的行业发展水平等，让传统的数据治理面临更大的挑战。在新形势下，数据治理的发展趋势与挑战主要表现在以下 4 个方面。

（1）数据要素市场化。目前跨行业数据要素流通市场需求巨大，但数据权属理论不明、产权配置不清等问题，导致数据的高效共享交换、数据资源的整合和数据价值的增长等存在阻碍。

（2）数据主体多元化。数据问题逐渐受到更多的关注，数据利益涉及的范围也在不断扩大，包括政府、国际组织、行业组织、企业和个人在内的数据治理参与主体也变得更加广泛。

（3）数据规则多样化。目前国内外尚未形成一套完善通用的数据治理技术系统解决方案，数据流转逻辑无法统一。国际和国内、中央政府和地方政府、公共机构和私营机构的数据规则差别较大。

（4）发展水平差异化。由于存在数字化转型的进程差异等问题，不同行业、不同领域的数据治理发展水平参差不齐，跨行业、跨领域的数据融合存在严重壁垒。

2.4 数据治理创新变革思路

面对上述 4 个方面的发展趋势与挑战，传统的数据治理理念和方法体系需要进行变革与创新。目前政府和产业等各层面主体都已积极开展了一系列的创新探索，并积累了一定的实践经验。

（1）制度组织层面的创新变革。数据治理将在数据产权、法规制度、协作引导等方面有所变革。相关实践案例包括：中共中央、国务院发布“数据二十条”，强调统筹推进数据产权、流通交易、收益分配，构建数据制度体系，明确了数据的产权结构；数十个省级以上的大数据管理局主导各地域数据要素市场政策和制度制定，逐步推动数据治理相关法规制度的健全完善；广东、江苏、上海等地纷纷试点施行首席数据官机制，推动上下游、跨行业数据共享开发利用，积极探索创新数据主体之间的协作机制。

（2）方法举措层面的创新变革。在新形势下，数据治理面临着数据安全合规、数据真实性验证、数据确权定价等方面的变革。相关实践案例包括：浙江省通过探索应用区块链、数据安全沙盒等技术推动数据所有权和使用权分离，完善数据生态，力求推动数据安全合规地流通与使用；部分社交媒体通过整合数据资源，依托机器学习等技术，分析识别虚假评论，鉴别垃圾信息，确保数据的真实有效性；贵阳大数据交易所通过建立数据交易规则体系，探索解决数据确权定价难题。

（3）落地执行层面的创新变革。数据治理在政务数据一体化建设、数据主体协同协作生产、数据融合应用等方面面临变革。相关实践案例包括：2018 年开启的长三角一体化示范区，在探索示范区跨省政府数据共享的过程中，为了解决政府数据跨省互认共享的问题，率先搭建跨省域区块链平台，推进跨省域政务数据共享，加速推动政务数据一体化建设；贵州省通过建设“云上贵州”共享平台，支撑各级各部门对跨业跨域数据的应用，推动数据、业务、应用协同；天津市依托区块链等技术开展数据共享和联邦建模，对多方数据进行融合，实现反诈识别，促进数据的跨域应用。

2.5 产业级数据治理势在必行

通过对当前数据治理面临的挑战及各层面实践情况的综合研判，我们率先提出了“产业级数据治理”的理念。我们认为在海量、跨行业的大数据发展趋势下，制度组织、方法举措、落地实施等多方面的难题将进一步催生出跨企业、跨行业的产业级数据治理需求。

产业级数据治理的基本定义可以总结如下：以数据要素在产业层面的顺畅流通和价值释放为最终导向，开展构建管理组织、建设管理制度、完善管理流程等体系化工作，从而实现跨行业数据高质可信、安全可控、高效流通、保值增值的一系列活动过程。

产业级数据治理的特征包括以下 4 个方面。

（1）价值目标。在数据要素跨层级、跨区域、跨专业的汇聚、融合、流通的大趋势下，数据治理的边界和范围逐步延伸，数据治理的目标从企业经营支撑行为延伸到跨产业链商业行为。

（2）参与主体。由于数据治理价值目标的变化，数据治理工作不再局限于某个企业或组织，而是要解决整体产业发展的问题，因此参与主体也要从单一性企业单位扩展到全产业链多元主体。

（3）组织形式。数据治理参与主体的扩展，加强了企业内外部、产业链上下游以及产业链之间的连接、沟通与协作，整个组织形式也自然由企业管理层主导变为由政府与产业权威共同主导。

（4）制度约束。为推动数据治理发展深化，各参与方主体需要形成互信、协作的制度规则，建设配套的产业级数据治理制度机制，实现从遵循企业内部强制性制度到遵循产业级共识性制度的转变。

2.6 产业级数据价值内涵

产业级数据价值内涵包括4个方面，具体如下。

（1）提出数据治理“新理论”。2022年12月，“数据二十条”正式发布，提出了数据产权、数据交易、安全治理和收益分配等内容。其中，安全治理在保障国家数据安全、企业和个人利益，以及激发数据要素价值方面，具有极其重要的作用和意义。产业级数据治理将在原有的数据治理的基础上，围绕着“数据二十条”展开新一轮的对相关理论和方法论的研究与探讨。

（2）推动数据治理“新实践”。产业数据的标准化治理、数据要素的激活、数据服务的建立与开放逐步成为产业级数据治理的关注重点，落地实践会成为企业参与产业级数据治理竞争力的关键。社会各界也为此进行了积极的实践探索，形成了包括“数据银行”“数据长城”“产业数据资源体系”“数据信托”“数据经纪人”“跨域数据协同治理”等在内的产业级数据治理新模式，如图2-2所示。

- **数据银行：**将网络中大量不同类型的存储设备通过应用软件集合起来协同工作，形成一个安全的数据存储和访问系统。
- **数据长城：**在打造数字政府、建设智慧社会、发展数字经济和开展企业数字化转型等方面，广泛探索政务数据和社会数据的开发利用及价值激活路径。
- **产业数据资源体系：**构建产业数据仓，重点行业数据仓全覆盖，制定产业数据资源分类分级、编目汇总，实现产业数据标准化、数据接口规范化，夯实产业数据价值化改革的资源底座。
- **数据信托：**通过制定针对数据安全、隐私和保密的通用规则，促进成员之间的协作，组织并保障成员能够安全地连接数据源并创建新的共享数据存储库。

- **数据经纪人**：通过各种渠道收集数据，完成数据加工处理、数据转让、数据共享以及撮合交易，将数据提供给数据需求方。
- **跨域数据协同治理**：以“属地治理、跨域互认”为业务原则，构建以企业为核心的主体数据自治系统。

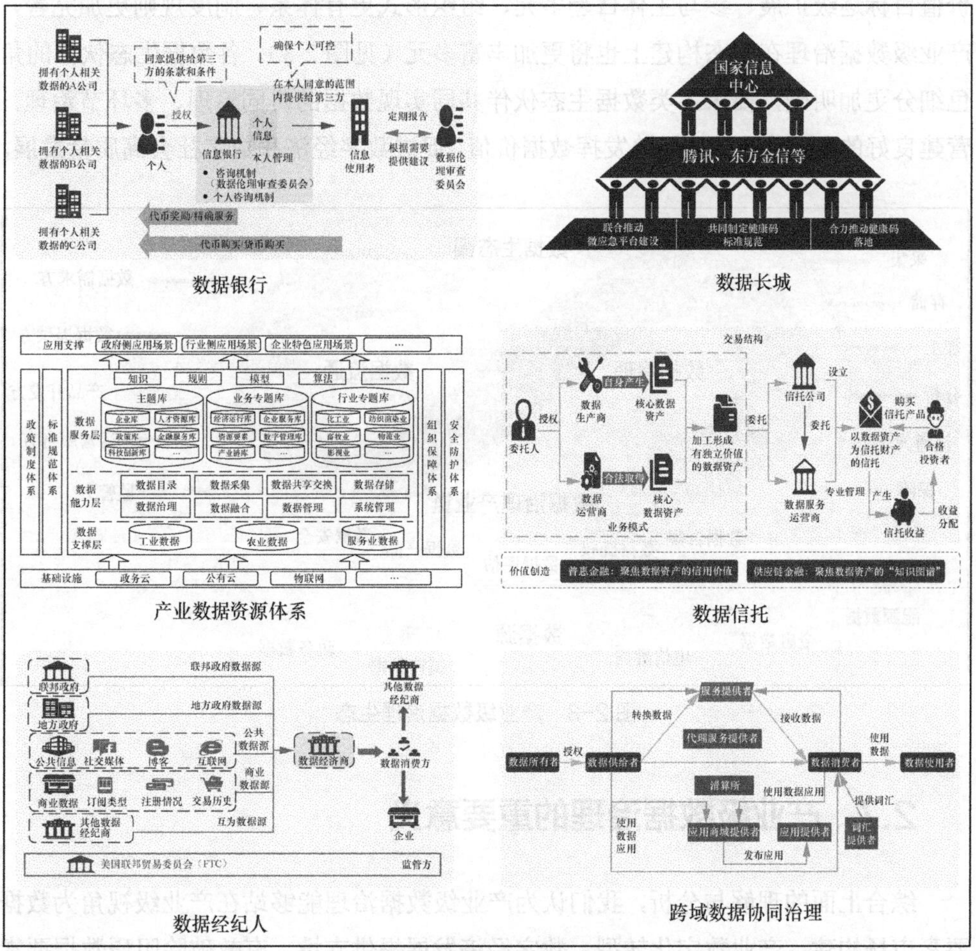

图 2-2　产业级数据治理新模式

虽然实践过程中仍面临很多新的挑战与问题，但在产业数据资源不断汇聚、流通与跨域数据协同创新的推动下，产业级数据治理必将创生出很多高质量、高效率、高效益的实践范例和发展模式。

（3）催生数据治理“新技术”。数据治理工作是随着数据应用的深化而逐步推进的，随着数据量、数据复杂度以及系统架构的爆发式增长，如何提供跨域数据互信融合、安全合规、高质量供给与流通，成为新时期的技术难题。近年来，全链路监控、数字孪生、联邦学习、数据编织等技术的催生与积极应用，大力推动了数据治理技术的创新发展。

（4）营造数据治理“新生态”。随着产业级数据治理的边界和范围逐步延伸、价值目标逐级扩展、参与主体日趋多元、组织形式更有体系、制度规则更加完善，产业级数据治理在生态构建上也将更加丰富多元（见图 2-3）。各数据生态伙伴的角色细分更加明确，要求各类数据生态伙伴共同实现数据的协同治理、多环节治理，营建良好的产业生态，更好地发挥数据价值，促进数字经济和数字社会高质量发展。

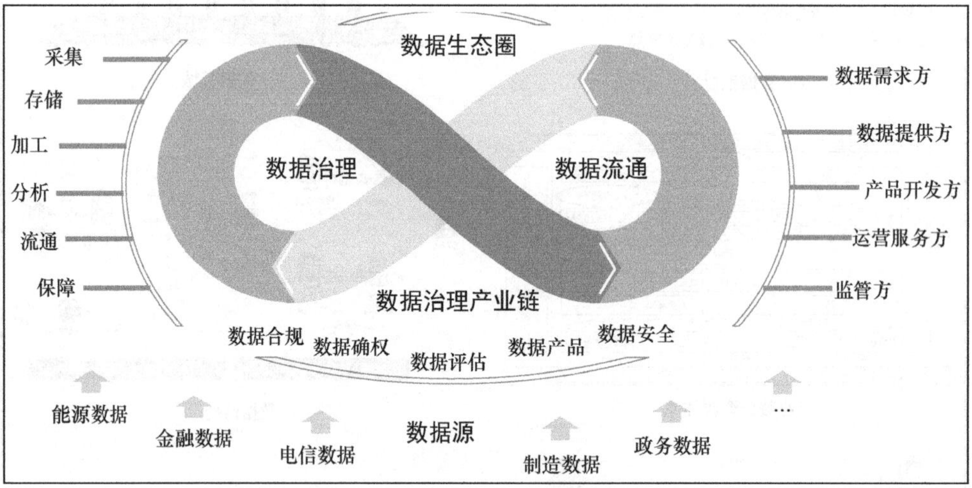

图 2-3 产业级数据治理生态

2.7 产业级数据治理的重要意义

综合上面的理解与分析，我们认为产业级数据治理能够站在产业级视角为数据要素市场构建、产业数字化转型、数字经济发展提供支撑，有效破除阻碍数据要素供给、流通、使用的障碍，把握数据价值再提升、再创造的战略机遇。产业级数据治理的重要意义集中体现在以下 3 个方面。

（1）加快数据要素市场构建。产业级数据治理体现了在构建数据要素市场的挑战下数据治理模式的重要转变。新的治理模式和能力的建设与成熟也反向推动了数据要素市场的培育与发展。

（2）推动产业数字化转型。产业级数据治理强化整体数据供给，加速技术变革，赋能产业数字化转型建设，保障以数据驱动的业务优化与产业变革，推动产业数字化转型的发展进程。

（3）推进数字经济深度发展。产业级数据治理能够有效促进协同合作，加速数据流通与融合应用，充分盘活数据资产，促进数据价值的开发利用和创造融合，推进数字经济生态建设。

当前，数字经济大潮波澜壮阔，数字中国建设方兴未艾，可为空间巨大。数据作为全新的生产要素，正不断催生经济发展新模式，驱动产业转型和创新融合，其战略资源价值和地位也日益凸显。

产业级数据治理将为各行业的产业升级变革夯实数字化底座，为数字化进程发展提供重要保障。相信随着数字中国建设的深入推进和“数据二十条”的深化落实，产业级数据治理将迎来更为广阔的发展前景，这既是一个百舸争流的创新机遇，也是一个需要长期坚持并为之奋斗终生的事业！

第 3 章　数据治理进阶——场景化、工程化、智能化

毛大群　北京亿信华辰软件有限责任公司董事、总经理，武汉大学 MBA，现任北京软件和信息服务业协会特聘专家。作为国内最早一批数据管理领域的布道者，参与了政务、金融、能源等多个行业的大数据管理与治理项目的规划与实施，打造了国内领先的覆盖数据全生命周期的智能化产品线。荣获“2020 中国数字生态大数据领袖”“2021 数字生态数据管理领军人物”“2022 中国数字生态领袖”等称号。

3.1　数据治理现状：超过 90%的数据治理项目失败

当下，无论是政府还是企业实务界，都将数字化转型、数字经济、数字中国、数据生产要素的概念拔得越来越高。尽管业界有一些优秀的数据治理案例，但有调查显示，超过 90%的数据治理项目以失败告终。大家的感受也是如此：数据治理项目不好落地，数据治理项目的实施从理论到实践有一条巨大的鸿沟很难跨越。

失败的原因各种各样，总结起来大概有 4 类。

（1）被动式的数据治理。数据治理只关注业务流程，而不关注实际数据的质量，被动地为了治理而治理。

（2）局部式的数据治理。数据治理被当成一个项目、一个工程、一个一次性的活动，做完即结束，没有做到持续改进和运营。

（3）孤立式的数据治理。企业有很多关于数据管理的规范、标准，但落地效果比较差。业务部门做了大量数据的应用，但没有和信息部门进行有效沟通，数据质量堪忧。

（4）工具式的数据治理。单纯采用数据治理工具和技术，而忽视整个企业的数据治理文化。目前我国很多企业并不具备数据治理文化，大家对于数据应用还没有从思想上做好准备，导致数据治理的失败率较高。

究其原因，数据治理的核心矛盾可以总结为以下 3 类。

（1）**短期治理与长期治理的矛盾**。盲目建设，追求“大而全”，可能导致数据治理落地效果不佳，投资回报率等收益指标难以量化。

（2）**局部治理与全局治理的矛盾**。数据治理缺少闭环，烟囱式数据治理、重复建设、静态治理无法满足动态应用场景创新需求，技术与业务的融合存在壁垒。

（3）**治理效率与治理质量的矛盾**。数据治理管理职能自动化程度低；数据标准化困难、耗时费力；数据规模大，数据质量管理能力覆盖不足。

对于上述 3 类核心矛盾，总结起来可以通过推进数据治理的场景化、工程化、智能化来攻克。

3.2 场景化：数据治理行业痛点的对症处方

过去几年，业内把数据治理拔到特别高的高度，强调全域数据治理和全行业、全口径数据治理。在数据爆炸时代，对每一比特的数据做管理和应用是投资回报率较差的一项工作。比较务实的做法是将数据治理场景化，结合各行业特征来进行实践，比如金融、制造和政务行业就有完全不同的行业特征。

数据战略有 3 个大的方向。第 1 个方向是数据变现，即通过各类数据的运作、治理和管理，形成数据资产，最终数据资产进入市场进行流通。第 2 个方向是改善企业内部运营，无论是提升生产环节的效率、减少库存，还是提升周转率，都有利于改善企业内部运营。第 3 个方向是提升决策水平，增强决策的科学性。数据治理只有朝着这 3 个大的方向前进，才能突破具体的技术性障碍，更加贴近企业实际情况，因此数据治理的场景化也应该从这 3 个大的方向来找到对应的突破口。

由于缺少数据治理工程或数据管理工作的标准流程，很多人困惑于数据治理工程实践究竟是从元数据开始还是从主数据开始。在实践中，关注投入产出的组织普遍以主数据作为主要的切入口；而非营利组织，比如政府、高校，往往以元数据作为主要的切入口。为什么会这样呢？从组织本身的数据实体背景来看，不同组织对数据价值的期望并不一样。可以说，企业选取主数据作为数据治理切入口，在当前市场环境下是比较务实的做法，体现了“抓主要矛盾”的思想，预期能很快取得收益。政府和高校等非营利组织则从元数据管理入手，强调数据管理工作的严谨性和完备性，体现了“数据均权”的思想。

图 3-1 描述了数据治理的三大场景，它们分别是面向决策的治理场景、面向运营的治理场景，以及数据要素化的治理场景。

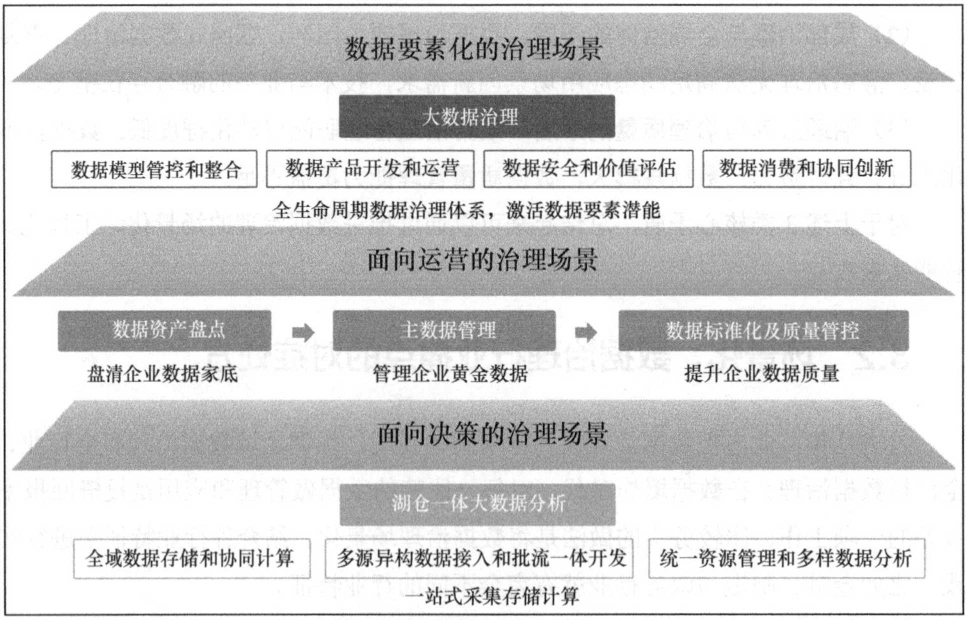

图 3-1 数据治理的三大场景

另外，基于数据资产的管理也将成为数据治理的核心场景。关于数据资产的评估，银行业已有大量优秀的实践，数据资产入表带来的红利也将促使数据治理工作被进一步重视。数据治理的最终目标应该是使数据资产实现常态化运营，从而实现资产的保值、增值。

3.3 工程化：数据治理流水线和标准化

目前，在数据治理的实施过程中，一个普遍现象是采用人工化作坊式实施，主要靠大量的现场人工服务和个性化的咨询来完成。未来，各行各业只有形成近乎80%的工作流水化，才能大范围进行推广。有数据显示，全国从事数据管理行业的人员不到 10 万人，而实际行业需求超过 100 万人。面对这样的局面，光靠数据人才的手工劳动将无以为继。只有用技术换人、用科技换人，将数据治理工程化和标准化，提升实施效率，才能解决这个突出矛盾。

另一个普遍现象是，数据治理的项目和项目之间、客户和客户之间，相互借鉴性和复制性比较差。基于相同的理论体系，为什么会出现这样的结果呢？

数据治理工程化的第一个重点是，要引导企业找准对应的目标，在相同的目标之下，将实施过程流水线化。希望未来在各个行业，我们能寻找出不同行业标准化的实施过程，使得数据治理的实施过程规范化。

数据治理工程化的第二个重点是，数据的各类参与者，无论是生产者、加工者、管理者还是消费者，在进行协同管理时，都要优化数据流程。在大量的数据治理实践中，数据割据现象比比皆是，我们遇到更多的不是技术上的困难，而是管理上的困难。数据孤岛现象出现的根源主要在于管理和文化，这个现象不能仅从技术上进行解决，更应该从组织管理层面打破部门之间的屏障。

数据治理工程化的第三个重点是，要形成如下共识：数据治理是多元化、去中心化、多角色参与的生态化体系。但任何工作都不是孤立的，领域之间存在有机的联系。工程化在数据治理的过程之间，应该提供开放共享的标准和接口，而不应该是完全封闭的。

图 3-2 描述了数据治理工程化的标准化路径，它有助于我们构建数据治理的流水线。

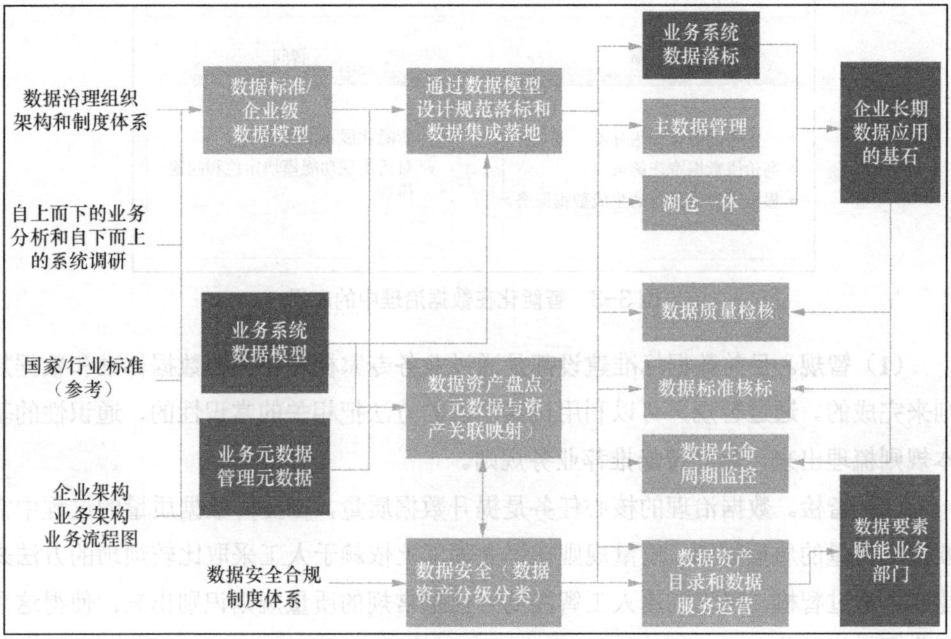

图 3-2 数据治理工程化的标准化路径

3.4 智能化：数据治理自动化和去低端人工化

目前在整个数据治理运作过程中，涌现出很多优秀的产品和工具，但是同质化现象非常严重。通过智能化的方式，把人从简单、低级、重复的工作中解放出来，去真正解决实际问题，这是未来一两年我们在数据治理市场将会看到的行业趋势。

智能化是真正解放人工、解决人才缺口问题的最佳途径。在数据治理行业，存在大量简单、低级、重复的脑力劳动，可以进行一些智能优化，以解决人工问题，释放真正的生产力。

如图 3-3 所示，总结过去一两年的实践经验，智能化在数据治理中的应用主要有如下 4 个方面。

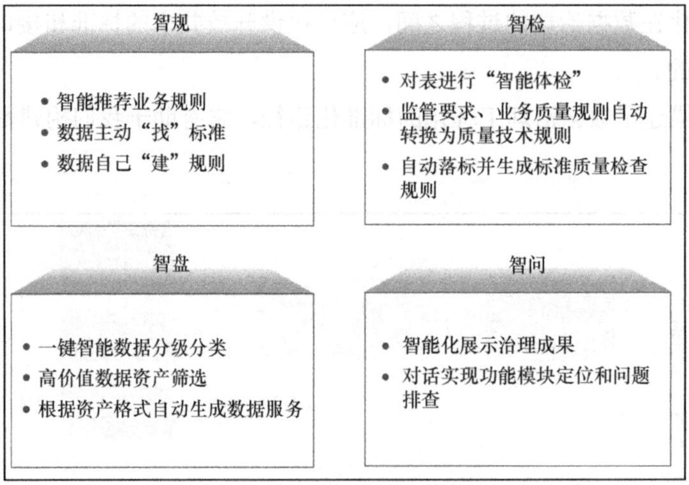

图 3-3 智能化在数据治理中的应用

（1）智规。目前数据标准建设都是通过业务专家梳理相关的数据标准和数据规则来完成的。通过智规，可以利用机器学习的方法把相关的常识性的、通识性的基本规则梳理出来，建立智能推荐业务规则。

（2）智检。数据治理的核心任务是提升数据质量，在提升数据质量的过程中需要建立大量的质量规则，质量规则在很大程度上依赖于人工采取比较烦琐的方法来建立。通过智检，可以利用人工智能的方法把常规的质量规则识别出来，使得这项工作更加智能化。

（3）智盘。在使用数据之前，需要进行数据处理和数据资产的评估，这项工作可以由系统自动完成，比如一键智能数据分级分类，智能化可以最大程度地辅助人工。

（4）智问。数据资产和数据最终结果的展现普遍采用 BI（Business Intelligence，商务智能）报表或酷炫的大屏。有没有更加贴近实际生活的界面，让业务人员不用学习复杂的知识，就可以看到数据治理成果呢？比如可以采用人机对话的方式，智能化展示数据治理成果。这在实践中虽然还有诸多困难，但应该是未来智能化的方向。

3.5 数据治理标杆项目实践分享

过去一两年，我们携手客户实践过众多数据治理项目，接下来简单分享两个案例。第一个案例是某汽车集团的数据治理项目（见图 3-4）。我们在最初立项时提出的是进行整个集团的全域数据治理，但通过梳理相关信息，我们发现这是一个不可能实现或者很难短期实现的目标，后来经过与客户深度沟通，决定在整个全域数据治理的体系里，把提供基础数据的服务相关功能作为建设的重点，快速上线，取得了相当好的效果。

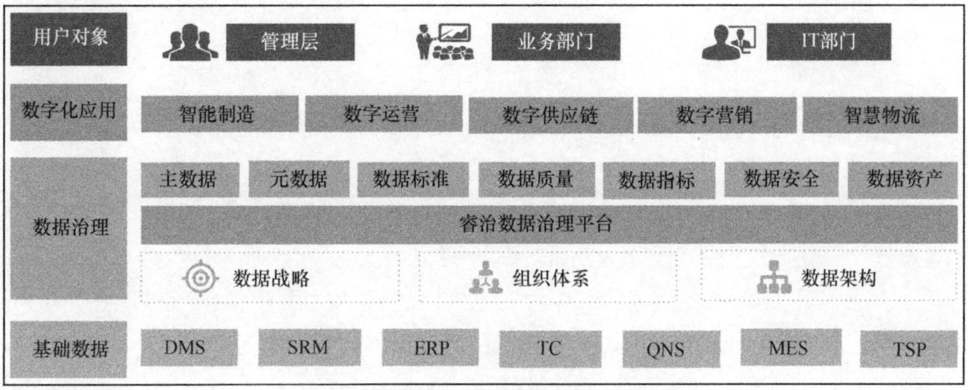

图 3-4 某汽车集团数据治理项目

第二个案例是某航空公司数据质量智能提升系统（见图 3-5）。在这个案例中，甲方明确表示不要做“高大上”或“大而全”的数据治理平台，而是要把数据质量作为数据治理的核心和重点。我们在数据标准和质量规则的自动化方面做了很多智能化尝试和优化，目前取得良好的效果。

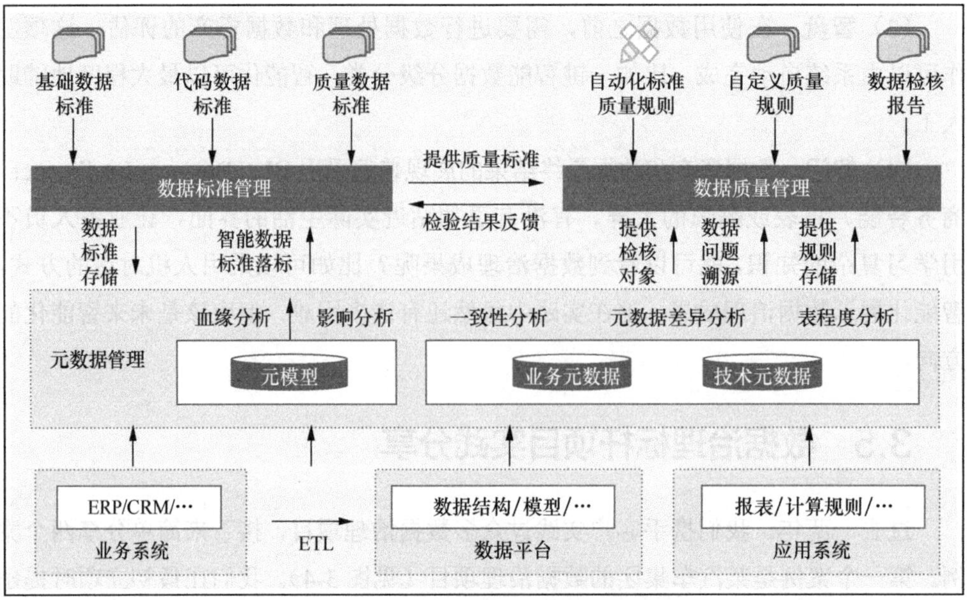

图 3-5 某航空公司数据质量智能提升系统

第 4 章　数据资产安全运营和演进趋势

王诤　北京数语科技有限公司创始人、首席执行官，曾任 CA ERwin 全球研发负责人。目前是中国信通院数据资产专家委员会成员、《数据资产管理实践白皮书》5.0 版和 6.0 版的主要参编人员，还是 IEEE 会士、OMG（Object Management Group，对象管理组织）会员、DAMA 认证数据管理专家（Certified Data Management Professional，CDMP）。担任复旦大学、中国人民大学、北京航空航天大学客座讲师，是国务院国有资产监督管理委员会数据要素专家组成员。

4.1　数据资产运营

数据资产运营的最终目标是实现数据民主化。通过调研一些行业头部客户，我们发现他们有共同的痛点，就是数据资产的使用率不高。下面我们从其根本原因出发，讨论数据资产运营这个话题。

4.1.1　数据资产使用率不高的根本原因

数据资产使用率不高的根本原因在于数据文化的缺失，企业从启动数据资产管理伊始就没有形成以数据驱动的文化。比如设定年终奖和调整薪酬需要数据文化来支撑决策，需要参考 GDP（Gross Domestic Product，国内生产总值）和本行业的调研数据，而不是“拍脑袋”决定。

数据难以应用的原因可以分为以下 3 个方面。

（1）数据与业务的鸿沟。企业开始做数据治理时尚未形成数据的定义、规则、模型和目录，业务人员无法获取有价值的信息来定位数据和判断数据的可信度。同时，满足实际业务需求的数据体系并不完善。

（2）数据可用性低。从数据需求到真正可用的目标数据，需要的时间非常长。在这个过程中，数据建模和数据开发存在强依赖关系，例如业务必须依赖数据团队，业务人员需要与数据开发人员进行大量的沟通，这个成本很高，导致数据可用性低，可用的目标数据不到位，业务人员使用起来困难，同时缺乏数据服务的 SLA（Service Level Agreement，服务等级协定）。

（3）数据有效性低。如果数据质量不可靠，就会打击业务人员的积极性，业务数据没有拉通，则会导致业务侧出现数据缺失、数据安全等问题。

4.1.2 建立全体系的数据资产运营

建立全体系的数据资产运营可以分为如下 3 个步骤。

- 建立需求管理机制和需求经理岗位。
- 开展数据建模，拉通数据并建立关系图谱。
- 开展数据分类分级，形成数据权限体系。

下面对这 3 个步骤进行详细介绍。

1. 建立需求管理机制和需求经理岗位

从业务到数据开发应该是业务部门和数据部门直接对接，但大部分数据开发人员是 IT 出身，喜欢开发项目，导致他们把数据需求做成了数据交付项目，周期很长。当前，各行业的头部企业陆续意识到，可以专门成立数据需求小组来建立从需求到开发的标准化需求管理机制，对需求进行分类，优化数据资产的形成过程，实现数据资产的规范化生产，形成数据资产与需求的闭环。数据服务需求可以划分为如下 3 类。

（1）日常查询统计类数据服务需求：指不存在规则探索或知识发现过程的数据临时查询等数据服务需求，不涉及生产环境投产变更。

（2）分析类/探索类数据服务需求：指运用适当的数据统计与分析手段进行规则探索和知识发现，从海量数据中抽取具有特定价值的信息，以满足数据服务需求，不涉及生产环境投产变更。

（3）系统开发类数据服务需求：需要通过系统开发投产方式实现的数据服务需求，存在除数据加工逻辑和输出样式之外的功能性需求以及非功能性需求，如内容自动更新、性能要求、在线数据修改等，一般通过报表或数据文件接口形式交付。

对于日常查询统计类数据服务需求和分析类/探索类数据服务需求，企业数据资产目录质量越高，对业务人员越友好，数据需求小组也就越容易形成数据资产与需求的闭环。只有当涉及系统开发类数据服务需求时，才真正需要与数据开发进行结合。

2. 开展数据建模，拉通数据并建立关系图谱

那么如何才能形成高质量的数据资产目录呢？企业有两大部分信息：一部分是业务形态，包括企业的组织架构、流程、业务信息等；另一部分是信息化形态，包括企业有哪些系统、有什么样的数据结构等。我们需要对业务信息、应用信息和数据信息进行整合。

进行数据治理和数据资产盘点的前提是了解企业有哪些业务系统，以及业务系统后台的数据结构是什么样的。在对一些企业进行数据治理时，我们通过逆向工程抓取表，发现一些企业的数据表存在中文名称缺失、表与表之间没有建立联系等问题，导致数据表就像一个个数据孤岛。数据治理和数据资产盘点的具体步骤如图 4-1 所示：第 1 步，在数据孤岛中补全表的信息，如中文名称、业务定义（包括规范化等），并补全它们之间的关系；第 2 步，通过数据资产盘点和数据模型设计，形成立体的数据资产模型；第 3 步，对业务场景进行完善，形成企业数据视图，这 3 步的前提是前期已经清晰地梳理好整个企业的数据资产；第 4 步，打通宽表、视图与 BI 报表。

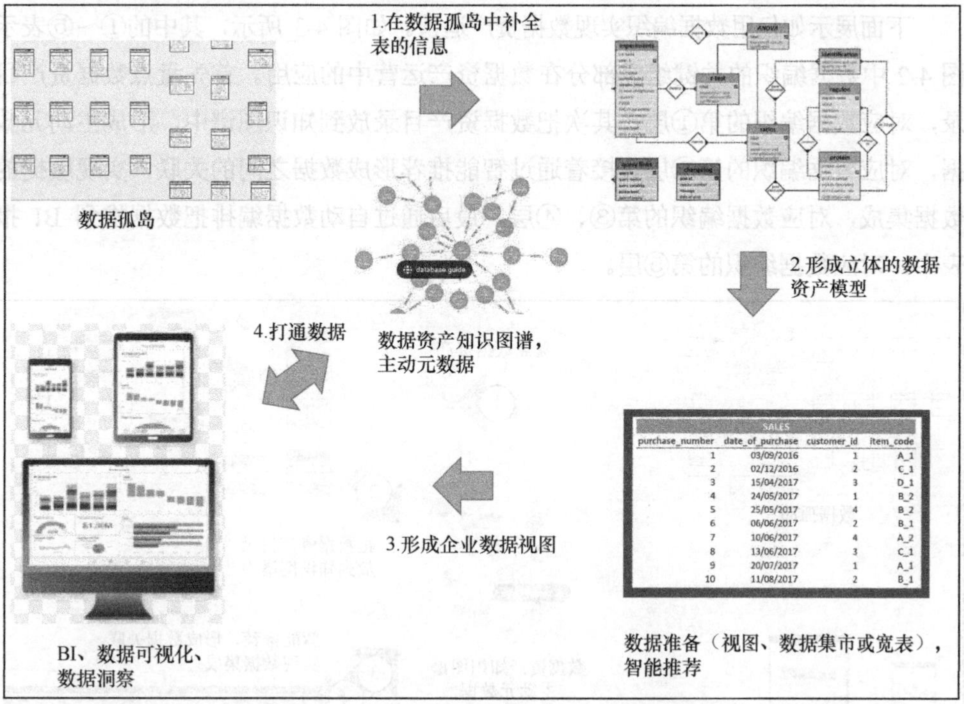

图 4-1 建立数据资产模型，形成企业数据视图

数据编织（Data Fabric）是当下很热的概念。图 4-2 展示了数据编织的关键组成部分，包括数据资产目录、图技术驱动的主动元数据、机器学习驱动的数据建模和设计、敏捷和动态数据集成、自动数据编排。其中，主动元数据是由用户或系统主动创建和维护的元数据，通常包含关于数据的重要业务信息，如数据的业务定义、质量和所有权等。与之对应的是被动元数据，即由系统采集的元数据。

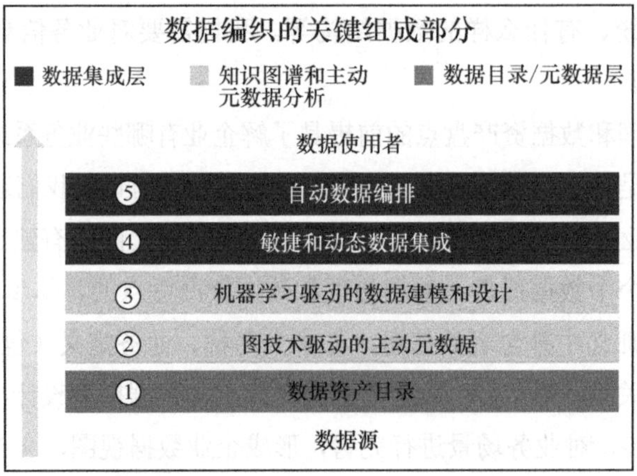

图 4-2 数据编织的关键组成部分（图片源自 Gartner）

下面展示如何用数据编织实现数据资产运营。如图 4-3 所示，其中的①～⑤表示图 4-2 中数据编织的关键组成部分在数据资产运营中的应用。首先盘点数据资产目录，对应数据编织的第①层。其次把数据资产目录放到知识图谱中，形成主动元数据，对应数据编织的第②层。接着通过智能推荐形成数据之间的关联，实现敏捷的数据集成，对应数据编织的第③、④层。最后通过自动数据编排把数据推到 BI 报表中，对应数据编织的第⑤层。

图 4-3 建立业务友好的模型制品，统一企业数据视图

图 4-3 中的数据资产知识图谱的架构如图 4-4 所示，其中涉及的不只有传统字段类的元数据信息，还有实体关系、数据特征、业务语义、用户行为等。在数据资产知识图谱里，主动元数据是核心要素，传统元数据则被动地被查询。主动元数据能够做一些推荐，比如基于关联度的线索做出有价值的推荐，提高数据的可信度，进一步支撑数据开发、数据编排等。

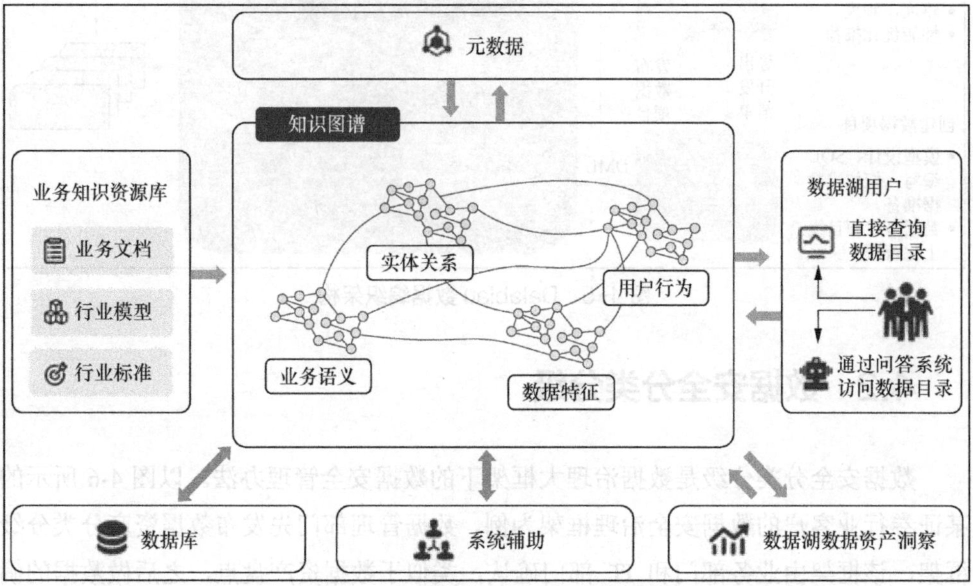

图 4-4　数据资产知识图谱的架构

我们自动采集数据目录、元数据、基于数据库的数据模型、数据标准、数据特征，以及底层业务的规则和流程。此外，我们通过数据编织来驱动主动元数据，以支撑指标的查询、与数据安全相关的 SQL 查询、BI 的推荐和数据准备。对应到我们的产品，如图 4-5 中描述的 Datablau 数据编织架构所示，DDM（Datablau Data Modeler，数语数据建模工具）用于数据模型的设计；DDC（Datablau Data Catalog，数语数据资产目录）服务平台通过主动元数据形成一套知识图谱；数据分析侧的大数据平台，包括湖仓一体，则通过主动元数据的推荐，以及视图和数据集市模型的设计，利用第三方调度把数据集市创建出来，并发布一个数据资产包，这个数据资产包最终回到 DDC，形成一个有效的良性闭环。

3. 开展数据分类分级，形成数据权限体系

数据治理下的数据安全是三位一体的数据资产分类分级：数据资产和组织架构形成一套管理体系，这套管理体系用于支撑数据安全网关给数据应用供数，数据安全网关则要为数据资产做数据的确权，判断数据要不要脱敏。综上，从数据治理到向上供数形成了一个完整的数据权限体系。

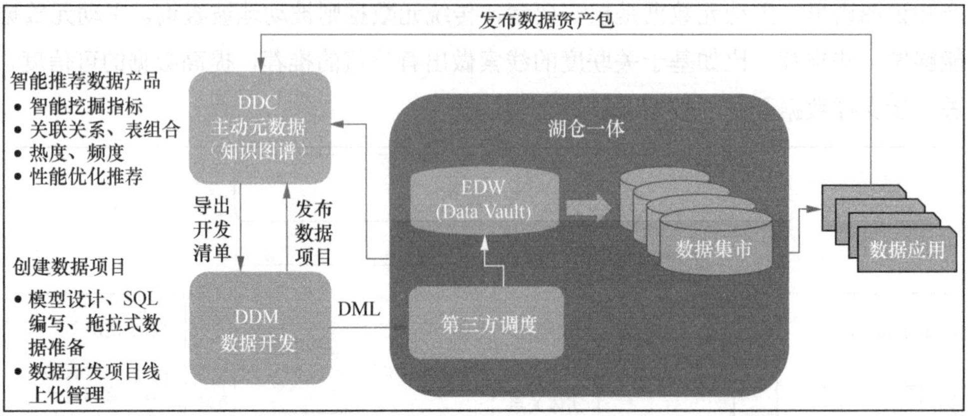

图 4-5 Datablau 数据编织架构

4.2 数据安全分类分级

数据安全分类分级是数据治理大框架下的数据安全管理办法。以图 4-6 所示的某证券行业客户的数据安全治理框架为例，数据管理部门先发布数据资产分类分级框架，该框架由业务部门和 IT 部门确认，类似于数据资产盘点，之后做数据的确权，再做数据资产的补全和业务的确认，最终发布数据资产目录。

数据安全治理涉及不同的业务实体，安全等级也不一样。比如客户的个人敏感信息属于最高安全等级，产品的基本信息属于最低安全等级。数据安全分类分级的整个过程是前期人工梳理，后期自动化。平台本身内置了很多数据安全分类分级规则，可以通过行业内的数据字典和行业模型等进行自动化的数据安全分类分级扫描；然后采集元数据，以及规则库里依赖所采集元数据的敏感信息、敏感词、规则的组合等，最终输出数据安全分类分级结果。这个过程需要强调 PDCA（Plan-Do-Check-Act，计划-执行-检查-修正）。一方面要参考国标和行标，另一方面要确认在自动发现过程中收到的反馈数据，这些反馈数据可以用于提高下次进行数据资产识别的质量，从而形成一个完整的闭环。

在应用效果方面，从整体来看，该证券行业客户当时有 552 个系统，涉及数据安全分类分级的大概占 19%，共有 400 多万个字段，包括 1000 多个核心表和 6000 多个核心字段，并且规则库在不断迭代。数据安全治理框架的 1.0 版本主要依靠人工识别，2.0 版本的自动识别率达到 80%，相当于解放了做数据安全分类分级标注工作的 80%人力。

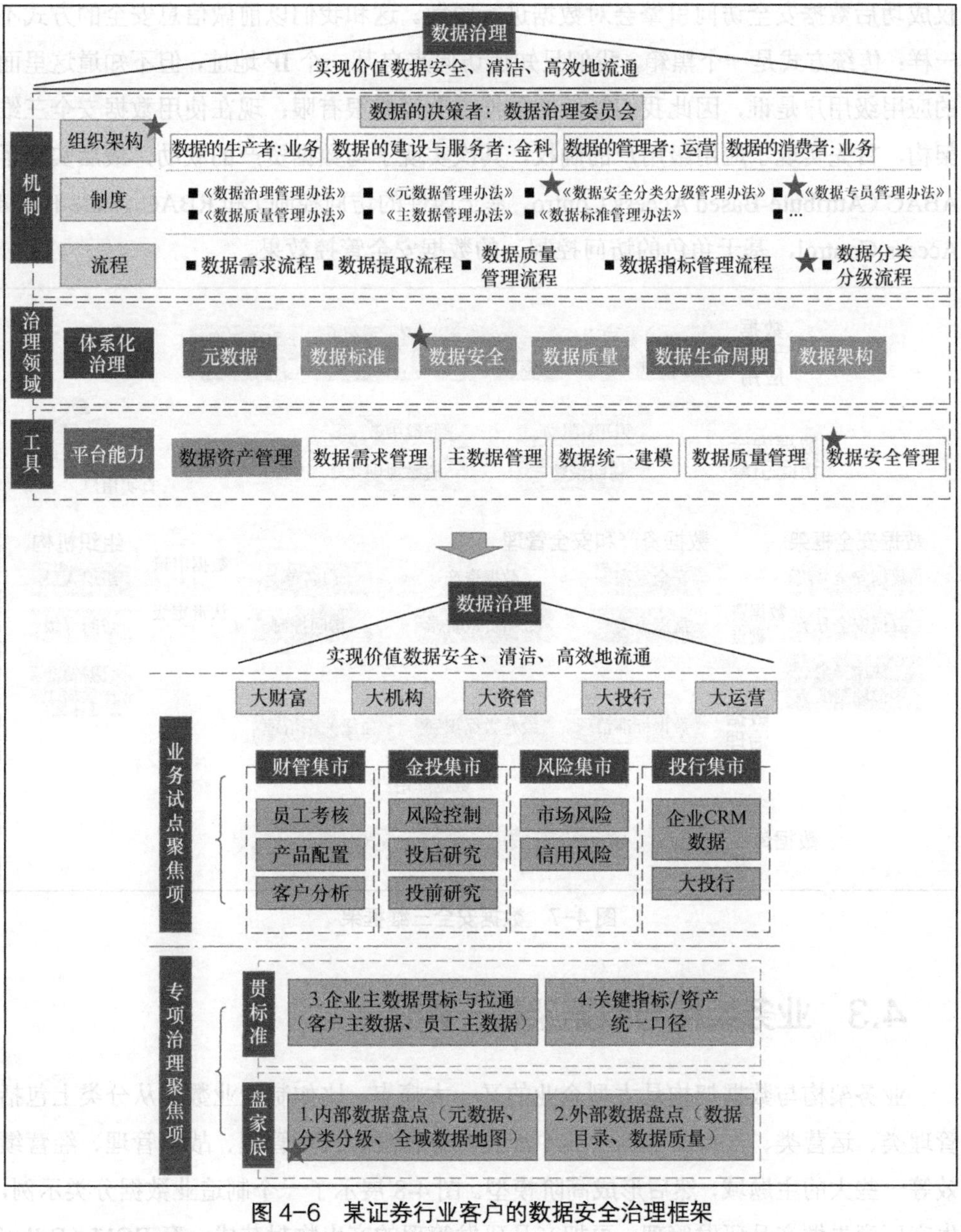

图 4-6 某证券行业客户的数据安全治理框架

通过这个项目，我们形成了一套包含数据安全分类分级、组织机构和整个数据资产的管理体系——数据安全三维架构（见图 4-7)。数据安全三维架构中设置了数据安全访问引擎，起到安全网关的作用，使得数据安全应用（代表真实用户）只能通过数据安全访问引擎来访问数据资产，并且在访问过程中需要进行数据确权，确权成功后数据安全访问引擎会对数据进行脱敏。这和我们以前做信息安全的方式不一样：传统方式是一个黑箱，我们只知道访问来自某一个 IP 地址，但不知道这里面的应用级用户是谁，因此我们能做的数据安全策略很有限；现在使用数据安全三维架构，首先实现了应用级用户的确权，其次实现了与数据资产的联动，最后实现了 ABAC（Attribute-Based Access Contro，基于属性的访问控制）和 RBAC（Role-Based Access Control，基于角色的访问控制）的数据安全管控效果。

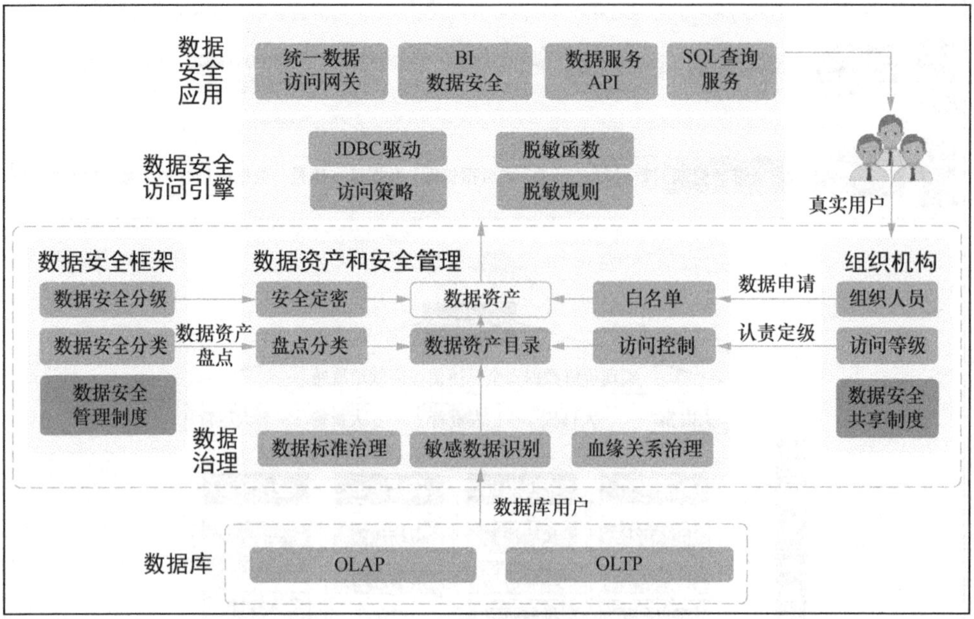

图 4-7 数据安全三维框架

4.3 业务架构与数据架构一体化

业务架构与数据架构是大型企业的又一大痛点。比如制造业数据从分类上包括管理类、运营类、支持类数据，其中涉及财务管理、人资管理、战略管理、经营绩效等一些大的主题域，然后形成高阶模型。图 4-8 展示了一个制造业数据分类示例，生产厂商先做产品研发管理，再把产品研发管理的产出物封装成一套 BOM（Bill of Material，物料清单），在与产品部件管理和装配结构管理联动的同时，与销售项目管理联动，同财务和采购形成一套高阶业务模型。

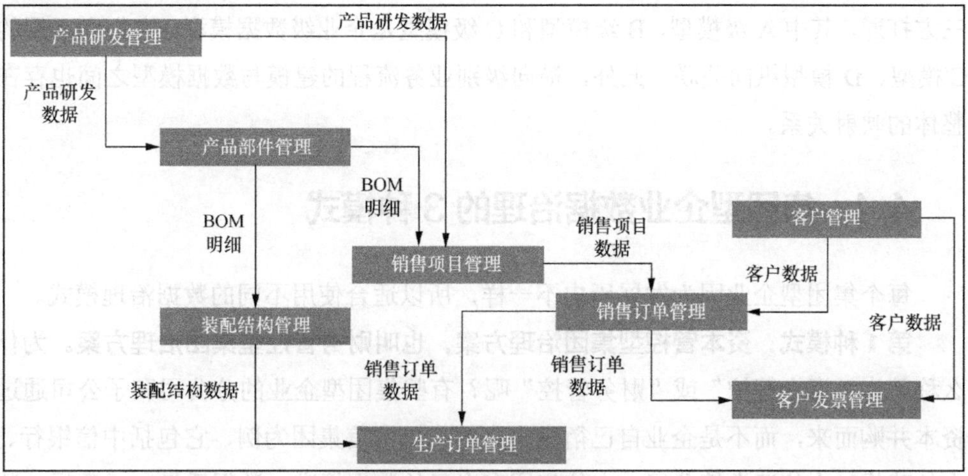

图 4-8　制造业数据分类示例

将业务架构与数据架构关联在一起是非常关键的，业务架构里的业务对象可以与数据架构里的逻辑实体和属性形成映射关系。我们最近推出了一套新的管理架构——BA-IA-DG（Business Architecture - Information Architecture - Data Governance，业务架构-信息架构-数据治理）管理架构（见图 4-9），旨在把业务架构、信息架构、数据治理

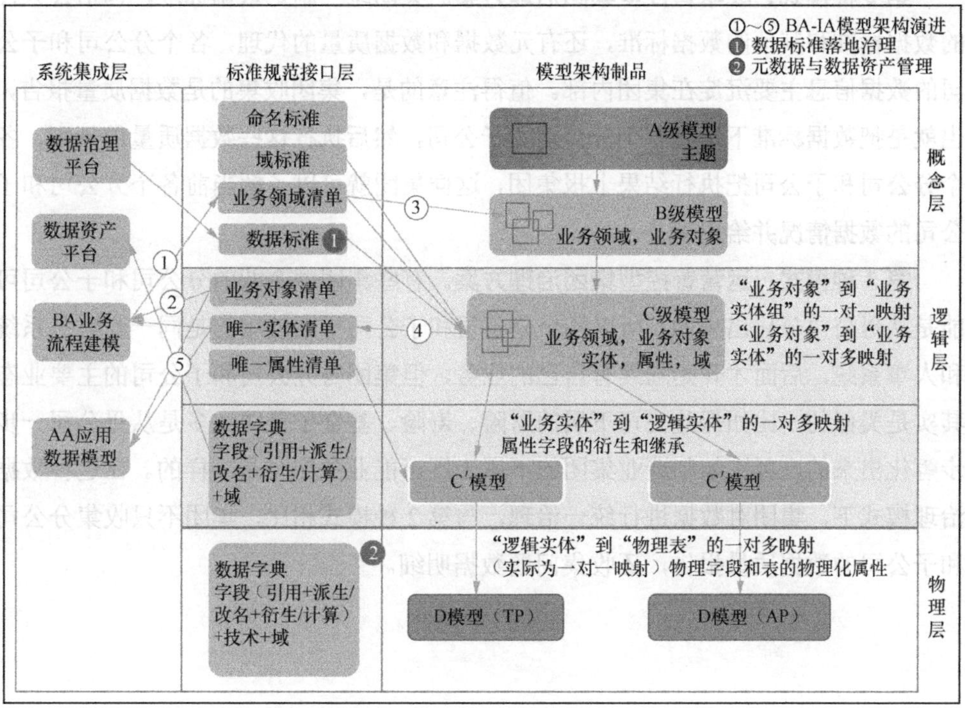

图 4-9　BA-IA-DG 管理架构

三方打通，其中 A 级模型、B 级模型和 C 级模型是企业级数据模型，它们和下层的 C′模型、D 模型纵向关联。此外，横向级别业务流程的建模与数据模型之间也存在整体的映射关系。

4.4 集团型企业数据治理的 3 种模式

每个集团型企业因为发展历史不一样，所以适合使用不同的数据治理模式。

第 1 种模式：资本管控型集团治理方案，也叫财务管控型集团治理方案。为什么称其为“资本管控”或“财务管控”呢？有些集团型企业的分公司和子公司通过资本并购而来，而不是企业自己衍生出来的。以中信集团为例，它包括中信银行、中信建投、中信证券等公司。中信集团有自己的数据标准、数据质量、元数据、数据资产等。中信集团的各个分公司和子公司分别有一套自己的数据体系，它们完全可以按照各自的标准来管理数据。另外，集团更主要的是从数据资产目录视角进行管控，主要是想了解分公司和子公司有什么样的数据资产。这是一种非常轻量级的管控模式。

第 2 种模式：战略管控型集团治理方案。集团统一制定数据标准，包括公共性的数据标准和其他的数据标准，还有元数据和数据质量的代理，各个分公司和子公司的数据信息主要沉淀在集团内部。值得注意的是，集团收集的是数据质量报告，也就是把数据标准下发到各个分公司和子公司，然后执行这些数据质量的规则，各个分公司和子公司把执行结果上报集团，这样集团就可以了解当前各个分公司和子公司的数据情况并给出评分。

第 3 种模式：运营管控型集团治理方案。有些集团型企业的分公司和子公司可能是从母公司分化出来的，所以各个分公司和子公司早期使用的是同一套财务系统和人事系统，后面才开始陆续有自己的业务，但集团与分公司和子公司的主要业态其实是类似的，比如保险公司下属的财险、寿险、基金子公司大多是从母公司一步步孵化出来的，再比如制造业集团的下属工厂可能业务完全是一样的。在这种数据治理模式下，集团对数据进行统一治理，与第 2 种模式相比，集团不只收集分公司和子公司的数据质量报告，还收集问题数据明细。

第二篇

新理论、新方法和新技术

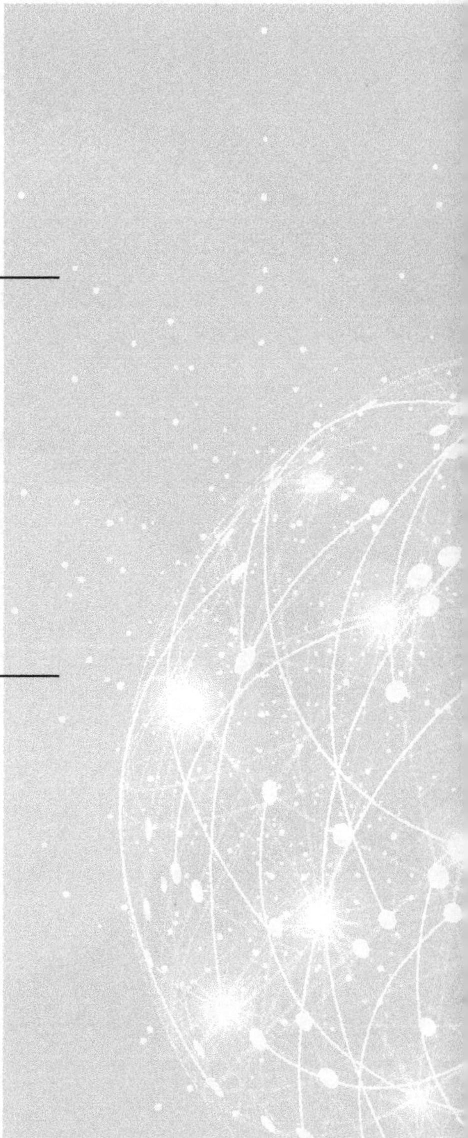

第 5 章　数业的逻辑及路径

张晓东　中国管理科学学会副会长兼秘书长，江苏敏捷创新经济管理研究院院长，敏捷科技股份有限公司董事长，博士，正高级工程师，国家重大人才工程入选者，从事数据管理与安全、智能制造、战略和项目管理、数字经济等研究、开发与实践 30 余年，曾主持完成 10 余项国家级项目，连续 11 年主编《管理蓝皮书：中国管理发展报告》。

当前，世界经济、政治、社会和文化等多个领域正发生着巨大的变革，甚至被认为是自 20 世纪 30 年代以来最复杂、最深刻的变革之一。“VUCA（Volatility, Uncertainty, Complexity, Ambiguity，易变性、不确定性、复杂性、模糊性）现象”遍眼都是，并已成为全球经济、政治、社会和文化发展中的一个重要现象。世界处于百年未有之大变局，这是多重因素交织影响所致，包括全球化进程的深入发展、科技革命的突飞猛进、地缘政治格局的重构、全球治理结构的调整等。这些变革正在对全球政治、经济秩序以及国内外政策和社会结构等方面产生深远影响，世界在各个方面不再像以前那样稳定和可预测，个体和组织都面临新的挑战。大变局及“VUCA 现象”出现的本质原因在于当前人类社会所有的主流制度、规范、规则、规制等都是基于工业时代的生产关系制定的。基于前一代生产关系来匹配现今的社会，一定会出现生产关系和生产力的失衡，造成社会发展的巨大裂痕。我们发现，工业发展的可持续性也面临巨大的挑战，应当适配新生产力来驱动新发展。如何在不确定性中寻求确定性，让生产力与生产关系回归均衡，以“数”制胜未来，是摆在人类社会发展面前的重要课题。

5.1　何为数业

新一轮科技革命浪潮风起云涌，全球人口数量激增，物质生产、社会结构等变更迭代，技术运行和社会演化加速飞奔，人类已进入一个新的时代——数业时代。

1962年，美国经济学家马克卢普首次提出“信息经济”的概念，被认为是数字经济的启蒙。1995年，IT咨询专家唐·泰普斯科特在其著作《数据时代的经济学：对网络智能时代机遇和风险的再思考》中正式提出“数字经济”的概念，被誉为“数字经济之父”。他将数字经济描述为“利用比特而非原子”的经济。数字经济的概念基于当时的后工业时代环境，而现在的经济形态、性态已然超越工业时代，全新的业态和生态是继农业经济、工业经济之后的经济新范式，其底层逻辑已发生根本性变革，体现了人类在科技、经济、社会、生态、文明等各层面的升级与重构。

从生产力、生产关系的发展演变来看，业界对数字经济概念的描述更多是指通过数字科技的广泛使用给整个经济环境和经济活动带来变化。“数字”之内涵仅偏重科技对经济的作用，而未能涵盖其他诸如数据、信息、智能，乃至基因、人体密码等与“数”有关的已然活跃于当今经济生活中且体现经济形态的内容。笔者认为，目前所定义的“数字经济”是工业经济向数业经济转变的中间过渡阶段；“数业经济”是对应于农业、工业、服务业的一种新的经济和社会形态范式的表征，涵盖新发展阶段的行业范围、产业特征、社会形态的深层内涵。“数字经济”与“数业经济”虽仅一字之差，但无论是在性质、属性，还是在特征等方面，后者都比前者更能体现当今人们所谈论的与“数字化”有关的经济、社会形态及其产生的各种现象。表5-1对比了工业经济、数字经济、数业经济的概念及内涵。

表5-1 工业经济、数字经济、数业经济的概念及内涵对比

概念及内涵	工业经济	数字经济	数业经济
内涵及外延	产业→经济→社会→文明	科技→产业→经济	科技→产业→经济→社会→文明
动力和本质	机械化/电气化/自动化	数字化/网络化	万物皆数/万事皆算
生产要素	人力/土地/资金/能源	工业经济的生产要素+技术/知识产权	数字经济的生产要素+数字化/数据/信息/智能/编码/基因……
属性侧重点	侧重于产业属性	偏技术属性	全属性（综合的/系统化的）
时期	19世纪至20世纪的主导经济形态	后工业时代	超越工业时代的人类社会新业态、新时代
狭义	机械化大生产	数智科技相关产业	
经济业态	传统经济业态	经济新业态	数智化（包含信息化、网络化、智能化等）产业

基于对数字经济概念、内涵、外延的理解，面对当前数字化时代经济社会发展现状，笔者曾在“2015东沙湖论坛——中国管理百人会”上提出“数业经济”的概念并沿用至今。“数业”是继农业、工业之后新的经济、社会和文明形态，它以数

据为核心要素，以算法为主要驱动力，以算力为基础设施，以通信网络等为载体，以数智科技形成新的生产力，推动业态转型，形成现代化生产关系及数智治理模式，开启人类数智化生产生活方式，体现新生态的经济及社会新范式，开启人类文明的新时代。面对当前的数字经济浪潮，笔者认为采用与农业、工业并列的“数业”，比采用“数字”更能够体现当下的时代变迁，也更能够严谨、准确、完整地概括出数据、数字、信息、量子、智能乃至基因等先进科技所综合呈现出来的生产力，还能够更加直观地体现当前经济社会及文明的形态。

5.2 何以数业

从现实困境、产业嬗变、技术革命、文明演进 4 个视角来分析，你会更清晰地理解我们是如何进入数业时代的，又为何要拥抱数业时代。

5.2.1 现实困境

1972 年出版的《增长的极限》一书中谈到了工业文明在人口增长、粮食生产、工业化、环境生态、资源存量等方面存在不可持续性问题。在工业发展的过程中，人类虽然努力用自己的智慧去解决这些问题，但是直到今天，生态恶化、环境污染、自然资源枯竭等顽疾依旧存在，工业的发展已陷入瓶颈，到了不得不面对转折的非常阶段。由此，“双碳”目标应运而生，旨在通过减少碳排放和增加碳吸收来应对工业化引发的生态环境恶化和自然资源枯竭等问题。“双碳”目标是我国乃至全球应对气候变化和推进可持续发展的重要举措，也是我国携手国际社会共同建设美丽的地球家园的行动指南，通过推广清洁能源、循环经济、绿色交通等可持续发展措施，进一步推动人类社会的可持续发展。数业的发展有助于实现“双碳”目标。

5.2.2 产业嬗变

在经济发展过程中，不同产业都经历了从兴起到衰亡的历史阶段，这是产业嬗变的自然规律。在农业时代，人类主要以农业生产为主，以耕种农田为生，属于最初的人类经济形态。随着工业化进程的推进，人类进入了工业时代，机器替代了手工生产，大规模工厂生产成为主流，人类经济与物质生产实现了跨越式发展。如今我们身处数业时代，以互联网、人工智能、大数据、移动支付等为代表的新兴产业的兴起，推动了整个社会的数字化发展。从农业时代到工业时代，再到数业时代，不同产业嬗变反映了人类经济发展的历史进程。每一个时代的变化，既是人类经济结构上的调整，也是技术、资源、市场和政策等因素的反映。而每一个时代也都有其独特的经济模式和价值特征，并且映射着人类社会生产力、生产方式、生产效率、物质生活及社会财富等的巨大变化。数业时代的到来给人类经济和产业发展带来新机遇的同时也带来新的挑战，如何抢抓机会推动数字化经济的可持续发展，是当前需要解决的重要问题。

5.2.3 技术革命

第二次世界大战期间，图灵机和冯·诺依曼体系结构拉开了IT兴起的序幕。1961年，麻省理工学院有一篇题为“大型通信网络中的信息流”（Information Flow in Large Communication Nets）的博士论文提出了分组交换的概念，奠定了互联网发展的基础。这说明，在数业时代，思想先于需求。这一点恰恰与工业时代相反，在工业时代，往往是先有需求，再有技术和产品。“需求先于生产”是由于生产技术和能力的限制，以及市场经济中消费者主导的影响而自然形成的，这不仅可以确保生产的高效利用，还能够让企业更好地满足市场需求并在市场竞争中取得成功。而数业时代往往先有思想，有了思想的物化雏形才能带动需求和产品。这是数业时代非常重要的标志，代表着思想改变世界。

5.2.4 文明演进

人类文明的演进传承了我们的祖先在文化、哲学、政治、建筑、艺术、科学、技术等领域的物质及精神财富，传拓了从原始社会到现代社会的发展印记。回顾历史，人类经历了采狩文明、农业文明、工业文明，每一次人类文明的演进都会带来巨大的社会冲击和体制机制变革，深刻地改变人类生产、生活和社交的方式，也为人类社会新一轮的进步演化奠定基础。现如今，人工智能的发展可能就是新文明到来的一个标识符。当前的百年未有之大变局预言着人类文明的更迭演进，将驱动人类从工业文明走向数业文明。

5.3 数业逻辑

数业经济建立在以数据为主要生产要素的物质基础上，以数字科技为新的生产力，推动传统业态转型，形成现代化数字治理模式，开启人类数字化生产与生活的新方式，在内容上涵盖数字化科技、数字化产业、数字化治理、数字化社会等方面。

5.3.1 数业世界观：万物皆数，万事皆算

数业时代的世界观围绕着数字化、网络化、智能化而展开。遵循科技、经济、产业、社会的发展规律和现象特征，笔者将数业世界观概括为“万物皆数，万事皆算”。“万物皆数”这一概念最先由古希腊哲学家和数学家毕达哥拉斯提出并发扬光大。毕达哥拉斯认为所有的事物，包括物质的和非物质的事物都可以用数字来描述，他相信世界上存在一种基本的智慧和秩序，可以通过数学和哲学来揭示。现在是“数化一切”的时代，万物可以通过计算机技术转换成数字信号，从而进行数字化处理和存储，这也正是对毕达哥拉斯“万物皆数”的回归和致敬。基于“万物皆数”，融合当前人工智能、区块链、云计算、大数据、信创的发展，笔者认为“万事皆算”有着无限可能。现代信息技术和算法技术的飞速发展使得人类可以愈加精确地捕捉和分析各类数据，这些数据的分析和挖掘可以帮助人类更准确地了解它们背后的运作机制，揭示其规律和潜在能量。数业时代，“万事皆算”的价值越发清晰。

5.3.2 数业经济理念：融合产生价值

数业时代的经济理念是“融合产生价值”。工业经济以分工产生效益，如果没有亚当・斯密的分工理论，就没有现在巨大的物质财富，分工协作促进了人类物质财富的大量积累和高速增长。分工协作有解构性质，工业经济的根本逻辑是解构。而数业经济是融合的逻辑，包括学科融合、技术融合、业态融合……而融合的媒介、交汇点和核心要素就是数据。数据不仅仅是各种产业融合、技术融合的交汇点，也是人类物质世界和精神世界的交汇点，更是比特世界和物质世界的交汇点。以数据为核心的融合诠释了数业世界观的内涵：万物皆数，万事皆算。数业时代就是数化一切的时代。

数业经济以分形来传导融合，以融合产生价值。数业经济的融合是各种数字技术的交叉渗透，以及数字经济、数据经济、网络经济、金融科技等多个分支之间的紧密联系，这种融合就像分形一样传导，形成一个复杂的生态系统。例如，数字技术和传统金融业的融合促进了金融行业的数字化转型，使得金融服务更加普惠、高效和安全。同样，数字经济和实体经济的融合也会带来巨大的发展机遇和市场空间。这种融合可以产生一些新的价值，例如更高效的流程、更好的用户体验、更全面的决策系统等，同时带来了新产品、新服务、新业态。由此我们可以看出，数业经济

中的融合具有极强的价值创造能力，推动着经济社会不断发展和进步。

5.4 数业之路

进入数业时代，数业生产力将会有一个质的飞跃，一方面源自数字化科技的大力加持，另一方面源自数据作为新型生产要素发挥的巨大作用。“万物皆数，万事皆算”，算力是数业时代的发展动力，而生产要素、生产关系、社会关系、生产方式也都因数业经济而发生重构、跃迁。对于企业发展本身而言，也有不变的宗旨，企业追求效率、效益、效能、效果的目标是不会变的，归结起来就是创造价值并呈现价值。围绕着“变与不变”，企业将面临八大重构。

（1）市场重构。未来的企业必须对市场进行创增，即创造增量市场。创增要靠创新。举个最简单的例子，线上市场就属于增量市场。工业时代只有线下市场，现在线上市场已经逐步超过线下市场。还有社群，社群带来的市场生态也是一种市场重构。

（2）价值重构。除了关注传统恒定的价值，我们还需要关注新的价值点。如何通过平台化的运营来创造价值？怎么创造数据价值？处于这个价值逻辑框架中，我们现在倡导企业不要大而全，而要小而美，走“专精特新”路线来获得更多优势。

（3）模式重构。在传统工业时代，经营逻辑都是线性化的，因此属于线性模式主导。在数业时代，经营逻辑需要动态化，我们需要迭代地以动态、敏捷、分型、量子的组织形式应对环境的变化，并且需要发展出更多的新模式。

（4）文化重构。文化重构首先从更新观念开始，但这还远远不够，更重要的是要将原来工业化的企业基因改造成数业化的企业基因，企业自身的基因改良和改造是非常重要的。

（5）业务重构。在数业时代，企业要学会开创无形的、无人化的新业务，它们将更具市场竞争力。无边界性成为常态，要打破常规，业务的成功在于跨界融合。

（6）组织重构。网络化、多元化、动态化、个体化、平台化等都将是未来组织的状态。组织重构将是组织运营中不可或缺的一个环节，它将为组织提供更好的发展空间和更灵活的运作方式，从而增强组织的竞争力和适应能力。

（7）能力重构。对已有的能力进行重新组合和整合，以创造出更加符合新领域、新问题需求的能力，从而实现跨界和融合。企业需要具备跨界和融合的能力以应对不同领域之间的挑战和新机会。

（8）管理重构。运营机制、工具手段、方法路径等都需要先破后立。随着以大数据为标志的第四范式的崛起，从管理学研究的角度来看，很重要的一个内容就是管理知识体系的重构，建立在工业时代的面向能力的管理知识体系已经不再适用于瞬息万变的数业时代。

数字化、智能化将成为企业应对重构变化的必要路径。企业的数字化转型是从工具驱动到业务驱动，再到场景驱动，最后到数据驱动的逐步升级发展的过程，其中的关键仍然在于“价值实现”，我们应该通过数据驱动来优化流程、提高产能、降低成本、提升效率、增强体验并增加效益。

党的二十大报告指出，“从现在起，中国共产党的中心任务就是团结带领全国各族人民全面建成社会主义现代化强国、实现第二个百年奋斗目标，以中国式现代化全面推进中华民族伟大复兴。”党的二十大报告进一步明确，在2035年基本实现现代化时，要基本实现新型工业化、信息化、城镇化和农业现代化。笔者认为在基本实现现代化的2035年之后，才会进入真正的数业时代。因此，当前的重要任务是积极发展数业，为中国式现代化的建设提供物质基础，而推动物质基础发展的手段和工具就是数字化和智能化，合称“数智化”。在2035年以前，“数智化”将是社会发展的主导特征，这一时期又可以称为“前数业时代”。

数业化是中国式现代化的发展基石，数据是数业经济发展的核心要素。通过数字化技术，以客户为中心，以数据为驱动，用好海量数据和丰富的应用场景，发挥好数字技术对经济发展的放大、叠加、倍增作用，充分释放技术红利和创新红利，努力催生出更多新产业、新业态、新模式、新价值，成为中国式现代化的新引擎。

第 6 章　业务驱动的数据治理闭环管理方法

卢云川　中新赛克副总经理兼大数据产品线总经理，清华大学硕士，高级工程师，中国计算机学会数据库专业委员会委员，南京市人工智能行业协会副理事长。在电信、大数据、人工智能领域深耕 20 余年，拥有知识产权 5 项，主导并参与国家 242 信息安全计划项目、江苏省战略性新兴产业发展专项等 8 个省部级科技项目。

在当今数字化时代，一方面，数据已成为企业最为重要的战略资源之一；另一方面，企业内部的数据常常处于零散、杂乱的状态，亟须进行数据治理来完成数据资产的建设。究其原因，传统的数据治理方法常常过于盲目，因缺乏具体目标而只能进行全量的数据采集和清洗，效率低下。为此，我们提出基于业务驱动的数据治理闭环管理方法，通过对企业全业务流程、子域和实体进行细致梳理，构建业务数据地图，并通过数据责任矩阵、主数据矩阵、数据流程自动化和数据标准的一键自动化构建，完成企业数据资产的统一构建，实现快速交付的目标，促进数据治理良性循环。

6.1　数据治理的现状与目标

企业的数据分为两部分：一部分存储在企业内部的系统中，如 OA（Office Automation，办公自动化）、ERP（Enterprise Resource Planning，企业资源计划）和财务费控等系统；另一部分则较为零散，分布于企业工作人员的计算机或在线 SaaS（Software as a Service，软件即服务）应用中，这些数据非常分散、杂乱无章，使用时效率低下。如图 6-1 所示，数据治理的目标是将这些杂乱、分散、无条理、无质量的数据整合成企业统一的数据资产，让这些数据从无法使用到可以高效使用，如图书馆中的图书一般整洁有序，方便用户快速查找所需数据。

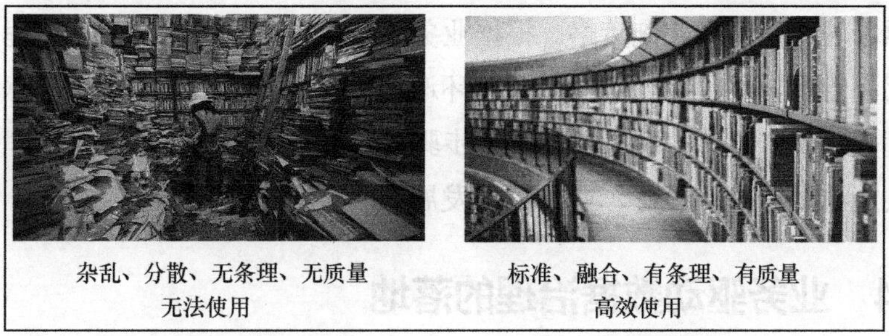

杂乱、分散、无条理、无质量
无法使用
标准、融合、有条理、有质量
高效使用

图 6-1　数据治理的目标：形成资产、体现价值

6.2　数据治理的内容

如图 6-2 所示，数据治理的工作量非常大，需要完成前期业务数据源的接入、主数据和元数据的管理、数据挖掘管理、数据标准管理、数据质量管理、数据血缘管理等数据治理任务，最终形成企业的数据资产以供使用。此外，还需要思考如何规划这么庞大的数据工程，切入点在哪里，是局部启动还是全面铺开，数据治理的效果以及投入产出比如何平衡、如何评价等问题。

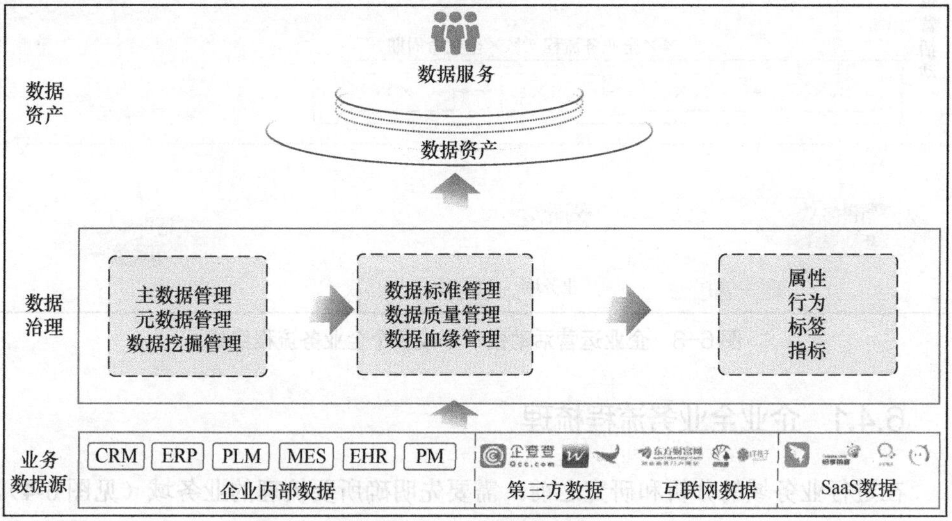

图 6-2　数据治理的内容

6.3　数据治理的规划

在进行数据治理时，企业需要考虑投入产出比、是局部启动还是全面铺开等问题。为此，我们提出了基于业务驱动的数据治理闭环管理，以满足业务需求为目标

倒推数据治理的规划和实施策略。根据业务需求变化，进行持续数据治理，完成数据治理闭环管理。经过多轮数据治理循环迭代，完成数据治理的广度和深度覆盖，实现长期数据资产价值兑现。具体落地步骤包括业务现状分析、数据治理规划、数据治理实施、数据资产服务、业务持续发展等。

6.4 业务驱动数据治理的落地

如图6-3所示，企业运营活动由一个或多个全业务流程组成，每个全业务流程又由一个或多个业务域链接而成。每个业务域有一个或多个实体参与，通过实体在特定时间的行为完成业务域的运营活动。这些实体是业务域运营活动的基础元素，如人/组织、项目/合同/订单、客户/供应商、物料/资产/产品、财务等。每个实体参与一个或多个业务域的运营活动，例如销售人员参与商机[①]、合同、收款等运营活动。

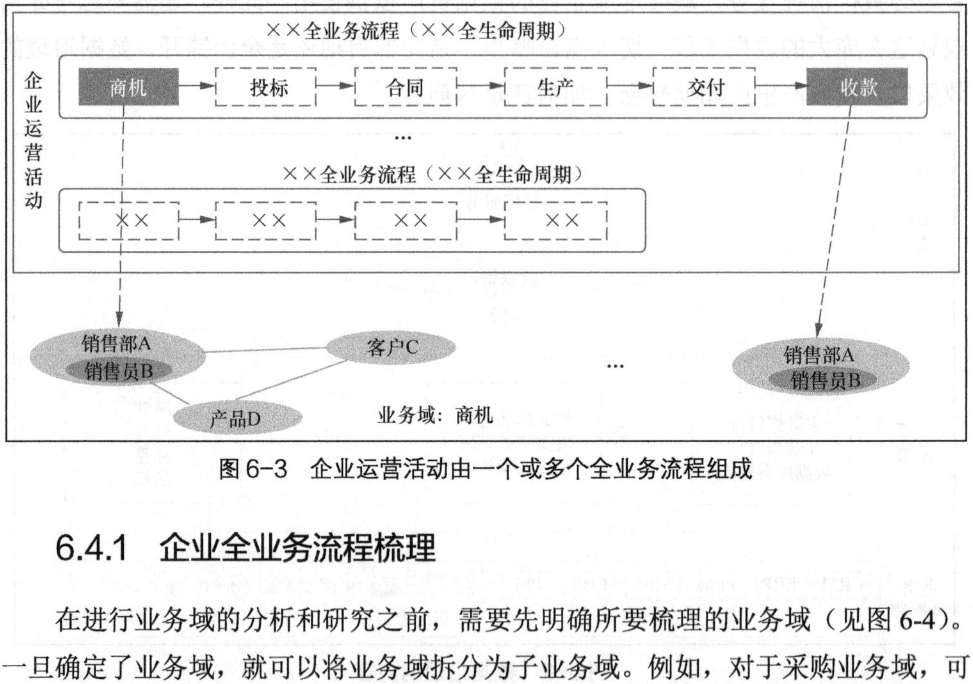

图6-3 企业运营活动由一个或多个全业务流程组成

6.4.1 企业全业务流程梳理

在进行业务域的分析和研究之前，需要先明确所要梳理的业务域（见图6-4）。一旦确定了业务域，就可以将业务域拆分为子业务域。例如，对于采购业务域，可以将其拆分为包括采购需求、采购计划等在内的6个子业务域。接下来的关键步骤是梳理每个子业务域的责任部门。根据各个子业务域的责任归属来制订相应的业务域调研计划是非常重要的。

① “商机”是指销售人员寻找有价值的商业机会，这是企业运营活动的最初阶段。

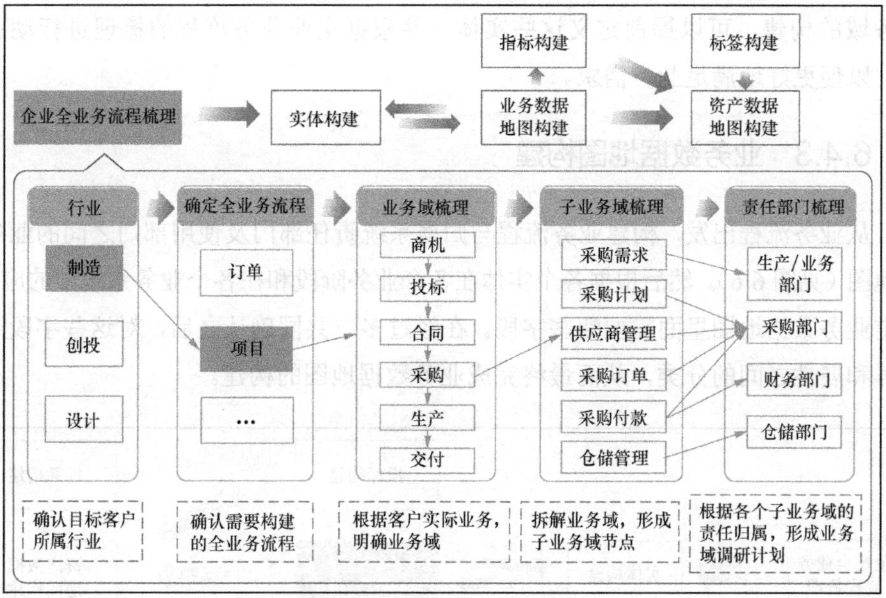

图 6-4　企业全业务流程

6.4.2　实体构建

在进行业务域的构建时，需要根据梳理好的业务域来确认需要用到哪些实体来进行构建（见图 6-5）。这些实体必须具备唯一的标识（ID）。为了更高效地进行

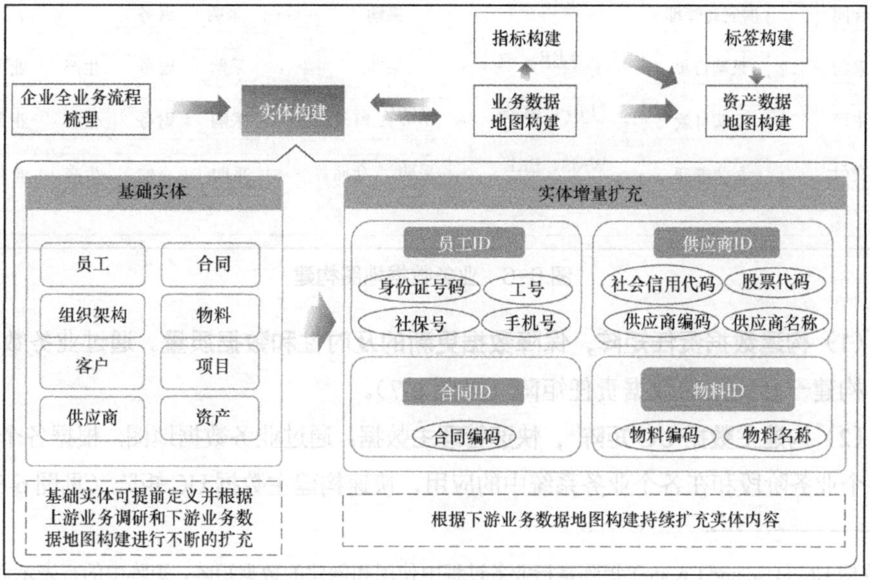

图 6-5　实体构建

业务域的构建，可以提前定义这些实体，并根据企业业务流程的梳理进行动态扩充，以便更好地满足业务需求。

6.4.3 业务数据地图构建

从业务流程出发，构建业务流程与归属系统责任部门及使用部门之间的业务数据地图（见图6-6）。然后根据各个实体在各个业务阶段和在各个业务系统中的应用，确定业务数据地图里面需要哪些字段。在经过多方共同确认之后，对这些字段进行实体和属性之间的分类，从而最终完成业务数据地图的构建。

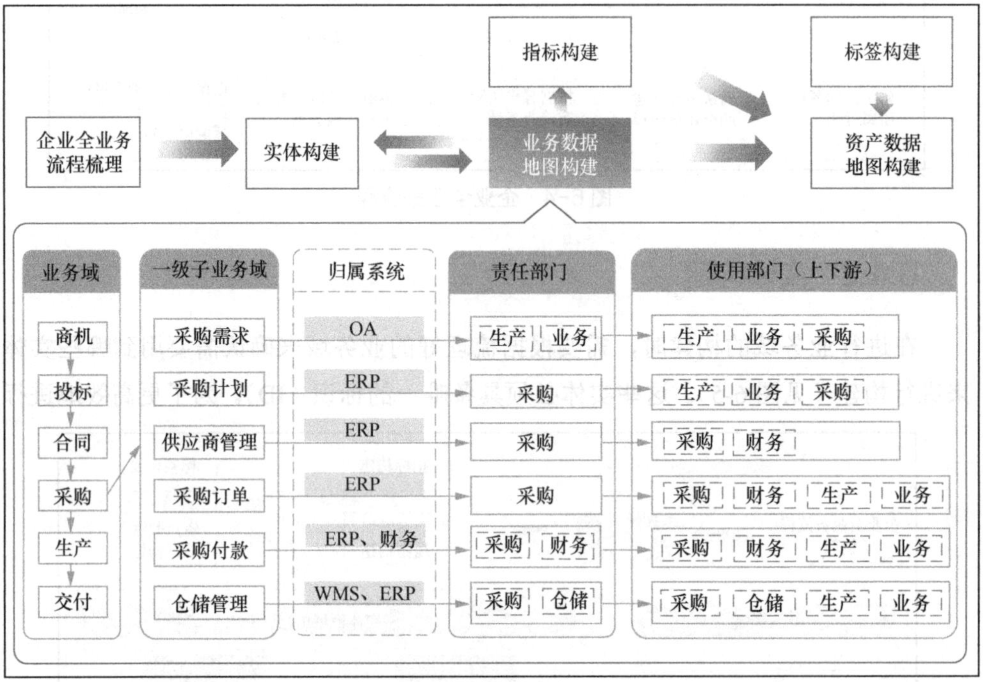

图6-6 业务数据地图构建

（1）构建数据责任矩阵，保障数据更新的及时性和数据质量。通过业务数据地图，构建一套完整的数据责任矩阵（见图6-7）。

（2）构建主数据UC矩阵[①]，快速管理主数据。通过业务数据地图，根据各个实体在各个业务阶段和在各个业务系统中的应用，快速构建主数据UC矩阵（见图6-8）。

① 数据UC（Use and Create）矩阵是指业务过程中使用和创建的数据矩阵，矩阵中的行表示业务过程，列表示数据类。数据UC矩阵可以描述业务过程与数据之间的关系，从而辅助数据管理。

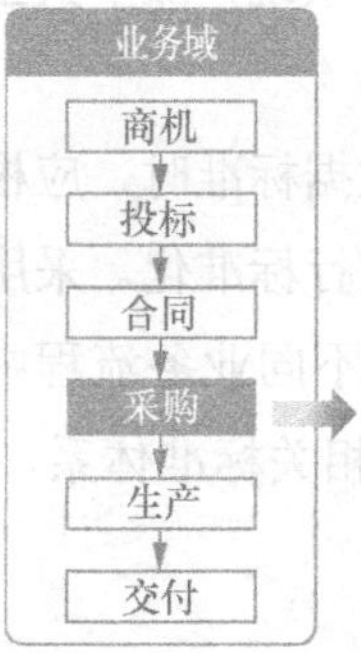

业务域	一级子业务域	业务过程	业务字段	业务字段分类	关联实体
采购	采购执行管理	采购需求	需求填报人	实体	人员：人员编码
			需求部门	实体	组织：部门编码
			提交日期	维度属性	
			采购需求单	实体	单据：单据编码
			品名	实体	物料：物料编号
			车间	维度属性	
			产线	维度属性	
			需求数量	事实属性	
			型号	实体	物料：物料型号
			品名描述	实体	物料：物料描述
		采购计划	计划制定人	实体	人员：人员编码
			物料品名	实体	物料：物料编号
			采购需求单	实体	单据：单据编码
			供货供应商	实体	供应商：供应商编码
			计划到货期	维度属性	
			型号	实体	物料：物料型号
			计划采购数量	事实属性	
			计划采购日期	维度属性	

图 6-7 构建数据责任矩阵

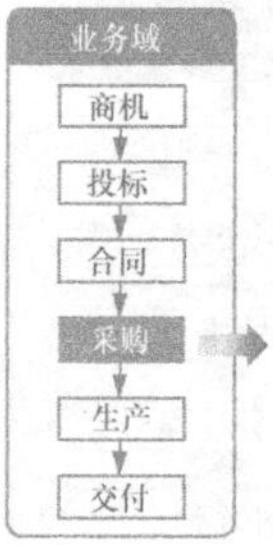

业务域	一级子业务域	业务过程	业务字段	业务字段分类	关联实体	初始节点部门	更新节点部门	使用部门	归属系统
采购	采购执行管理	采购需求	需求填报人	实体	人员：人员编码	人资部	人资部	所有部门	OA/ERP
			需求部门	实体	组织：部门编码	人资部	人资部	所有部门	OA/ERP
			提交日期	维度属性		生产部/业务部	生产部/业务部	生产部/业务部/采购部	OA/ERP
			采购需求单	实体	单据：单据编码	生产部/业务部	生产部/业务部	生产部/业务部/采购部	OA
			品名	实体	物料：物料编号	研发部	研发部	所有部门	PLM/ERP
			车间	维度属性		生产部/业务部	生产部/业务部	生产部/业务部/采购部	ERP
			产线	维度属性		生产部/业务部	生产部/业务部	生产部/业务部/采购部	ERP
			需求数量	事实属性		生产部/业务部	生产部/业务部	生产部/业务部/采购部	ERP
			型号	实体	物料：物料型号	研发部	研发部	所有部门	PLM/ERP
			品名描述	实体	物料：物料描述	研发部	研发部	所有部门	PLM/ERP
		采购计划	计划制定人	实体	人员：人员编码	人资部	人资部	所有部门	OA/ERP
			物料品名	实体	物料：物料编号	研发部	研发部	所有部门	PLM/ERP
			采购需求单	实体	单据：单据编码	生产部/业务部	生产部/业务部	生产部/业务部/采购部	ERP
			供货供应商	实体	供应商：供应商编码	采购部	采购部	采购部	ERP
			计划到货期	维度属性		采购部	采购部	采购部/生产部	ERP
			型号	实体	物料：物料型号	研发部	研发部	所有部门	PLM/ERP
			计划采购数量	事实属性		采购部	采购部	采购部/生产部	ERP
			计划采购日期	维度属性		采购部	采购部	采购部/生产部	ERP

图 6-8 构建主数据 UC 矩阵

（3）构建数据流程自动化，自动触发下游流程。 基于业务数据地图，梳理子业务域的上下游关系，发现一些上游审批结束后可以自动流转到下游系统，减少人工干预，提高业务流转效率。

（4）构建数据标准，有目的地进行数据标准的统一。 在建立数据标准时，应根据业务数据地图有针对性地进行构建，而不是盲目整合所有数据进行标准化。采用这样的方式能够更有效地实现数据标准的统一。梳理相同数据在不同业务流程中的命名，可以快速制定数据标准，形成数据字段的名称、内容等相关标准体系。

6.4.4 指标构建和标签构建

基于业务数据地图，通过梳理不同行业全业务流程的特点，可以更好地了解各个行业内部的业务特点和数据需求，进而形成适合不同行业的指标和标签（见图 6-9）。

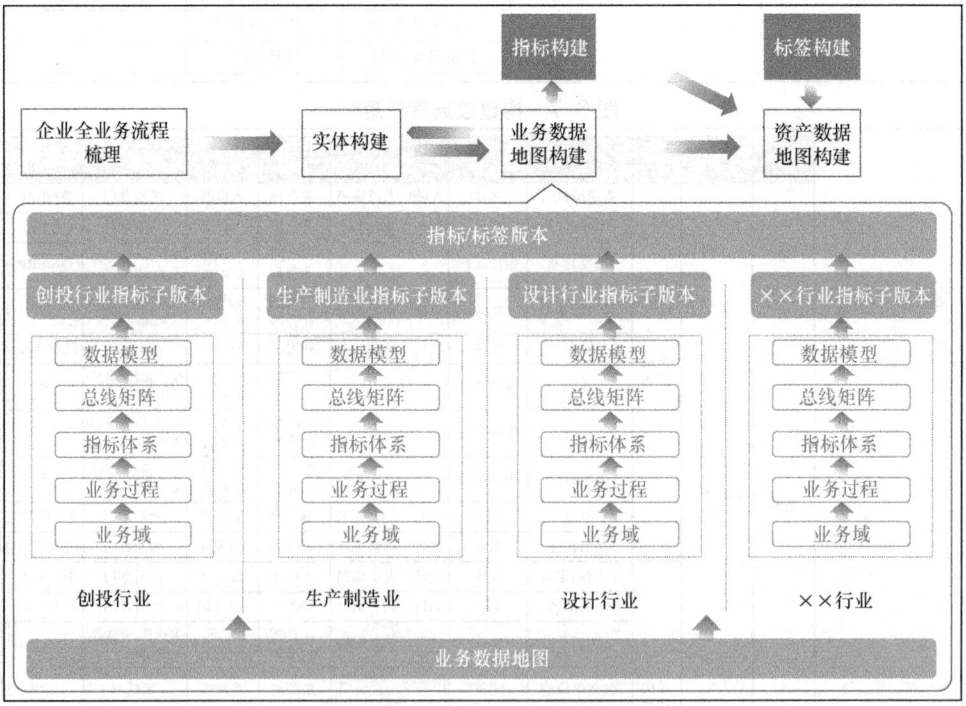

图 6-9 指标构建和标签构建

6.4.5 资产数据地图构建

在基于业务数据地图构建企业需要的指标和标签之后，构建企业的资产数据地图（见图 6-10）。基于业务数据地图和 oneID（唯一标识）实体，实现业务全流程实体数据的自动汇聚，形成完整的属性、行为、指标、标签集合，即为企业资产数据地图。

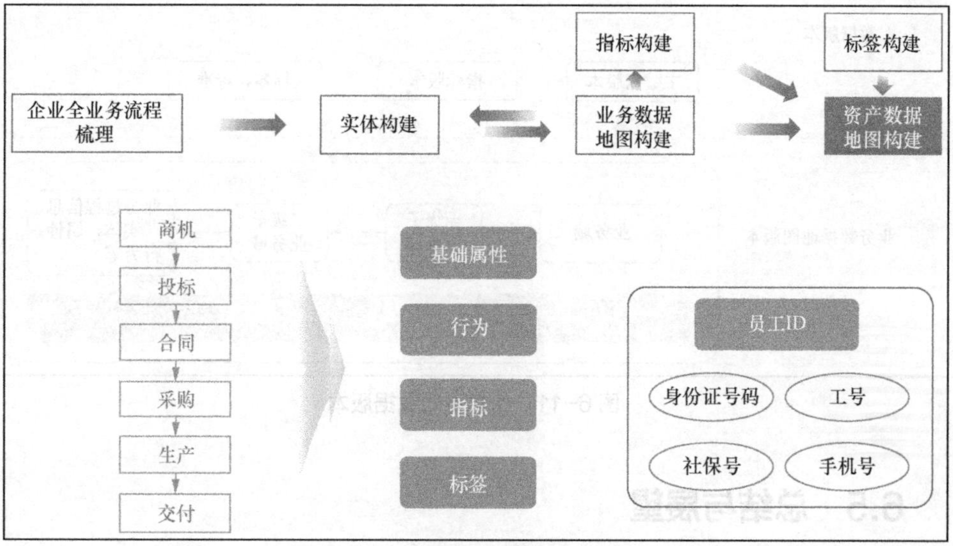

图 6-10 资产数据地图构建

6.4.6 构建不同数据版本

为了实现企业快速交付的目标，需要根据不同的行业和经验，形成各种数据版本，如主数据版本和指标版本（见图 6-11）。这样在交付的时候，就可以不仅交付软件版本，还交付数据版本，从而能够根据客户的需求做一些定制化的调整，实现快速交付。

- **业务数据地图版本**：以行业-业务域为基础粒度构建而成。
- **主数据版本**：基于业务数据地图，以行业-实体为基础粒度构建而成。
- **指标版本**：基于业务数据地图，以行业-业务域为基础粒度构建而成。
- **数据资产版本**：基于业务数据地图、实体、指标体系、标签信息，以实体 ID 自动构建而成。
- **标签、标准体系**：形成行业体系积累内置平台，随平台版本发布。可按实际需求调用标签、标准体系进行应用。

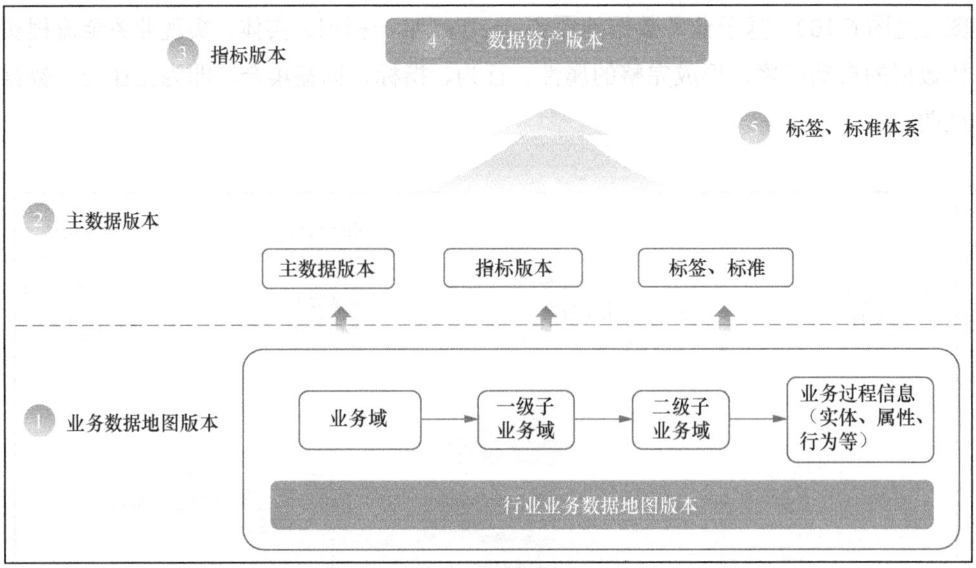

图6-11 构建不同数据版本

6.5 总结与展望

业务驱动数据治理的落地，首先需要进行现状调研，了解企业在业务、数据、系统3个维度的情况，形成业务数据地图。在此基础上，开发数据应用，进行企业运营健康管理、全生命周期管理和风险控制等方面的实践，并提出整改建议和方案。例如，可以提出改善管理和第三方系统的方案，以解决数据更新不及时和数据质量问题等。这一过程有助于推动数据治理良性循环，最终实现企业战略规划的成功落地。

本章介绍了业务驱动数据治理的概念、目标及实施步骤，并分析了它对企业数字化建设的重要意义。在企业未来的发展中，数据治理将愈加重要，而基于业务驱动的数据治理方案也将成为企业数字化建设的重要手段。

第 7 章　数据资产价值呈现之道

符海鹏　上海罗盘信息科技有限公司（以下简称罗盘科技）副总经理兼技术总监，毕业于北京航天航空大学，曾就职于多个知名企业，拥有丰富的数据管理经验、出色的技术领导力和深厚的行业背景。曾担任文思海辉创新商业智能事业部副总裁、山景智能技术总监等职务，是海穗科技的联合创始人。管理过超过 400 人的大型技术团队，主导建设了工商银行、平安银行、兴业银行、交通银行等 60 多家金融机构的数据相关应用建设。作为罗盘科技的技术领导者，致力于推动公司在数据治理领域的技术创新和业务拓展，其专业知识和实践经验为公司带来了宝贵的行业洞察力和技术优势，帮助公司在激烈的市场竞争中持续保持领先地位。

7.1　数字化转型带来的数据变革

众所周知，我们现在处于数字化转型阶段。在这个阶段，虽然各种数据应用应运而生，但其本质实际上是一样的，都是为了让科技更好地为业务服务。业务的变化带来了更多元的技术需求。要做好技术服务，就需要分析业务到底发生了哪些变化。

数字化转型是指利用新兴技术在数字环境中连接与机构相关的人、事、物、组织、场景和主题，使其以数据的形式存在，实现数据决策和智能交互，最终重塑组织（例如金融机构）的价值。基于当前政策、市场、技术的背景与趋势，线上化、数字化、智能化是组织数字化转型的必由之路，而数据资产的管理和应用就变得尤为重要。

- **线上化**。线上化是信息化工作的第一步。线下的日常交互工作几乎都需要被整合到线上，数据上云的需求种类越来越多，要求的响应速度越来越快。线上化也改变了工作的开展方式。
- **数字化**。数字化进程伴随着大量数据的产生，需要对其进行记录、整理、应用、存储，这提升了我们对数据质量的要求。

- **智能化**。智能化是数据领域的高阶诉求，比如需要用更智能的方式使用数据服务业务，本质上就是提升效能。而实现这个目标的基础，就是进行数据资产的管理和应用。

如今数据治理行业主要关注的仍然是数据治理本身，包括笔者在内的很多人都是参考 DAMA 的知识体系来开展数据治理相关工作的，但从需求的不同维度来看，除了数据管理，如何做好数据应用也很重要。基于这一点，要想呈现最终的、完整的数据应用价值，需要做 4 件事，如图 7-1 所示。

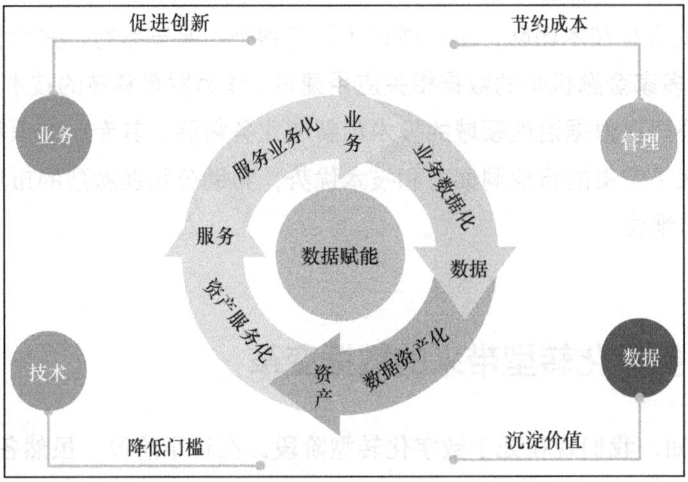

图 7–1 呈现数据资产应用价值的完整体系

- **业务数据化**。其实早在 20 年前，我们就为某券商做了一套比较完整的数据仓库。罗盘科技是我国第一批从事数据仓库相关工作的公司，核心工作是业务数据化，把各个系统的数据统一归纳、收集。
- **数据资产化**。数据资产化的本质是沉淀数据价值，让数据以资产的形式呈现出来。经过积极探索，数据的可交易性逐渐被验证，数据的价值在于它可能带来的业务的价值。
- **资产服务化**。数据资产要能够应用于服务，无论是外部的交易还是内部的数据流转，其实都是为了降低数据交换的门槛。
- **服务业务化**。决策引擎是服务业务化的典型案例。我们需要对核心的、关键的业务内容做流程编排、业务化处理。企业在进行数字化转型时，借鉴

PDCA 闭环管理思路能有效提升数据价值。

我们现在做的大部分数字化工作的第一步就是加快整个大体量数据工程的建设。很多数据库厂商有一个共识，无论是从 MPP（Massively Parallel Processing，大规模并行处理）架构还是从传统单一架构来看，如何汇聚更大的数据量，如何合法合规地获取外部数据，如何满足多元的数据处理要求，已变得非常重要。

前期大量的工程性工作是为了最终实现数据的高价值转换，让数据能被业务部门使用。实际上，科技部门、业务部门以及领导层更多的想知道花费几千万元甚至上亿元购买的这些数据系统到底是怎么服务业务部门的。对此，下面将做一些分享和探讨。

7.2 数智时代的开启

数智时代的开启过程如图 7-2 所示。

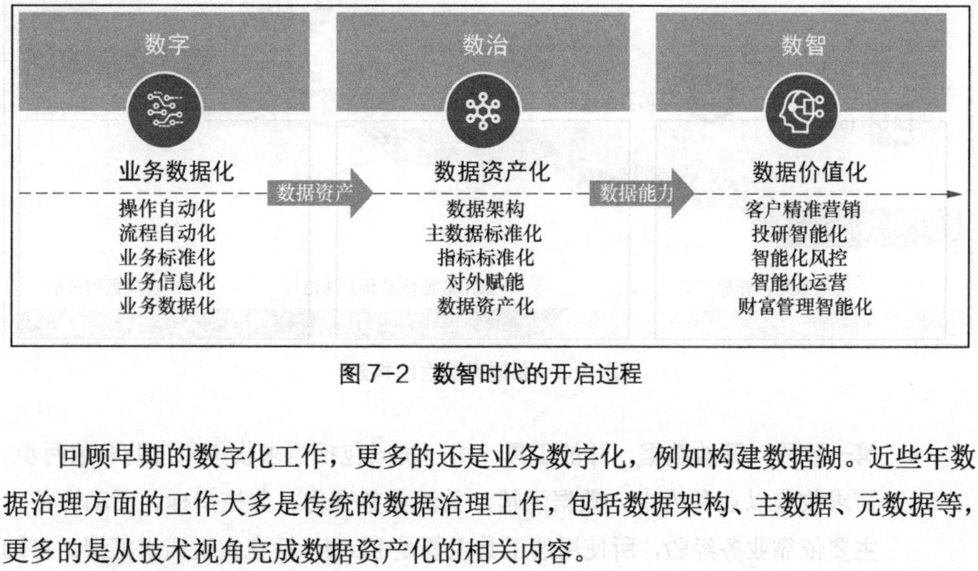

图7-2 数智时代的开启过程

回顾早期的数字化工作，更多的还是业务数字化，例如构建数据湖。近些年数据治理方面的工作大多是传统的数据治理工作，包括数据架构、主数据、元数据等，更多的是从技术视角完成数据资产化的相关内容。

如何让数据治理真正地走好“最后一公里”，让客户、业务部门真正享受到数据应用的价值，才是我们真正要做的事情。我们未来更多要做的是在高质量的数据基础上，为客户提供更优质的精准营销、投研、运营、财富管理等服务，不只是给用户提供数据，而是让数据发挥效能、产生价值。

在此过程中也会有一些转变。我们早期做的数据仓库、数据湖的底层模型是范式模型。互联网行业比金融行业更偏向业务，所以互联网更多的在往多元模型发展，这里的第一个转变就是从范式模型到多元模型的转变，这种转变又会导致存储架构发生转变，这是技术部门比较关注的点。业务部门则不太关心最原始的数据是怎么存储和使用的，而是更关注业务运营，比如客户标签和产品标签是什么样子的。

与此同时，数据也从集中管控变成开放共享，科技部门、业务部门不再单一关注如何做好数据仓库或数据治理工作，而是如何把已经治理好的数据提供给业务部门直接使用，这可能是未来我们更需要考虑的一个问题。

7.3 数据实验室的构建

基于数据的开放共享，数据实验室的构建将经历3个阶段，如图7-3所示。

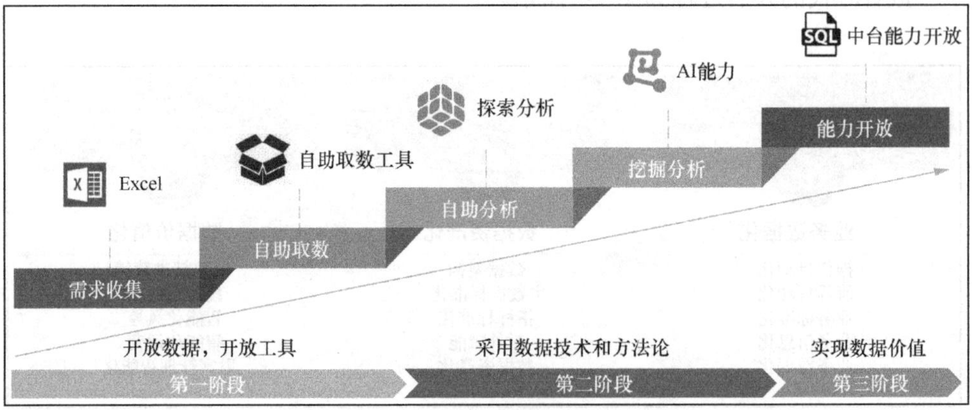

图7-3 数据实验室的构建

- **第一阶段：开放数据，开放工具。**第一阶段包括需求收集和自助取数两步。需求收集以业务为主、数据为辅，关注业务变化、监控指标、活动评估，主要依靠业务经验，所使用的工具主要是Excel，旨在实现需求汇聚。自助取数工具能够面向业务人员进行数据开放，辅以适当的权限控制，提供数据的个性化管理功能。
- **第二阶段：采用数据技术和方法论。**第二阶段的主要目标是构建自助分析能力，如提供海量数据即席分析、电子报表制作及拖曳式的可视化分析功能，让懂业务的人自助实现数据分析或挖掘分析，如提供一站式机器学习平台，以及通过算法对大量历史数据进行学习，进而利用生成的经验模型指导业务。

- **第三阶段：实现数据价值。**只有将数据能力开放出来，才能够使数据的价值最大化。例如基于数据中台实现数据能力开放，充分利用数据中台的平台级能力，驱动数据深加工和数据分析，对业务数据进行价值挖掘与展现。

从技术角度讲，从早期的需求模板和供给方式调整成自助取数方式，再进化到使用数据探索领域的专家模型，类似于这种数据探索、AI 能力复用以及数据中台能力开放的供数模式，才是业务部门更加青睐的服务模式。

7.4 业务分析工具集的提供

业务部门和科技部门虽然具有完全不同的属性，但二者是相辅相成的。从传统业务分析需求角度讲，业务部门对能力或分析工具的时效性要求较高。业务发展迅速，注定需要反复、频繁地获取更多的数据来进行分析。

如今，特别庞大的系统已经不再那么适用，更多短平快、小而美、低成本的工具能更好地适应业务的快速需求。

从企业整体技术架构来看，小而美的产品可能缺乏完整性、全面性。但从业务角度来看，小而美的产品可以作为细节补充项，为具体的业务需求提供更多助力，使数据治理为业务提供“最后一公里”的服务。这是近两年市场上比较大的变化之一。

7.5 AI 场景化能力的全流程覆盖

前几年笔者任职于一家 AI 公司。通过系统性的学习和实践，发现 AI 确实能在这个领域给我们带来很大的价值。比如营销、绩效、运营、风险管理等各个流程都可以通过 AI 来完成。举个例子，某银行曾经尝试用 AI 来完成产品找人或人找产品的业务，效率提升非常明显，并且 AI 几乎能够达到人工处理的效果，而且不需要任何人为监控。经过尝试，该银行决定继续探索 AI 在绩效考核中的应用。

从技术角度讲，AI 可能跟别的技术不太一样——除了要有标准的建模平台和算力平台，还需要大家更加关注数据在底层是如何被管理的。在AI项目中，80%的时间和精力耗费在数据处理上，因此数据治理尤为重要。

7.6 AI自动化业务平台必须具备的能力

AI自动化业务平台必须具备的能力如图7-4所示，包括资源管理、协同管理、资产管理、数据处理、模型开发、模型部署等。

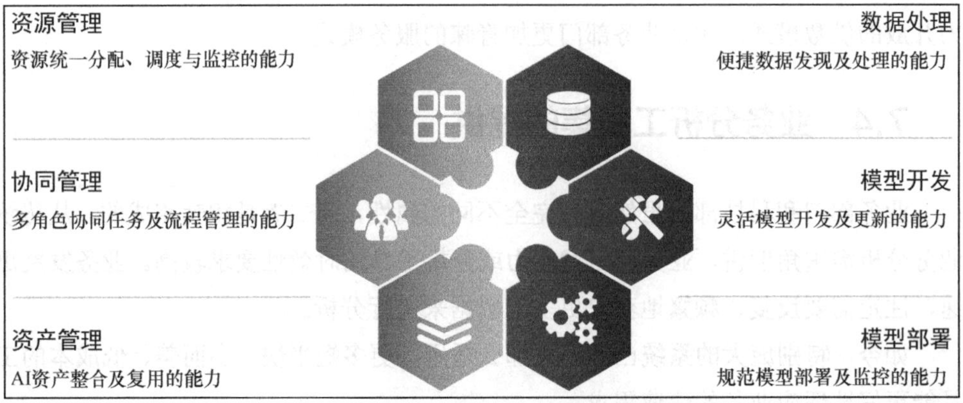

图7-4 AI自动化业务平台必须具备的能力

7.7 数据安全底线保证

在大模型时代，一切工作都需要保证数据安全底线，因此需要建设数据安全治理体系（见图7-5）。数据安全是数据治理体系中的重要领域之一，需要建立相应的安全组织架构、配套的管理制度，同时需要数据安全的相关技术来做支撑，包括在数据安全领域通过网络监控和设备监控形成更完整的体系，保证数据在开放共享方面和在应用端都是安全合规的。

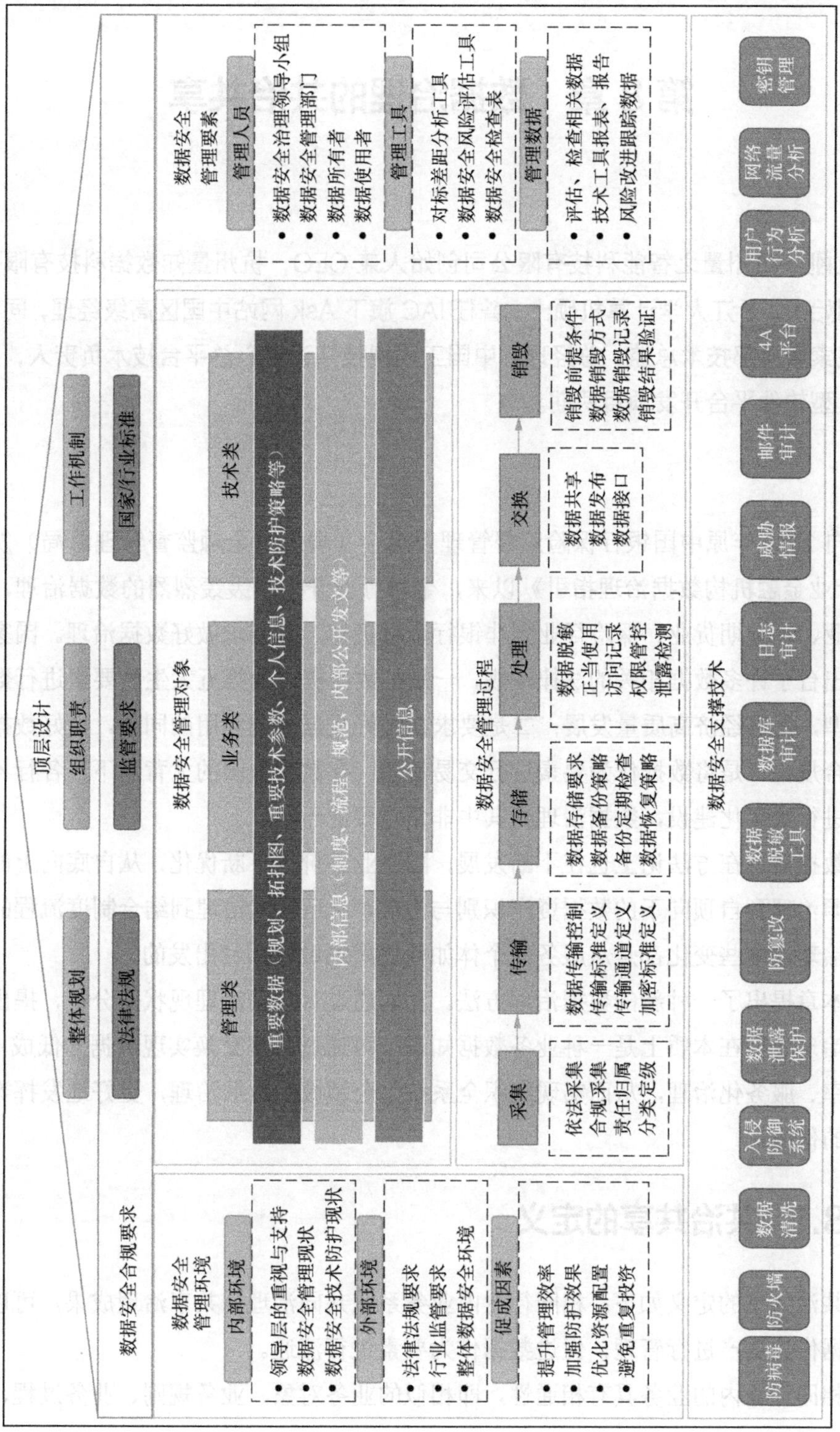

图 7-5　数据安全治理体系

第 8 章 数据治理的共治共享

凌立刚 杭州量之智能科技有限公司创始人兼 CEO，杭州量知数据科技有限公司创始人，浙江大学计算机硕士。曾任 IAC 旗下 Ask 网站中国区高级经理，同花顺搜索事业部技术总监、总经理。中国工程科技知识中心总平台技术负责人，主持大型软件平台开发项目两期。

自 2018 年原中国银行保险监督管理委员会（现国家金融监督管理总局）发布《银行业金融机构数据治理指引》以来，金融行业开启了轰轰烈烈的数据治理，从银行业、证券期货业、保险行业到非银行金融机构，都要求做好数据治理。国家层面也出台了许多数据相关的法律法规，一是把数据提升为第五大生产要素进行数字化转型，促进经济高质量发展；二是要求在做好数据高效利用的同时，做好数据的安全合规；三是将数据作为要素进行交易流通。在数字中国的大背景下，各行各业都在进行数字化建设，数据治理是其中非常重要的一环。

数据治理在方法论上也在不断发展，围绕业务价值不断优化，从自底向上的数据资源治理到自顶向下的数据资产识别与治理，从运动式治理到结合制度流程的持续性治理，这些变化都是从服务商个体如何更好地做好项目出发的。

本章提出了一种新的数据治理方法。我们通过对数据治理现状的分析，提出了数据治理成果在本质上是一种业务数据知识，可通过共享交换实现数据的低成本、高效率、服务化治理，从而实现组织全系统、全领域的数据治理，更好地发挥数据要素的作用。

8.1 共治共享的定义

共治共享的定义如下：相同行业内业务系统共同治理，共享治理成果，可以加速数据作为资产进行管理，促进数据作为要素进行流通。

相同行业内的业务具有相通性，即相似的业务对象、业务规则、业务过程，作为承载这些业务信息的数据，共治理成果往往具有共同性和共享价值。

如图 8-1 所示，根据阿巴特（Abate）信息三角，数据治理的过程就是把数据升级为信息与知识的过程，可以将数据治理领域知识运用到业务数据上，从而更好地理解业务数据。数据治理的基本对象是描述数据的元数据，数据治理的成果也可以用元数据来描述。因此，我们认为数据治理的成果就是由元数据描述的业务数据知识。

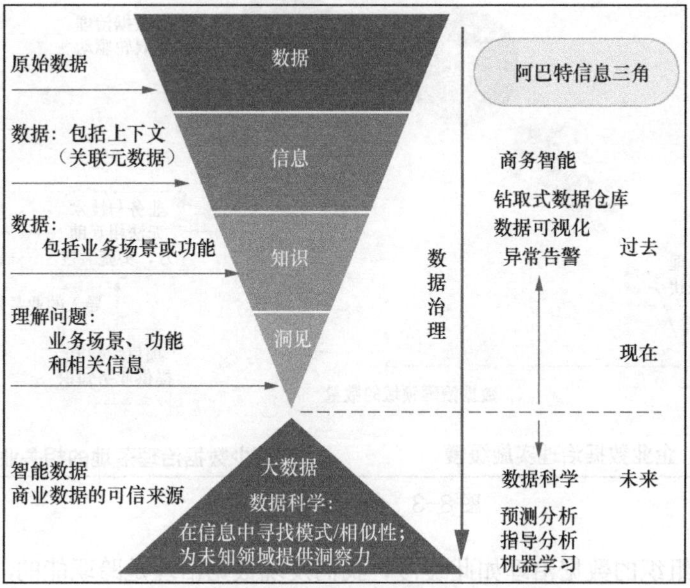

图 8-1 将数据升级为信息与知识的过程

业务数据经过数据治理领域知识的加持，形成业务数据知识，如图 8-2 所示。

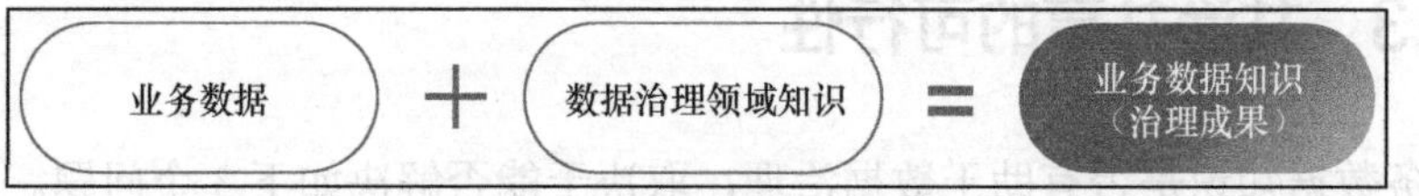

图 8-2 业务数据知识的形成

8.2 共治共享的必要性

数据治理的目标是实现组织全领域、全系统的数据治理。全领域是指数据治理的所有领域都可得到实施，全系统是指组织内所有的系统都能治理完成。相应的，我们可以从两个维度来看一个企业数据治理的完成度：一是IT系统的覆盖比例；二是数据治理领域的数量，一般来说，全领域的数据治理至少有8个领域。如图8-3所示，许多企业的数据治理实施缓慢，缺少数据治理落地的相关业务知识。如何加快数据治理是一个非常重要的问题。

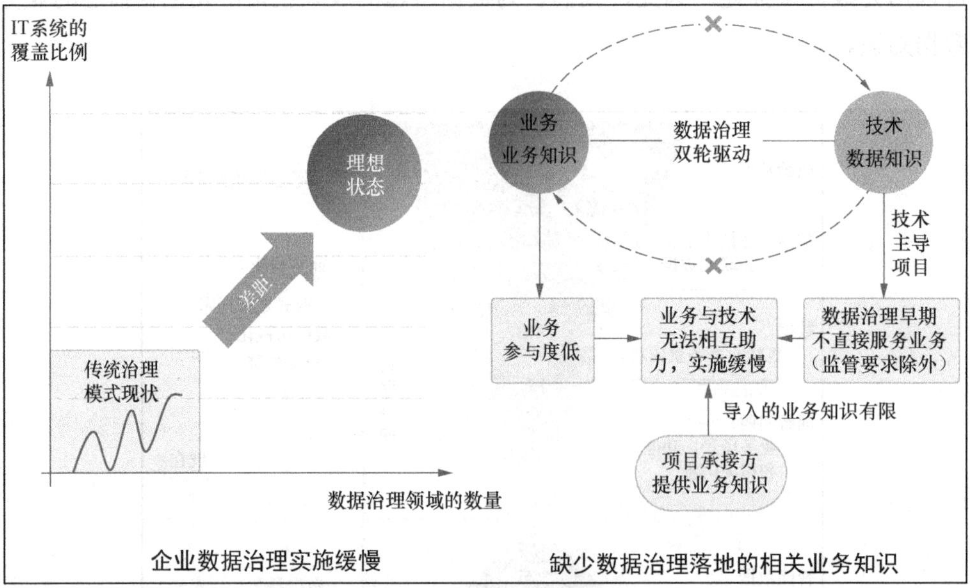

图8-3 企业数据治理困境

为什么组织的数据治理如此缓慢？我们发现数据治理是跨职能的，需要双轮驱动，当前的数据治理项目往往由技术部门牵头，业务部门参与度低，业务与技术无法相互助力，治理过程中缺少大量的业务知识。

8.3 共治共享的可行性

业务数据知识是否有助于数据治理，取决于能否解决如下3个问题。

（1）业务数据知识能否帮助第三方治理落地，或者说为了帮助第三方治理落地，对业务数据知识有什么限制条件。

（2）能否实现业务数据知识的安全合规。

（3）业务数据知识是否可以被迁移和习得：首先是业务数据知识能够被表达；其次是通过算法，所表达的内容能够被有效利用，这样才能实现共治共享的目的。

先来看第 1 个问题，即业务数据知识需要满足什么条件才能帮助第三方治理落地。数据治理领域的基础理论是统一的。以 DAMA 理论为例，其所有的实施领域都是针对所有数据的，不分组织。相同行业内往往有共同的标准、规范、指引、指南，它们是行业内所有组织都需要遵守的。而在相同行业内，特别是强监管行业，业务往往是同质化的，有相同的业务对象、业务规则、业务过程。因此，我们认为在相同行业内，组织需要遵循相同的治理理论、标准和指引。此外，由于业务是相似的，因此业务数据知识也是相同的，这有助于第三方治理落地。

再来看第 2 个问题，即业务数据知识的安全合规问题。如前所述，数据治理成果是用元数据来描述的，元数据也是数据，也需要分类分级。按照 DAMA-DMBOK 2 的分类，元数据主要分为 3 种类型——业务元数据、技术元数据和操作元数据。从业务元数据来看，行业数据标准、安全分级指引都是业务元数据。从技术元数据来看，需要治理的业务数据的表、字段信息都是技术元数据。从操作元数据来看，每一个组织的操作内容都是不同的，没有必要共享。在交换共享的过程中，信息会被补充完整。因此，需要共享的元数据是业务元数据和部分技术元数据。具体来看，描述业务数据知识的元数据具有以下特点。

- 元数据不包含个人隐私数据，因此不会违反《中华人民共和国个人信息保护法》。
- 数据治理须遵守的相关行业标准、规范、指引等都是公开信息。
- 由于需要共享的技术元数据是大家共有的内容（如果不是共有的，将很难被迁移和习得，共享价值不高），因此不是商业机密。
- 数据知识不涉及国家安全问题。

由此，我们可以得出如下结论：业务数据知识按照分类分级要求，属于可公开级别，不存在安全合规问题。

最后来看第 3 个问题，这个问题可以分为两个小问题：一是业务数据知识能否被迁移；二是业务数据知识能否被第三方习得。根据多年的研究与实践，我们给出了 GIRM（Data Governance Implementation Reference Model，数据治理实施参考模型），用于实现业务数据知识的结构化表达。按照行业来分，有银行业的 GIRM，也有证券业的 GIRM，还有电子政务行业的 GIRM 等。通过一些相似性计算算法，GIRM 可以由第三方习得落地。

通过以上分析，我们认为数据治理的共治共享是切实可行的。相同行业内的业务数据知识是可以交换共享的，可通过搭建数据治理运营平台实现组织全领域、全系统的数据治理。

综上，本章提供了一种数据治理的共治共享方法。如图 8-4 所示，相同行业内的数据治理成果是可以通过 GIRM 进行交换共享的，并通过数据治理运营平台实现治理成果迁移，从而实现第三方治理落地。从某种意义上讲，这种方法让我们摆脱了以传统方式解决数据治理问题所面临的困境，而把数据治理问题转为业务数据知识的共享问题来加以解决。

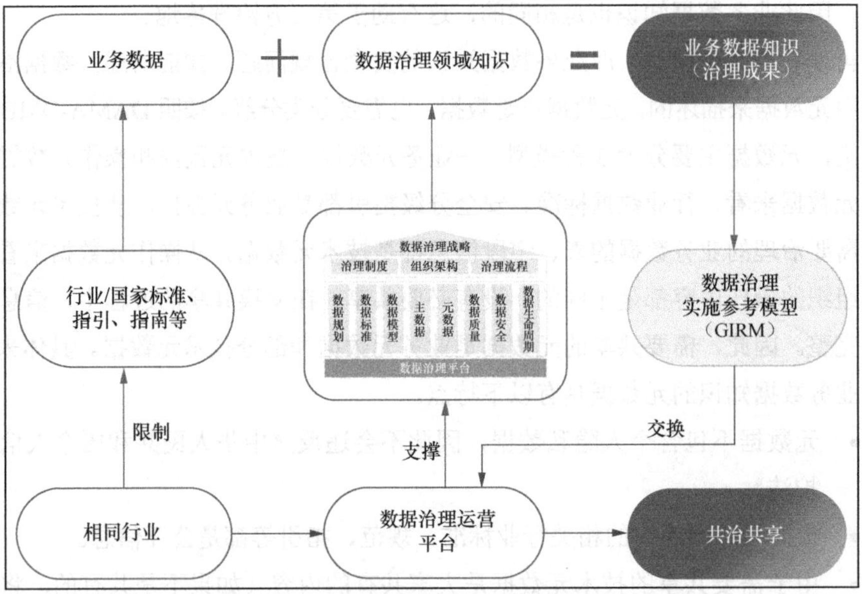

图 8-4　一种数据治理的共治共享方法

第 9 章　价值驱动的精益数据治理

史凯　《精益数据方法论：数据驱动的数字化转型》的作者，中国计算机学会 TF（Tech Frontier，技术前线）数字化转型和企业架构 SIG（Special Interest Group，特别兴趣小组）主席，腾讯云最具价值专家（Tencent Cloud Valuable Professional，简称 TVP），数字产业创新研究中心副主席，阿里云中国区原咨询总经理，中国信通院、中关村合众天使投资联盟等机构特聘专家，2022 大数据产业年度趋势人物，有 20 多年企业信息化、数字化规划咨询落地经验，服务过 100 多家国内外头部企业。

9.1　数据治理是数字化转型的“德尔斐神谕”

希腊德尔斐神庙阿波罗神殿门前有三句石刻铭文曾引起无数智者的深思，被奉为“德尔斐神谕”。人们前往神庙，寻求德尔斐神谕的指示和建议，以获得正确的决策和行动方向。类似的，数据治理为企业提供了智慧和洞察力，并帮助企业在数字化转型的道路上做出明智的决策和战略。

企业越来越依赖数据来支持决策、创新和业务发展。数据被视为一种宝贵的资产，具有巨大的潜力和价值。为了充分挖掘数据的潜力，确保数据的准确性、一致性和可信度，以及保护数据的隐私和安全，开展数据治理工作至关重要。

数据治理是一套管理和控制数据资产的原则、政策、流程和技术的综合体系，涵盖了数据质量管理、数据安全管理、数据隐私保护、数据访问控制、数据生命周期管理等方面。通过数据治理，企业能够规范数据的获取、存储、处理、共享和使用，确保数据的可信度和一致性。

数据治理的重要性体现在以下 4 个方面。

（1）数据决策的依据。在数字化时代，企业需要基于准确、全面、及时的数据来做出决策。数据治理能够确保数据的准确性、完整性和一致性，为决策提供可靠的依据，减少决策的风险。

（2）数据合规性和风险管理。企业正面临越来越严格的数据合规要求和隐私保护法规约束。数据治理能够确保数据的合规性，企业可以通过制定合规政策以及采取访问控制和数据审计等措施，降低数据泄露和违规的风险。

（3）数据资产价值最大化。通过数据治理，企业可以识别和优化数据资产的价值。数据清洗、整合和标准化等工作可以提高数据质量，增强数据的可分析性和挖掘潜力，实现数据资产的最大化利用。

（4）数据共享和协作。数据治理促进了跨部门和跨组织的数据共享和协作。通过建立数据共享的规范和机制，不同的部门和团队可以更好地共享数据资源，促进协同工作和知识共享。

9.2 数据治理项目的六大挑战

数据治理已经成为企业数字化转型的基础工作。它不仅能够确保数据的质量和可信度，还有助于企业进行数据决策、合规性管理和风险控制。企业在推行数据治理项目的时候，普遍面临六大挑战。

（1）价值不明显。传统的数据治理方法往往独立于业务，由技术驱动，所以常常难以直接证明其对业务价值的贡献，导致其在组织中缺乏足够的支持和认可。

（2）成果不落地。许多数据治理项目的治理成果难以在实际业务场景中得到充分应用和落地，造成资源的浪费，最后形成一系列“挂在墙上”的标准和“摆在桌上”的体系。

（3）效果难持续。很多数据治理项目在初期取得了一些成效，但在梳理了部分数据后，往往难以持续改进和保持效果，导致数据质量和治理水平下降，没有形成可持续的运营体系。

（4）无法应对海量数据的复杂情况。随着数据量的爆发式增长，传统的人工工作模式无法有效处理和管理海量的数据。

（5）数据债难还。数据问题来自过去数十年的信息化建设，从系统到数据架构，存在复杂的历史综合因素，想要一次性解决是很困难的。

（6）缺少正反馈。传统的数据治理方法往往与实际业务场景脱节，难以直接应用于业务过程，所以缺少业务侧实际执行的反馈。

传统的数据治理项目通常需要大量的资源投入和很长的周期，并且过于依靠技术驱动，还过于注重数据技术基础设施的搭建和数据管理的规范化，而忽视业务需求和业务驱动的重要性。这使得数据治理项目无法与业务场景紧密结合，无法满足业务部门的真实需求。

9.3 六大挑战的四大应对策略

针对数据治理项目的六大挑战，笔者提出四大应对策略。

（1）数据治理直接服务于业务场景。为了解决传统数据治理的业务价值不明显这一问题，数据治理应当紧密结合业务需求，将数据治理的目标和方法与实际业务场景相匹配。通过理解业务需求，明确数据治理的目标并将其落地到具体的业务流程中，确保数据治理直接为业务场景服务，实现其真正的业务价值。

（2）协同、共享和可视是有效的手段。为了有效应对多个部门和角色之间难以协作与共享的挑战，建立协同工作机制至关重要。通过共享数据治理的信息和成果，促进不同团队和部门之间的合作与沟通。此外，采用可视化工具和仪表板可以帮助各方更好地理解和使用数据治理的成果，提高信息的透明度和可理解性。

（3）基于元数据的主动式数据治理。为了让数据治理从被动变为主动，需要通过建立元数据管理系统，对数据资产进行监控和追踪，及时发现和纠正潜在的问题。主动式数据治理还包括建立数据质量规则和指标，实时监测数据质量，并主动采取措施进行修复和改进，以确保数据的准确性和可靠性。

（4）标准迭代，与时俱进。数据治理是一个持续不断的过程，随着业务需求和技术的变化，数据治理的方法和标准也需要不断演进和更新。为了应对挑战，数据治理项目应具备标准迭代和持续改进的能力。定期评估数据治理的效果和成果，根据反馈和经验不断调整、优化数据治理的方法和流程。同时，关注行业标准和最佳实践的发展，及时更新数据治理的标准，以保持与时俱进。

通过制定以上有针对性的四大应对策略，企业可以更好地应对数据治理项目的六大挑战，并确保数据治理能够有效地支持企业数字化转型和业务发展。

基于四大应对策略，笔者提出了精益数据治理，以更好地实现数据治理的价值。

9.4 精益数据方法打造价值驱动的数据治理

20 世纪 50 年代，丰田汽车公司的创始人丰田喜一郎和工程师大野耐一提出了精益生产思想，也称丰田生产体系（Toyota Production System, TPS），旨在实现高效、灵活、质量可靠的生产过程。

精益生产思想的核心价值是消除浪费和追求持续改进，以提供最大价值和最高质量，同时满足客户需求。丰田生产方式的成功得益于其对细节的关注和对卓越品质的不断追求。通过消除浪费、实施持续改进和激发员工的积极性，丰田在汽车行业取得了卓越的成就。丰田的精益生产思想也被广泛应用于其他行业和组织，成为一种重要的管理和生产方法。

在数字化时代，每个企业都是数据要素的加工生产企业，所以精益生产思想同样适用于数据要素的生产全过程。笔者经过十余年的实践探索，总结出精益数据治理的方法，助力消除传统数据生产过程中的七大浪费，从而实现价值驱动的精益数据治理。七大浪费的内容如下。

（1）过产（overproduction）。在数据生产中，过度生成和收集数据是一种浪费。如果数据没有明确的业务目标和需求支持，就会导致数据积压、成本上升、复杂性提高，并给后续的数据处理和分析带来负担。

（2）等待（waiting）。数据等待的浪费可能源于数据收集、传输、处理或审查的延迟。当数据在流程中停滞并等待下一步处理或审批时，数据的及时性和可用性就会降低，进而影响决策和业务流程的效率。

（3）运输（transportation）。在数据生产中进行频繁的数据传输可能导致数据丢失、损坏或产生错误。不必要的数据传输可能会引入数据质量问题，并增加数据管理和维护的复杂性。

（4）过度加工（overprocessing）。在数据处理过程中，过度加工是一种浪费。例如，对数据进行多次可能超出实际需要的转换、清洗、整理或加工，不仅会增加处理时间和成本，也会增加出错的潜在风险。

（5）库存（inventory）。数据存储过多或过长时间而没有被充分利用是一种浪费。大量的数据库存可能导致存储成本增加，并且数据难以管理和维护。此外，长期保留的数据可能会过时，失去实际价值。

（6）移动（motion）。在数据处理过程中，执行不必要的操作或步骤是一种浪费。例如，在数据收集或处理过程中频繁切换工具、浏览多个应用程序或复制/粘贴数据，都是在浪费时间和资源。

（7）缺陷（defect）。数据存在质量问题和错误是一种浪费。当数据存在错误、缺失、不一致或不准确等问题时，就会影响决策的准确性和业务流程的可靠性。修复数据缺陷的成本往往比预防数据缺陷的成本高得多。

为了解决传统数据治理与业务场景结合不紧密的问题，精益数据治理提出了“Z”字形数据治理的实践方法（见图 9-1）。

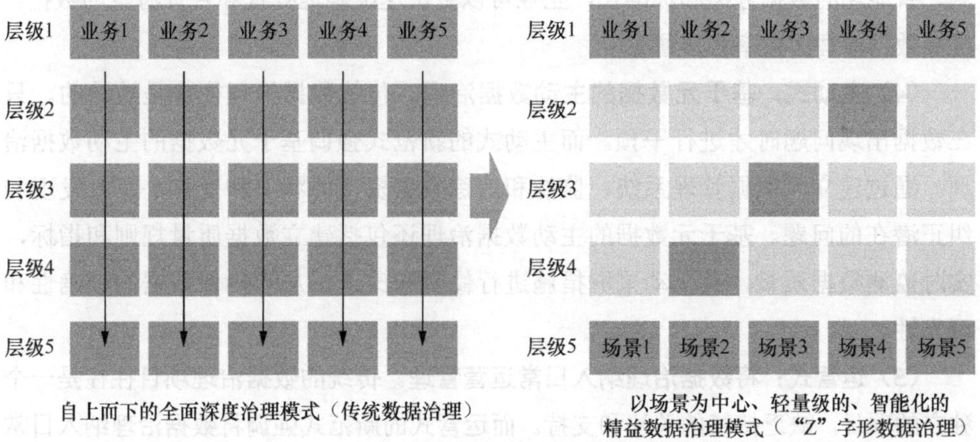

图 9-1 “Z”字形数据治理

“Z”字形数据治理与传统数据治理的核心区别在于，它是沿着具体的业务场景和应用来针对相关的数据进行治理，而不是全面、深度地对企业的所有数据进行无差别治理。

9.5 精益数据治理的六大新范式

精益数据治理具有六大新范式——场景化、轻量化、智能化、主动式、运营式和迭代式。

（1）场景化：将数据治理与业务场景紧密结合。传统数据治理往往缺乏与业务场景的直接关联，导致业务价值不明显。而场景化的新范式强调将数据治理与实际业务场景相结合，将数据治理的目标和方法与具体业务需求相匹配。通过理解业务场景，明确数据治理的目标并将其应用到实际业务流程中，数据治理能够直接为业务服务，实现其真正的业务价值。

（2）轻量化：简化数据治理的过程和方法。传统的数据治理项目通常烦琐而复杂，需要耗费大量的时间和资源。而轻量化的新范式强调简化数据治理的过程和方法，减少繁文缛节，提高执行效率。通过精减数据治理的步骤和流程，去除冗余和无效的环节，更加高效地实施数据治理，为企业节省时间和资源。

（3）智能化：运用技术手段提升数据治理能力。随着人工智能和机器学习等技术的发展，智能化的数据治理成为新的趋势。智能化的新范式强调运用先进的技术手段，如自动化工具、智能算法等，提升数据治理能力。通过自动化的数据质量检测、智能化的数据分类和标准化，企业可以更快速准确地处理和管理海量的数据，提高数据治理的效率和质量。

（4）主动式：基于元数据的主动数据治理。传统数据治理往往是被动的，只在数据出现问题时才进行干预。而主动式的新范式强调基于元数据的主动数据治理。通过建立元数据管理系统，监控和追踪数据资产的状态和变化，及时发现和纠正潜在的问题。基于元数据的主动数据治理还包括建立数据质量规则和指标，实时监测数据质量，并主动采取措施进行修复和改进，从而确保数据的准确性和可靠性。

（5）运营式：将数据治理纳入日常运营管理。传统的数据治理项目往往是一个独立的项目，缺乏持续的关注和支持。而运营式的新范式强调将数据治理纳入日常运营管理。通过建立数据治理团队和流程，定期进行数据质量监控和评估，持续改进数据治理的方法和标准。运营式的新范式使得数据治理成为一个持续不断的过程，从而保证数据的长期质量和可用性。

（6）迭代式：持续改进和优化数据治理。数据治理是一个不断演进和改进的过程，需要与时俱进。迭代式的新范式强调持续改进和优化数据治理。通过定期评估数据治理的效果和成果，根据反馈和经验不断调整、优化数据治理的方法和流程。同时，关注行业标准和最佳实践的发展，及时更新数据治理的标准和技术，以确保数据治理与时俱进，适应不断变化的业务和技术环境。

9.6 精益数据治理工作坊实现业技融合的数据治理

精益数据治理的理念一经提出，即获得很多同业人员的支持，但是如何将这一理念付诸行动并真正落地呢？

基于对精益数据治理的一线实践，笔者创新了一种能够让业务人员深度参与数据治理前期的顶层设计、共创价值应用场景的精益数据治理工作坊。工作坊成员精心设计了一套数据治理卡牌（见图9-2），让业务人员与技术人员和数据人员一起识别出数据治理项目中最有价值的场景，统一认知与行动计划。

综上所述，业务是田，数据是水，水流之处，打通壁垒，灌溉创新，从而创造价值，而精益数据治理工作坊则是新的价值之犁。

LDC-C8
转型项目卡
Project
LDC-C9
行动举措卡
Initiative
LDC-C4
数智技术卡
Data & AI
Technology
LDC-C6
工具卡
Toolkit
LDC-C5
业务场景卡
Business
Scenario
LDC-C7
资源卡
Resource
LDC-C11
转型愿景卡
Business
Vision
LDC-C12
转型目标卡
Business
Target
LDC-C2
业务价值卡
Business
Value
LDC-C3
数据资产卡
Data
Asset
互动性强
实操性强
趣味性强
结构性强
价值清晰

图 9-2 数据治理卡牌

第10章 数据治理的“新四化”

刘晨 御数坊创始人，清华大学信息科学技术学院电子工程系学士、经济管理学院MBA。拥有IT行业20年和数据治理与管理领域15年的从业经验，长期参与通信、金融、能源等行业大型企业的数据治理与管理项目的规划及实施，曾服务过数十家大型企业及政府单位。全国信息技术标准化技术委员会（简称信标委）大数据标准化工作组成员、ITSS（Information Technology Service Standards，信息技术服务标准）数据治理标准工作组成员、中国大数据产业生态联盟专家。GB/T 36073—2018《数据管理能力成熟度评估模型》、GB/T 34960.5—2018《信息技术服务 治理 第5部分：数据治理规范》编写组核心成员，拥有企业数据管理成熟度评估专家（Enterprise Data Management maturity Expert，EDME）、数据管理专业认证（Certified Data Management Professional，CDMP）、信息质量专业认证（Information Quality Certified Professional，IQCP）等多项国际认证，2018年荣获DAMA国际“杰出贡献奖”。

10.1 数据治理的现状和挑战

当前，数据治理的热度非常高，和2008年笔者入行以及2015年大数据刚刚被列为国家战略的时候相比可谓天壤之别。无论是大数据产业规划、数据要素与数字经济，还是2022年发布的“数据二十条”，以及再早一些时候发布的《中华人民共和国个人信息保护法》《中华人民共和国数据安全法》等数据安全相关法律法规，都对数据治理提出了非常高的要求。作为从业者，笔者十分欣喜地看到这个行业正在蓬勃发展。

数据治理定位于数字化转型与数据要素利用的基础工程，无论是早期的数据仓库时代（如数据中台时代），还是数据智能时代，以及数据要素化、数据流通交易时代，数据治理的基础性作用一直都没有发生改变。而无论是数据平台的建设，还是数据应用的建设，抑或对外的数据流通交易，都能够创造数据价值，但数据价值创造的基础在于数据资产是清晰的、数据是高质量的、数据安全是有保障的，只有这样，才能把数据价值真正体现出来。也正因为从业者在基础层面默默无闻地工作并打下扎实的地基，数据的上层建筑才能够真正产生价值。

在从业者的共同努力下，数据治理的理论百花齐放，但也在逐步走向趋同，发展相对趋于稳定。从国际来看，DAMA-DMBOK 已从 1.0 版发展到 2.0 版，国际标准组织也发布了 ISO/IEC 38505 等国际标准。从国内来看，我们站在巨人的肩膀上，2015 年之后在理论方面有了长足的进步，包括中国电子技术标准化研究院、中国信通院出台的一系列国家标准与白皮书，大家在理论层面探讨并结合中国本地实践，已经形成非常好的理论体系，能够指导我们的实践工作。

从实践的角度来看，很多从业者有共同的非常深刻的感受，就是虽然数据治理的理论众多，但是大家在实践层面（如顶层设计、技术实践、实施路径、数据价值等方面）还是充满困惑的。近期，中国信通院也在探讨如何提升数据治理的效能，如何跳出治理看治理，如何在数据要素的背景下看待数据治理等。这些都是在多年实践与新的行业发展背景下，从业者对于行业更深层次的思考。

从高层领导的角度来看，甲方内部的数据治理工作往往从数据治理的顶层规划和设计开始，起初高层领导非常重视数据治理，也会在内部大力倡导和推动数据治理。但是数据治理工作往往停留在顶层设计上，和具体的中台建设、数字化转型过程等脱节，所以落地效果并不好，这时候高层领导的支持力度就会下降。

从业务部门的角度来看，数据治理工作往往由数据治理团队主导开展，实施过程中无论是制度咨询还是平台建设都热火朝天，但是业务部门的参与度不足，业务部门对数据治理价值的认可度不高，认为数据治理的工作量太大，占用业务部门的工作时间太多，但又不知道究竟能解决哪些问题。

从数据治理团队的角度来看，团队成员也比较困惑，因为数据资产没少梳理，模型设计也非常占用时间和精力，梳理数据标准需要非常细致，而数据安全、数据质量方面的工作更难推进。但是，做了这么多工作，数据价值还是没有真正体现出来，数据问题也依然存在。无论是甲方还是乙方的数据治理团队都有类似的感受。

另外，数据治理工作经常需要大量的人工实践（见图 10-1），数据资产梳理、标准制定、安全定级、数据质量问题分析等工作大部分仍要依靠人工来完成，整个过程效率比较低，参与人员身心疲惫。

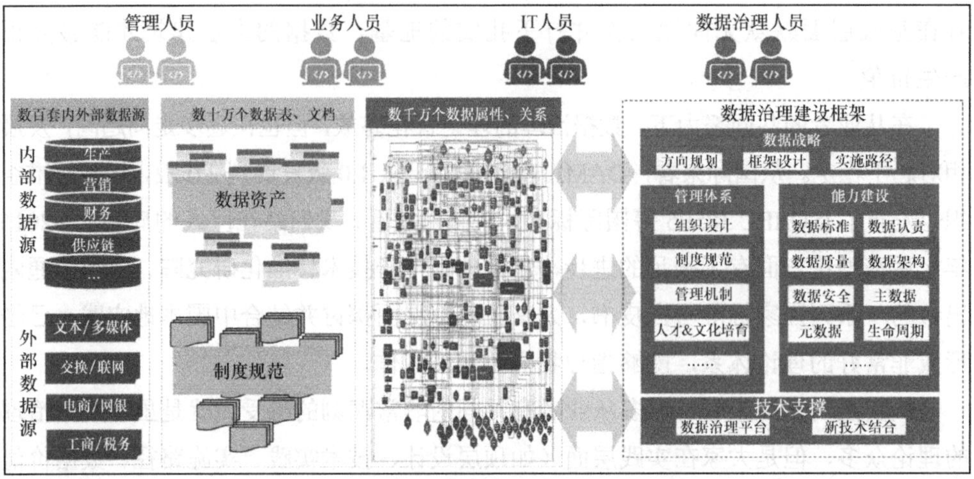

图 10-1 数据治理工作需要大量人工实践

10.2 数据治理“新四化”实践探索

针对上述困惑，在实践中，我们的思路是构建一套一体化的方案，以企业复杂数据环境中的数据资产为中心，在此基础上优先厘清人和数据的关系（也就是数据的权责）。因为无论是提升质量、保障安全还是创造价值，都需要人的参与。如果组织中各类岗位的数据权责不清晰，数据治理工作基本就是数据治理团队独自执行所以我们强调基于明确的数据权责开展数据治理。

一方面要保证数据质量，另一方面要保证数据安全，数据治理是打地基的工作。在此基础上，如果做到了数据资产清晰、数据质量提升、数据安全得到保护，则是数据治理自身目标的达成。但是这还不够，还需要把数据治理的工作要求、工作能力融入数据生产开发以及数据应用的过程中，因为数据生产开发团队不是数据治理团队，而是大数据建设和运维团队，而数据应用团队更多涉及业务部门和数据分析师，也不是数据治理团队。为了让数据治理的质量要求和安全要求发挥真正的作用，就必须和数据生产、数据应用有效协同起来，这既需要进行跨团队的协作，也需要进行跨数据技术能力的协作。所以我们认为，数据治理应该是一套以数据资产为中心，以提升数据安全性和质量，以及实现数据价值最大化为目标，多方协同的常态工作机制。但这套机制的形成不是一蹴而就的，需要一个建设过程，我们为此提出了数据治理的“新四化”。

- **价值化**。所谓数据治理的“效能”，“效”是效果和效率，最终的价值要体现，工作效率要提升；“能”是能力，包括工具、组织、工作的方法论，这些都是管理能力；“能”也是能量，数据治理产生的价值可以产生正能量。我们需要对数据治理的局部成效进行全局推广，在企业内部建立起数据治理的势能，让“星星之火，可以燎原”，这是笔者对效能本身的定义。具体到价值化，我们要让数据治理真正解决业务部门的痛点，并能够创造业务价值。
- **敏捷化**。达成数据治理目标的过程相对较长，我们要有敏捷化的数据治理。数据治理工作相对来说周期比较长——无论是管理还是平台建设运营，周期都比较长。我们希望通过敏捷化的方式，先在企业内部快速让数据治理工作起步，建立信心，这样才能推动业务部门广泛参与，从而体现数据治理的价值。
- **协同化**。我们强调协同共治，数据治理的相关方，包括生产方、消费方、管理方，以及业务部门、IT 部门、总部、下属单位应协同起来，注重数据治理各领域、数据治理各角色、数据生命周期全过程，以及数据供给与消费的端到端的有效协同、融合治理，从单项提升到全面发展，实现综合效能提升。
- **智能化**。通过智能化的算法进行技术赋能，扭转数据治理效率低下的困局。例如广泛运用人工智能技术，削减数据治理的人工投入，创新数据治理工作方式，提升数据治理的智能化发现和决策水平。

经过一年的实践，我们在敏捷化方面取得了不错的进展，在交付的标准化以及速度方面提升显著，基本可以做到通过一套工具，经过两个月左右的时间，3 个人就可以把数据治理的价值快速体现出来。

对于数据治理的敏捷化，我们不强调数据认责，也不强调太多的业务价值体现。我们希望通过快速建设以下 4 个方面的能力，把基础打好。

（1）评——快速做数据治理能力评估，帮助企业识别关键问题、关键场景、关键需求。

（2）纳——快速实现数据资产的纳管。盘点数据资产的过程非常长，但是我们可以先将它们纳管起来，把不良的数据资产识别出来，这比较重要，之后再进行详细盘点。

（3）监——快速对数据资产进行监测、监控，发现数据质量问题，但此时不寻求彻底解决数据质量问题，而是先发现问题，识别出哪些地方会出问题。

（4）识——在数据安全方面，进行数据分类分级并识别敏感数据资产的分布和流转情况。

针对以上 4 个方面，我们在经过多年实践之后，总结出敏捷化数据治理的经验，具体如下。

首先是从快速评估入手。通过快速评估（用两周左右的时间），对企业内部的各个业务领域以及 IT、信息化、数字化相关的职能领域做出诊断，帮助企业找到能力上的短板。更重要的一点是，要能够从业务视角识别哪个中心对于什么样的数据都有哪些应用需求。以某大型地产公司快速开展数据管理成熟度评估（见图 10-2）为例，营销管理中心认为复盘和预测比较困难，产品定位等数据都没有打通，需要找到业务部门最关心的数据痛点。只有快速找到业务部门最关心的数据痛点，后续的数据治理工作才有可能产生业务价值。这就是快速评估，也就是用一两周的时间快速调研、快速诊断，然后形成长短板分析，为数据治理工作快速起步指明方向、打下基础。

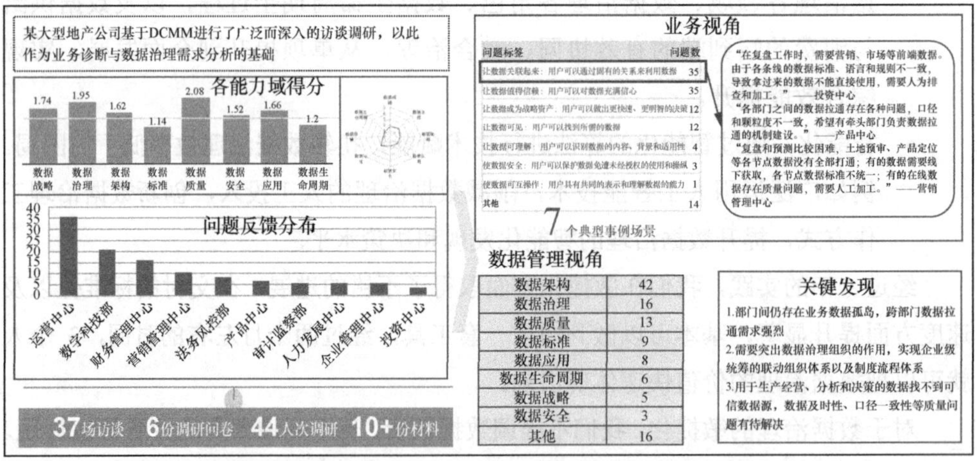

图 10-2 某大型地产公司快速开展数据管理成熟度评估

然后是快速纳管。先识别出全量数据资产有多少，哪些可能是无效的，哪些是没有中文注释的，哪些是没有业务含义的，这样从数据角度和技术人员角度就可以识别出哪些数据资产可用，哪些数据资产不可用，并快速把这些数据资产纳管起来，这可以为业务部门参与盘点和优化业务信息打下基础。我们不求所有的业务都清晰准确，而是先统一纳管起来，这比全量细致的盘点更高效。例如，某证券公司以数据资产纳管为基础，以数据治理平台为依托，固化形成数据资产纳管的在线协同管理能力，强化数据治理功能，实现数据管得住；对公司各业务部门、分支机构及技术部门提供数据服务功能，实现数据看得见和用得好，如图 10-3 所示。

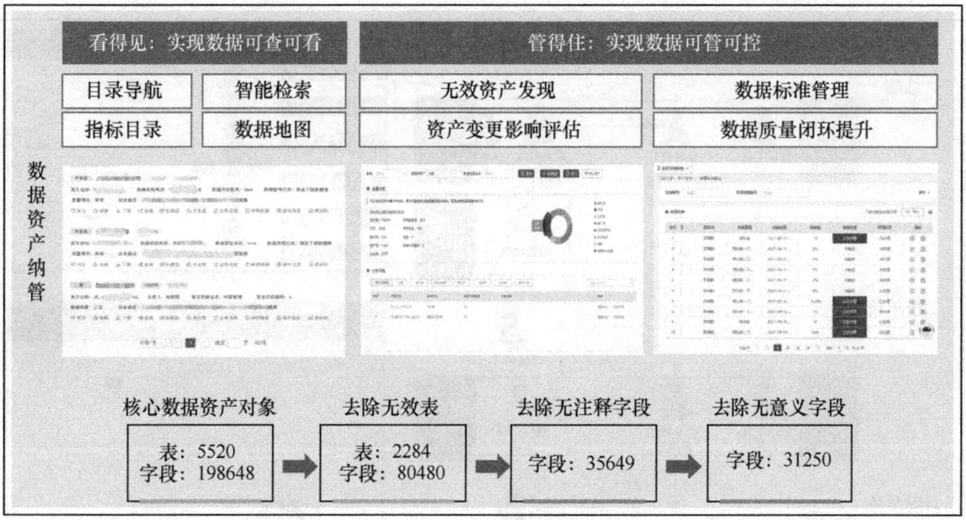

图 10-3 某证券公司快速纳管数据资产

在快速起步之后，为了推进协同化的治理，要强调组织建设，强调数据的认责。比如业务部门要有数据管家，数据治理团队要向下属单位做延伸，基层单位一线的操作人员也应该参与数据治理工作。对整个数据认责的过程进行在线化，形成一套数据治理咨询方法论的平台支撑，得到数据权责矩阵。以某电网公司为例，该公司的痛点在于，在企业内开展数据权责工作涉及大量的组织、人员、数据，复杂度高，工作推进困难，见效慢。我们用大概两周时间完成了对电网覆盖到的省、市、区三级业务人员的数据认责（见图 10-4）。把业务人员的数据责任梳理清楚之后，业务人员参与解决数据质量问题的效率提升了，解决问题的时间缩短了，成本也降低了。根据该电网公司的核算，每年节省的成本在千万元级别。

在数据质量方面，数据监控并不需要业务部门参与太多，但是数据质量的提升需要业务部门深度参与。在数据质量管理的全周期中，业务人员提出数据质量问题，基于问题识别出数据资产，这些数据资产有哪些相关方，以及相关方的权责是什么，这是数据团队可以做的。把问题分派出去之后，业务部门要有数据管家参与问题分析。解决问题的时候，数据团队和技术团队需要共同参与。在参与过程中，面对数据治理平台里面的业务流程、数据表、数据字段、业务梳理、质量规则，团队人员要在一张图上将信息拉通，进行数据质量提升的协作。上述工作也应该明确在业务场景中加以开展，而不是简单地面向表来决定为哪些表和哪些字段制定什么规则。一定要以业务场景为导向。

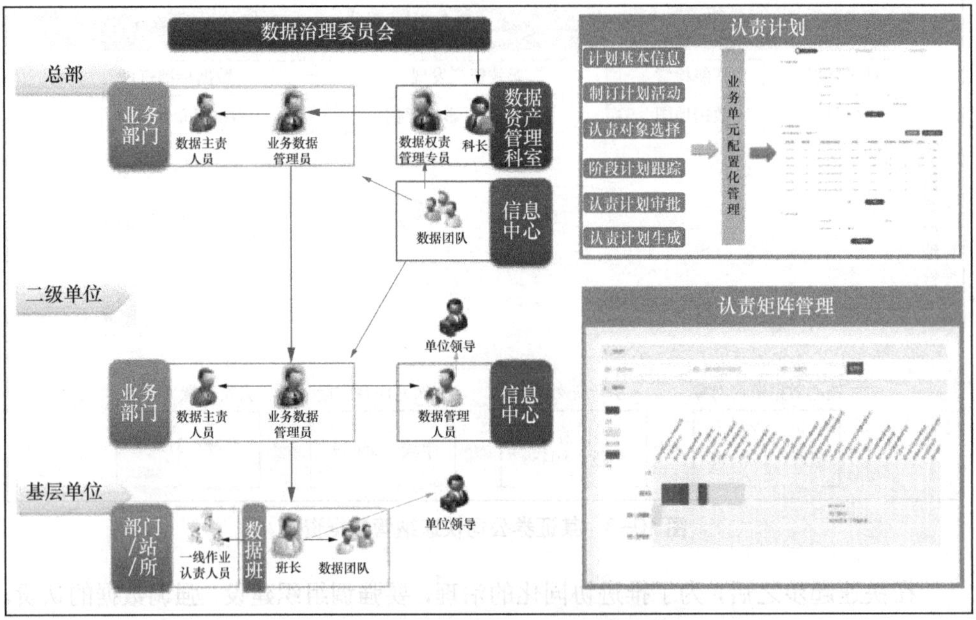

图 10-4 某电网公司构建数据权责矩阵

以某运营商面向业务场景多方协作提升数据质量为例，选择高价值业务场景所涉及的关键数据项，以场景中的业务目标为根本，通过建立数据资产映射，完善数据资产的业务和技术信息，并打通与质量信息的相互关联，在多方协同下开展数据质量问题的分析与整治，并最终提升数据质量、实现业务价值，如图 10-5 所示。通过提升数据质量，每年可以节约成本约 500 万元，这是非常明显的业务价值体现，也带动了更多业务人员参与数据治理工作，推动了数据治理的协同化。

对于数据治理的智能化，我们也做了技术上的探索，如使用自然语言处理中的语义分析技术。此前，语义分析技术多用于非结构化数据中，因为非结构化数据的语义比较丰富。但是在结构化数据治理的过程中，我们面对的是超短文本，语义识别是难点。为此，我们构建了自己的语料库，把每个业务词汇都变成语义向量，还做了一些语义上的加权，对海量的数据资产语义和行业数据标准的语义进行匹配分类或定级，并基于智能化的算法提升策略分级、数据资产分类、数据标准推荐的效率。

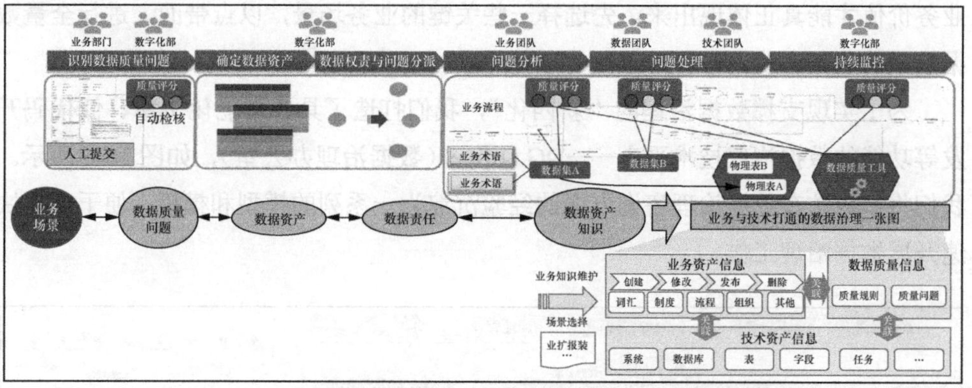

图 10-5 某运营商面向业务场景多方协作提升数据质量

2022 年，我们为一家大型银行做了敏感数据识别。识别身份证号码、手机号、支付信息等敏感数据，覆盖范围非常广，不仅包括生产环境，还包括开发测试环境，共有 2600 多个数据库，涉及 300 多万张表。这些工作如果依靠人工，不可能完成。我们依靠平台快速做采集，依靠算法识别语义，3 个人用两周时间完成了敏感数据的全量采集、扫描、识别，这就是算法的力量。此外，算法可以用于数据资产的多种场景中，包括聚类、分类、打标签等，我们大概有 20 多个场景是基于算法进行的。

最后是数据治理的价值化。我们认为数据治理的落地有 4 个表现：数据治理制度建立、数据治理平台搭建、IT 系统优化、业务职责和流程优化。要以业务部门的需求、问题和能力为导向带动能力建设，面向业务场景去开展数据治理工作，而不是简单地把数据治理变成能力提升的单纯咨询项目或平台建设项目。

- **需求导向**：重点突破，以满足需求为驱动，提炼出各项能力建设需求，引导能力建设。
- **问题导向**：以点带面，以解决热点问题为驱动，通过分析问题根本原因，归纳出各项能力建设需求，带动开展各项能力建设。
- **能力导向**：基于成熟度评估结果，识别优势与短板，有针对性地开展能力提升，各项能力同时建设。

价值化的核心思路还是面向业务场景开展综合治理。选定业务场景后，业务范围是清晰的，业务里面涉及哪些部门和哪些基层单位是清晰的，涉及哪些系统范围是清晰的，这里面又涉及哪些数据也是清晰的。在清晰的业务场景范围内，我们要理资产、定权责，还要解决组织问题、优化模型等，要在业务场景里加以综合应用，业务价值才能真正体现出来。先选择一些关键的业务场景，以点带面，进行全量数据场景的业务实践。

为了实现支撑数据治理的“新四化”，我们打造了具备智能化引擎、低代码开发等功能的数据治理技术平台——DG Office（数据治理办公室），如图10-6所示。我们将御数坊在数据治理咨询方面的经验沉淀为一系列的模型和模板，便于客户快速开展数据治理工作。

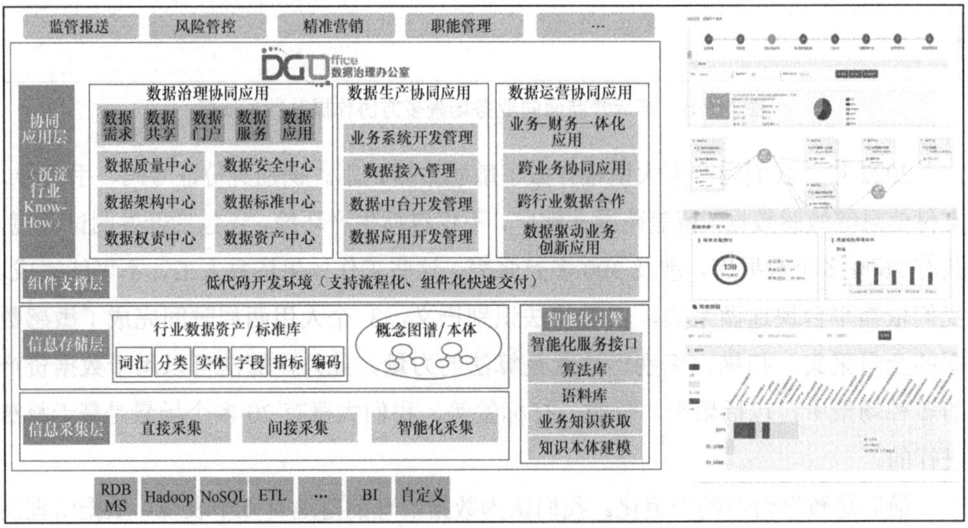

图10-6 支撑数据治理“新四化”的数据治理技术平台

10.3 数据治理落地见效的行动建议

我们就如何提升数据治理效能提出以下3点建议。

（1）数据治理工作的核心在于价值。我们要识别业务部门和领导的价值需求，并通过数据治理工作满足这些价值需求，解决数据问题。只有当数据治理工作的方向和目标正确时，才能快速产生价值，这是数据治理价值化的体现。

（2）从建设过程来看，建议一开始不要开展非常大而全的数据治理工作，而应该从敏捷化开始，把数据治理的一些能力（如采集能力、监测能力、扫描能力、敏感数据发现与识别的能力）在短期内先建立起来，并发现一些数据问题，让业务部门和领导了解数据治理工作的价值，发现企业数据能力方面的不足，之后再往协同化多方参与共治运营态的数据治理延伸。

（3）在技术赋能方面，智能化赋能是数据治理非常重要的一点。在智能化的算法方面，大家都应该多做一些探索，改变以前重人工的方式，这对数据治理领域的产业发展是非常有价值的。

最后，希望各方共同参与，以数据资产为中心，提升质量、保障安全、创造价值，通过数据治理平台支撑整个数据治理体系的常态化运行。

第三篇

新型数据基础设施

第 11 章　平安人寿数据中台建设实践

朱晟　中国平安人寿保险股份有限公司（下文简称平安人寿）数据管理团队总经理，参与并部分主导公司数字化转型战略，毕业于四川大学，2001 年加入中国平安保险集团，拥有 20 余年保险信息化系统建设和数据管理经验，主导寿险数据技术迭代升级，从传统数据仓库向数据集市、大数据平台、数据中台持续演进，荣获 2022 年 DAMA 中国“数据治理最佳实践奖”和第二届“金信通”金融科技创新应用最受关注案例奖。

11.1　平安人寿数据中台的发展及全景规划

平安人寿数据管理的发展历程总体分为四个阶段，其中前两个阶段主要是基于传统的数据仓库进行数据管理。第一阶段以报表驱动，按需开发数据报表并对业务系统进行集中的数据处理。第二阶段是在积累了大量报表之后，通过对这些报表按照业务主题驱动来响应不同业务团队的需求，分领域建设平安人寿的“数据集市”。随着平安人寿数据体量越来越大，从 2016 年开始，公司根据行业的开放体系引入了大数据平台，由此进入第三阶段，这个阶段主要是利用大数据的存储和计算能力来处理很多比较大的数据表，提升报表的时效，但仍是报表驱动的模式。第四阶段则从 2020 年平安人寿设计数据中台开始，公司在数据中台的建设上引入了 DAMA 的数据支持能力体系，并把数据中台按照数据治理、数据底座、数据产品三个层面进行建设，同时在技术架构上引入了湖仓一体的体系架构。平安人寿数据管理的发展历程如图 11-1 所示。

平安人寿数据中台的全景规划以 DAMA 框架体系为指导，通过 DAMA 的 11 个数据能力域结合平安人寿自身的业务战略和人才结构，把数据中台落地到数据治理、数据底座、数据产品三个层面，并通过这三个层面支持销售、服务、管理和经营等业务场景（见图 11-2）。在数据治理层面，建章立制并将制度体系落地到工具平台上；在数据底座层面，通过引入维度模型建立统一的数据仓库底层；在数据产品层面，通过北斗卫星服务平台的数据产品矩阵向业务层面和管理层面输出统一的数据服务。

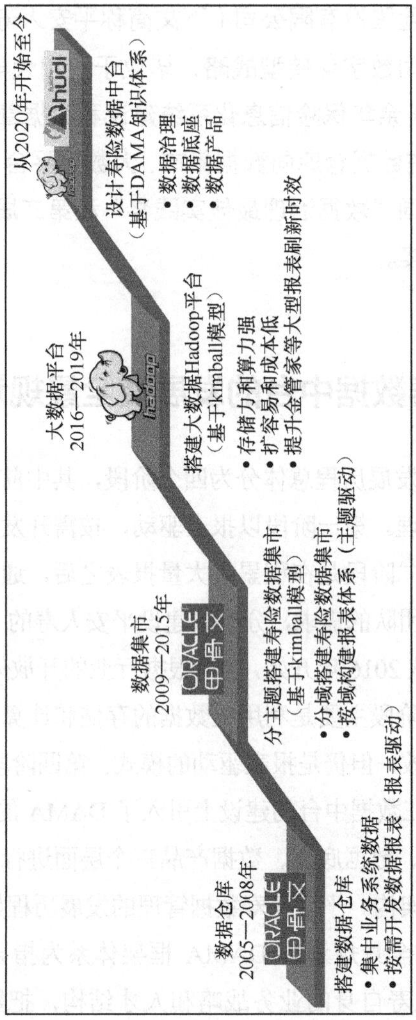

图 11-1 平安人寿数据管理的发展历程

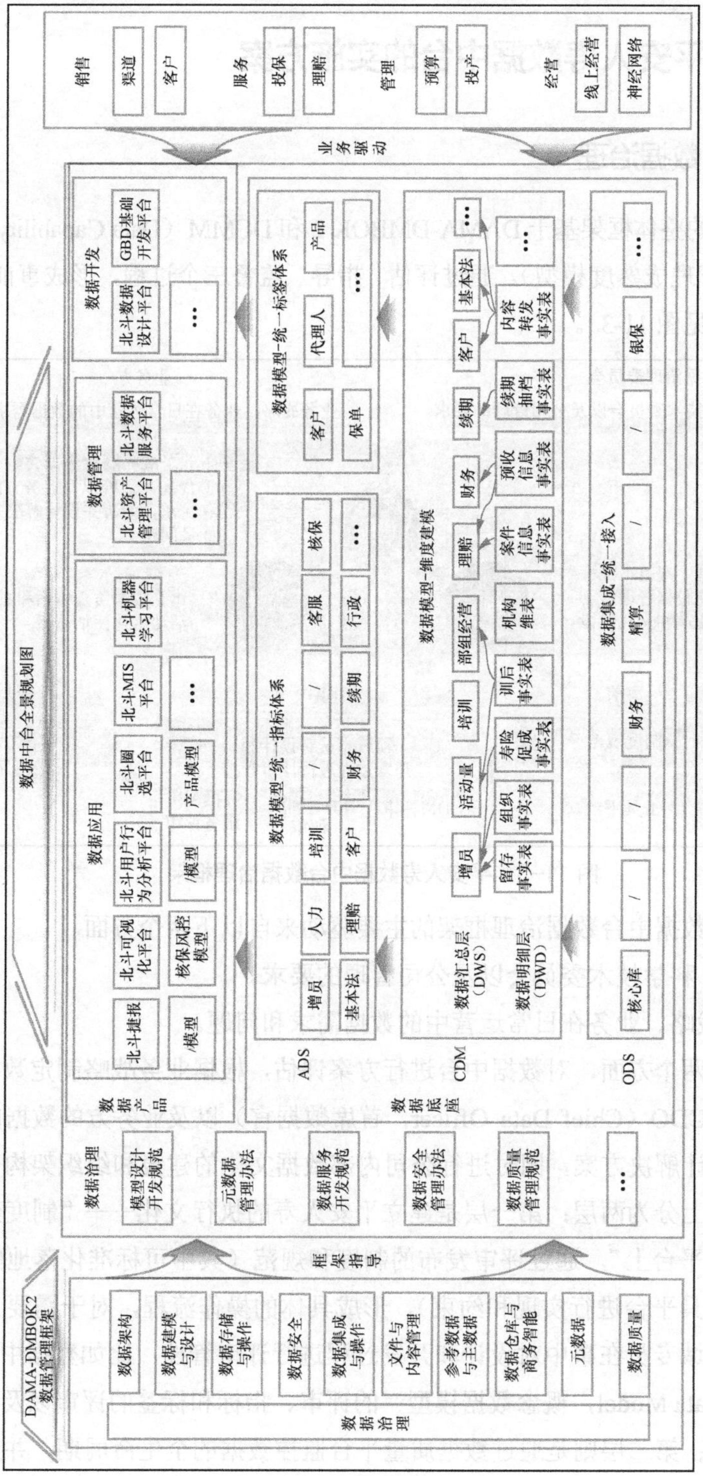

图11-2 平安人寿数据中台的全景规划
（图中的“/”为对敏感信息的脱敏）

11.2 平安人寿数据中台的实施方案

11.2.1 数据治理

数据治理的整体框架基于 DAMA-DMBOK 2 和 DCMM（Data Capability Maturity Model，数据管理成熟度模型），通过评估、指导、监督三个过程，形成事前、事中、事后的监管（见图 11-3）。

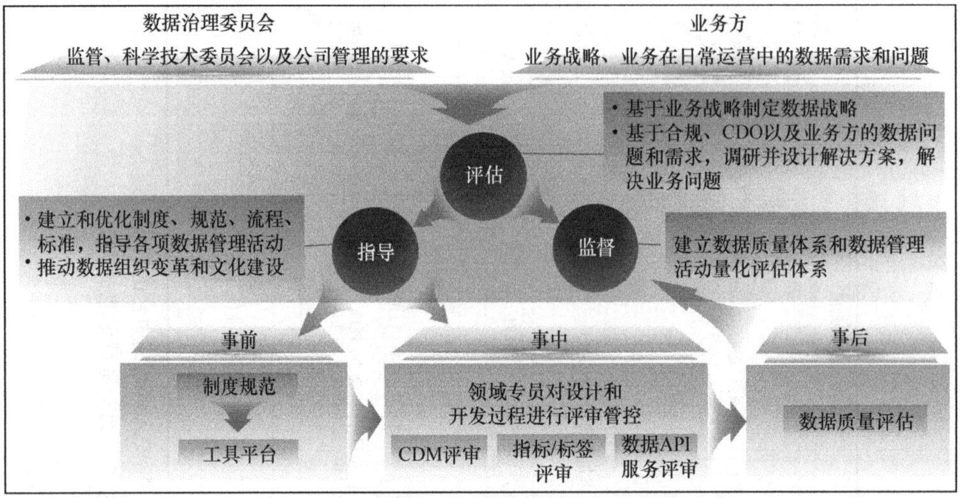

图 11-3 平安人寿数据中台数据治理框架

平安人寿数据中台数据治理框架的主要驱动来自以下两个方面。

- 监管、科学技术委员会以及公司管理的要求。
- 业务战略、业务在日常运营中的数据需求和问题。

针对以上两个方面，对数据中台进行方案评估，根据业务战略制定数据战略，并基于合规、CDO（Chief Data Officer，首席数据官）以及业务方的数据问题和需求，调研并设计解决方案，同时进行公司内部数据文化的建设和组织架构变革。数据治理在指导上分为两层：第一层是建立平安人寿的执行文化——“制度建在流程上，流程建在平台上”，通过评审发布的制度和规范（其中可标准化落地的内容均通过具体的工具平台进行实现和约束），形成具体的操作流程，对于需要人工审核的内容，由领域专员在事中对设计和开发过程进行评审管控，比如数据中台 CDM（Conceptual Data Model，概念数据模型）的评审、指标和标签的评审以及数据 API 服务的评审等；第二层则是通过数据质量平台监控数据的全生命周期，并进行数据质量分析评估，最终形成数据管理活动的评估体系。

在数据治理的事前约束方面，数据中台基于平安人寿数据政策的要求，同时结合 DCMM 的数据能力域，建立了完善的数据管理制度体系（见图 11-4）。数据管理制度体系覆盖数据应用、数据架构、数据标准、数据生命周期、数据质量和数据治理 6 个数据能力域，每个数据能力域分为管理办法和设计开发规范两大制度类型。管理办法主要约定了各个数据能力域里相应的数据角色和流程等管理要求；设计开发规范主要对所有的设计和开发行为进行了标准化定义，例如数据仓库的分层、命名、词根等相关的标准化要求。

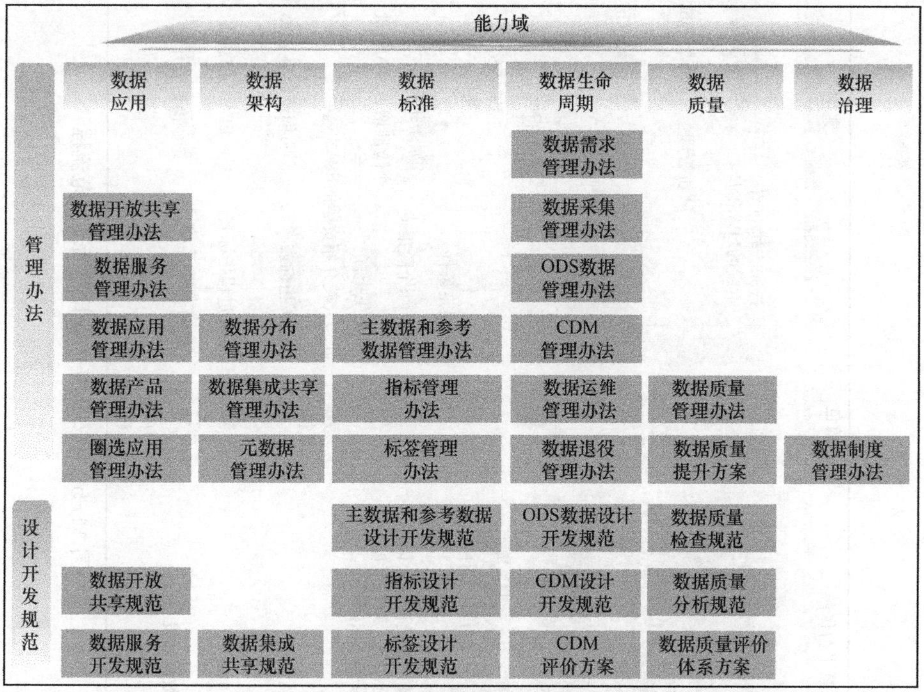

图 11–4 平安人寿数据管理制度体系

在数据治理的事中约束和事中评审方面，数据中台主要通过将规范和流程落地到平台上，并引入数据架构师对产出进行评审检查，确保数据管理活动的标准化（见图 11-5）。首先，从数据需求到指标的模型设计，再到最终的开发落地，均通过规范制定了统一的标准，并把这些标准落地到北斗数据设计平台和北斗数据开发平台上，因此需要在事前选择所属的层级、所属的命名、生成的字段、字段标准化的词根时，进行具体的限制和约束。然后通过数据架构师对设计进行事中的约束和评审，最后由开发工程师将完成评审的设计结果落地到具体的平台上。

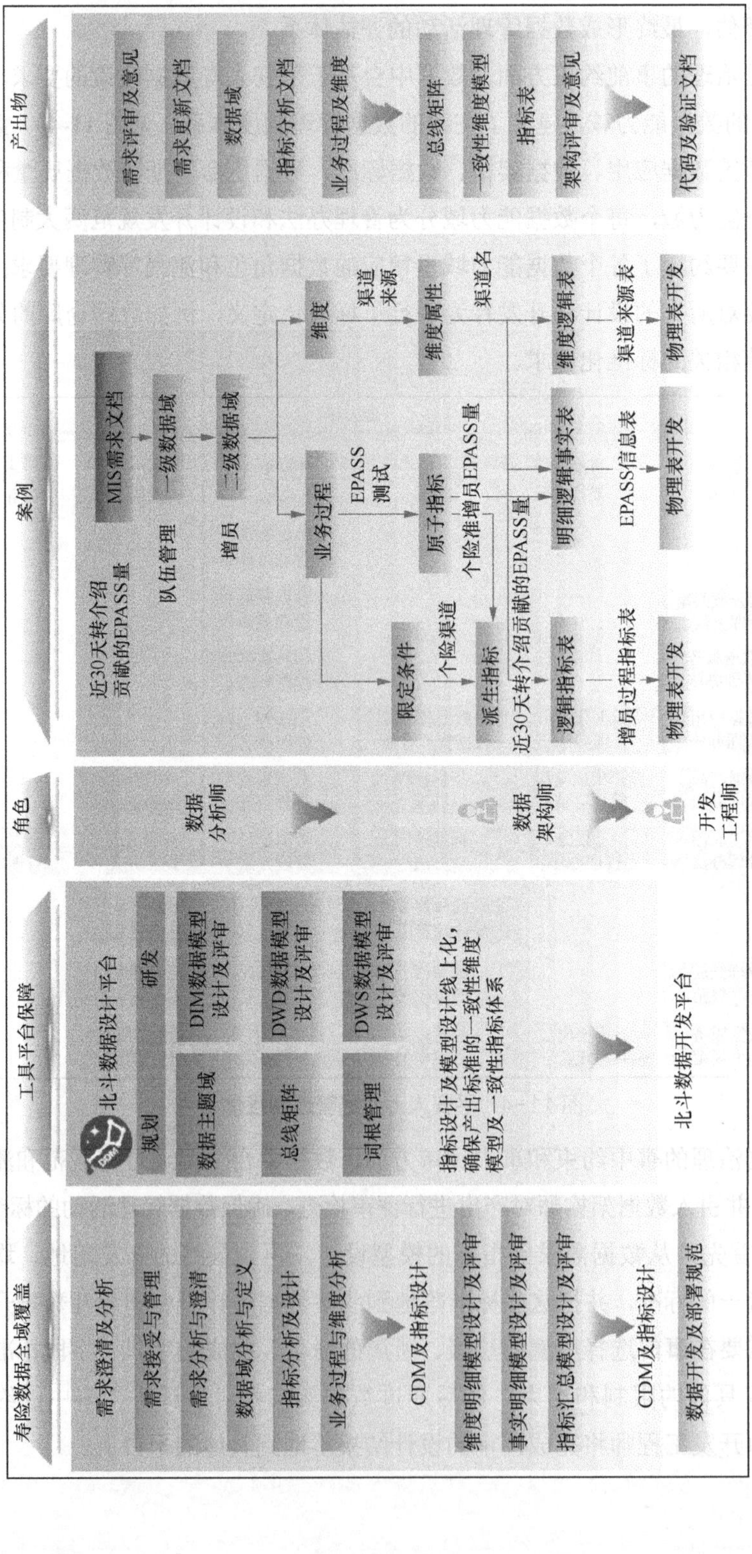

图 11-5 平安人寿数据管理活动规范流程

在数据治理的事后监督方面，数据中台主要通过对数据质量进行检查评估来建立数据治理的全景，从而掌握数据质量的整体情况，并作为数据治理活动的标尺，形成数据治理闭环，衡量数据中台每一次的数据治理活动对公司的数据质量所产生的具体效果和影响（见图 11-6）。

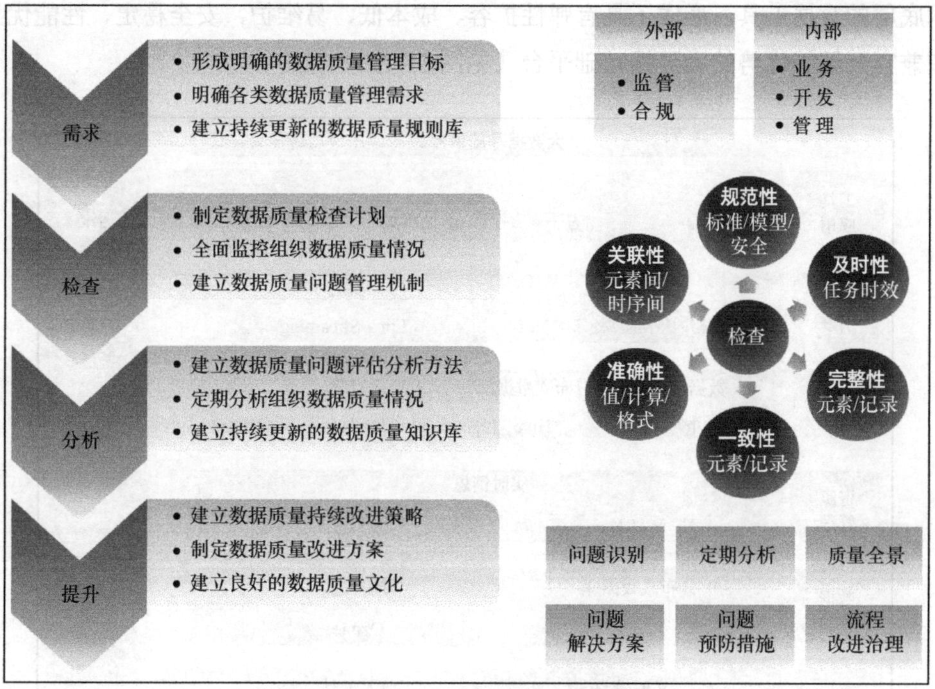

图 11–6 平安人寿数据质量检查过程

在数据质量的执行上，数据中台参考了 DCMM 数据质量执行的过程，包括数据质量的需求、检查、分析、提升。数据质量需求主要来自以下两个方面。

- 外部监管和合规对数据质量的要求。
- 内部需求。首先，业务本身对数据质量有相关的要求；其次，开发人员需要监控开发所需数据的质量；最后，管理层对数据有具体的质量要求。

在数据检查方面，数据中台首先参考了 DAMA 的数据质量检查标准，然后参考了数据质量管理体系的国标，最终形成了 6 个检查维度，并通过这 6 个维度对数据字段、数据表、数据库等进行质量检查。此外，我们还针对数据质量问题的识别和处理设计了定位分析、问题跟踪和问题解决方案，最终由点及面地解决了数据质量问题。目前整个数据质量检查工作一直处在持续迭代过程中，包括队伍管理、客户等领域，已实现对整个数据质量全景的评估。

11.2.2 数据底座

在数据底座的技术架构方面，考虑到目前金融行业由原来传统的商业体系走向开放平台，因此选择基于平安集团的大数据基础平台，通过开放的平台结合集团技术底层的数据工具，形成了具有弹性扩容、成本低、易维护，安全稳定、性能优异和兼容开源等优势的大数据基础平台（见图 11-7）。

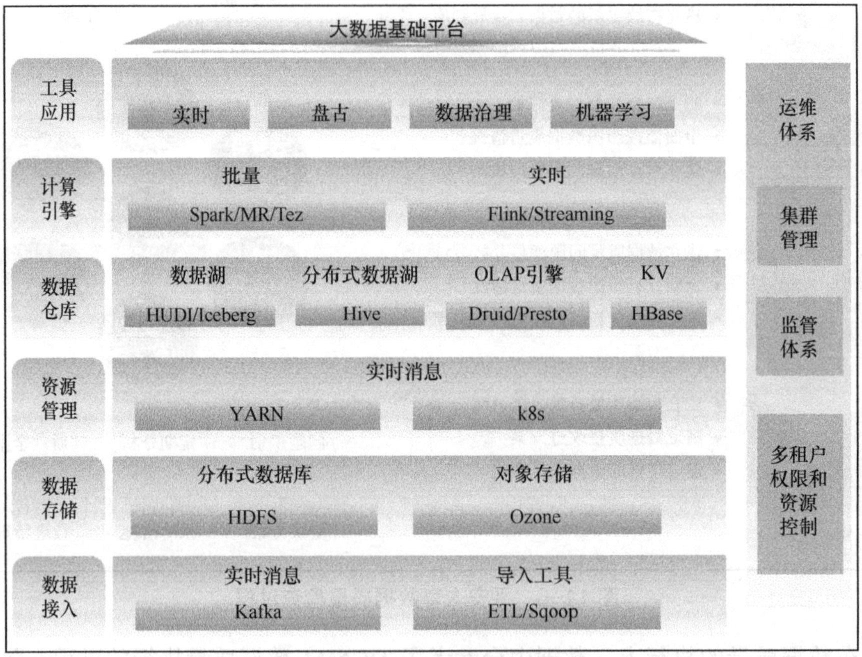

图 11-7 平安人寿数据中台数据底座的技术架构

在数据底座的数据建设方面，平安人寿数据中台团队充分研究了数据仓库建模的方法和理论，建设了全新的平安人寿数据仓库作为数据底座（见图 11-8）。数据仓库的建设经历了近两年的时间，考虑到按需接入阶段同一份数据可能有多份不同数据的冗余，数据中台对 ODS（Operation Data Store，操作数据存储）层的数据进行了统一集中，只保留一份数据，并且在 ODS 层数据的使用上也确保了与源数据完全一致。

平安人寿数据中台的 ODS 层实现了公司所有数据的统一集中，并对这些数据与源数据进行了统一的映射。基于 DCMM，数据中台团队发现开发人员虽然知道数据模型的概念，但在具体落地的时候仍从 ODS 直接开始进行烟囱式的开发，直到进行最终的指标计算，这一方面会产生大量重复的开发代码，另一方面会导致很多数据计算的结果不一致，还存在时效、算力的大量浪费等问题。因此，平安人寿数据中台充分参考了 kimball 数据建模工具箱以及“阿里巴巴大数据之路”等相关资料，严格按照数据建模的方法和理论，首先建设数据主题域，其次梳理业务流程，识别数据总线矩阵、事实和维度，建立了公共的数据仓库层。新建成的公司级统一数据仓库面向公司内的个险渠道、银保渠道等各个业务渠道，输出统一的数据服务；在数据仓库之上，平安人寿数据中台建立了统一的指标和标签体系，提升了数据的一致性和时效性。

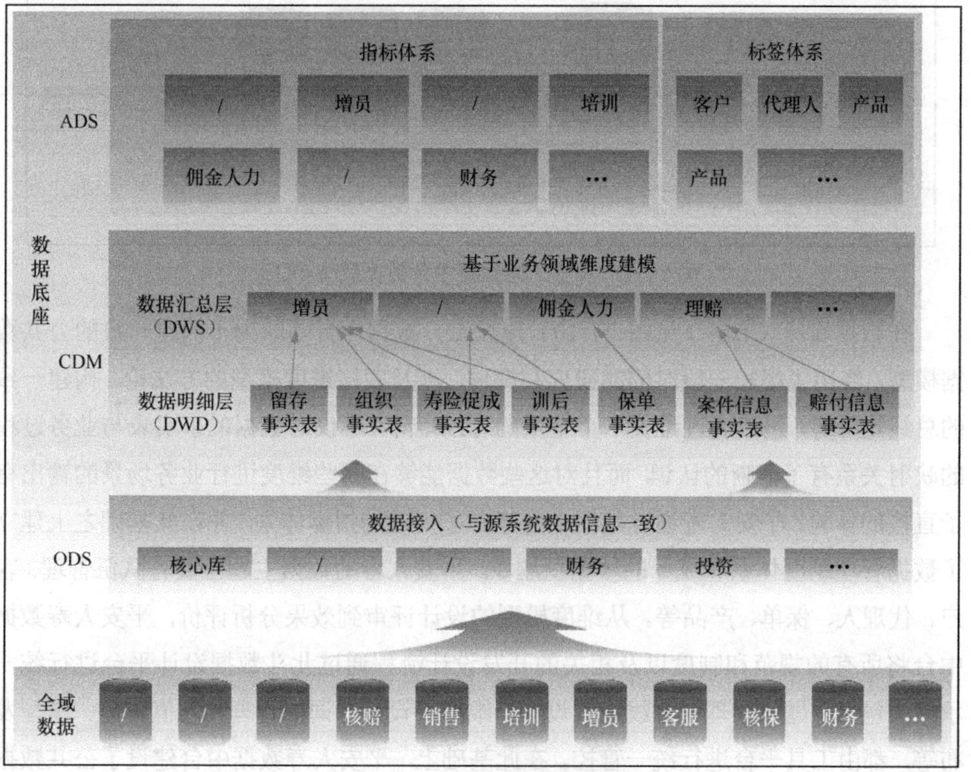

图 11-8 平安人寿数据底座
（图中的“/”为对敏感信息的脱敏）

在数据底座 ODS（见图 11-9）建设上，通过建立统一的 ODS 层并输出多个方面的应用，包括数据应用、监管报送，以及将 ODS 作为数据的集成平台，实现应用之间离线模式的数据共享。平安人寿数据中台通过建立北斗采数平台，对各种数据源进行统一集成，并自动对源表和数据表进行映射，从需求的提出到表的映射，再到任务的发布以及任务的提交，都采用线上化的方式进行支持。

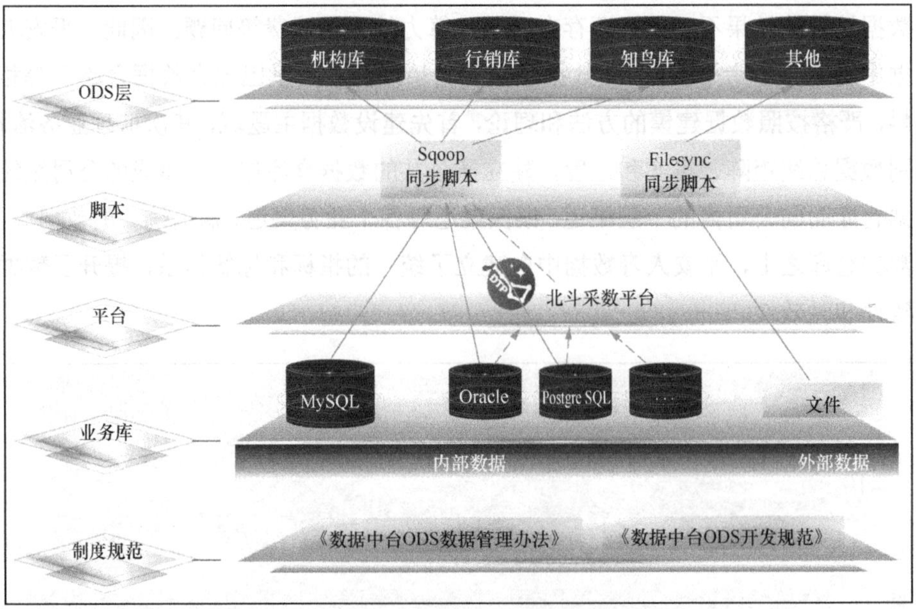

图 11-9 平安人寿数据中台数据底座 ODS

在数据底座 CDM（见图 11-10）建设上，数据中台团队为了构建一致的公共数据模型，经历了很长一段时间的研究和探讨，涉及底层维度模型的方法论、构建一致的总线矩阵等，最终通过维护一个全量的总线矩阵，不仅对数据的事实表与业务过程的映射关系有了清晰的认识，而且对这些数据能够在哪些维度进行业务场景的输出有了直接的体验。平安人寿通过数据中台建立了一致的指标体系，并在此基础之上建立了数据管理制度体系和统一的数据主题域。平安人寿的数据主题主要有队伍管理、客户、代理人、保单、产品等。从维度模型的设计评审到效果分析评价，平安人寿数据中台将所有的规范和制度以及相关的开发设计流程通过北斗数据设计平台进行统一承载，包括主题域管理、总线矩阵设计、维度表设计、词根管理、码值管理、模型发布等，都由工具平台进行统一管控。在此基础上，平安人寿数据中台建设了公共数据模型，在维度层建立了各个维度主体数据，并在 DWD（Data Warehouse Detail，数据仓库细节）层基于业务过程建设事实类的数据、识别明确的事实，还在 DWS（Data Warehouse Service，数据仓库服务）层面向业务场景以业务主题进行组织数据。

在统一的 CDM 之上，平安人寿数据中台为了快速高效地产出各类指标，建设了原子和派生的指标设计模型与 ADS（Application Data Service，应用数据服务）层（见图 11-11）。平安人寿数据中台基于原子指标，在不同的维度抽象生成派生指标并进行输出，提升了数据的一致性。

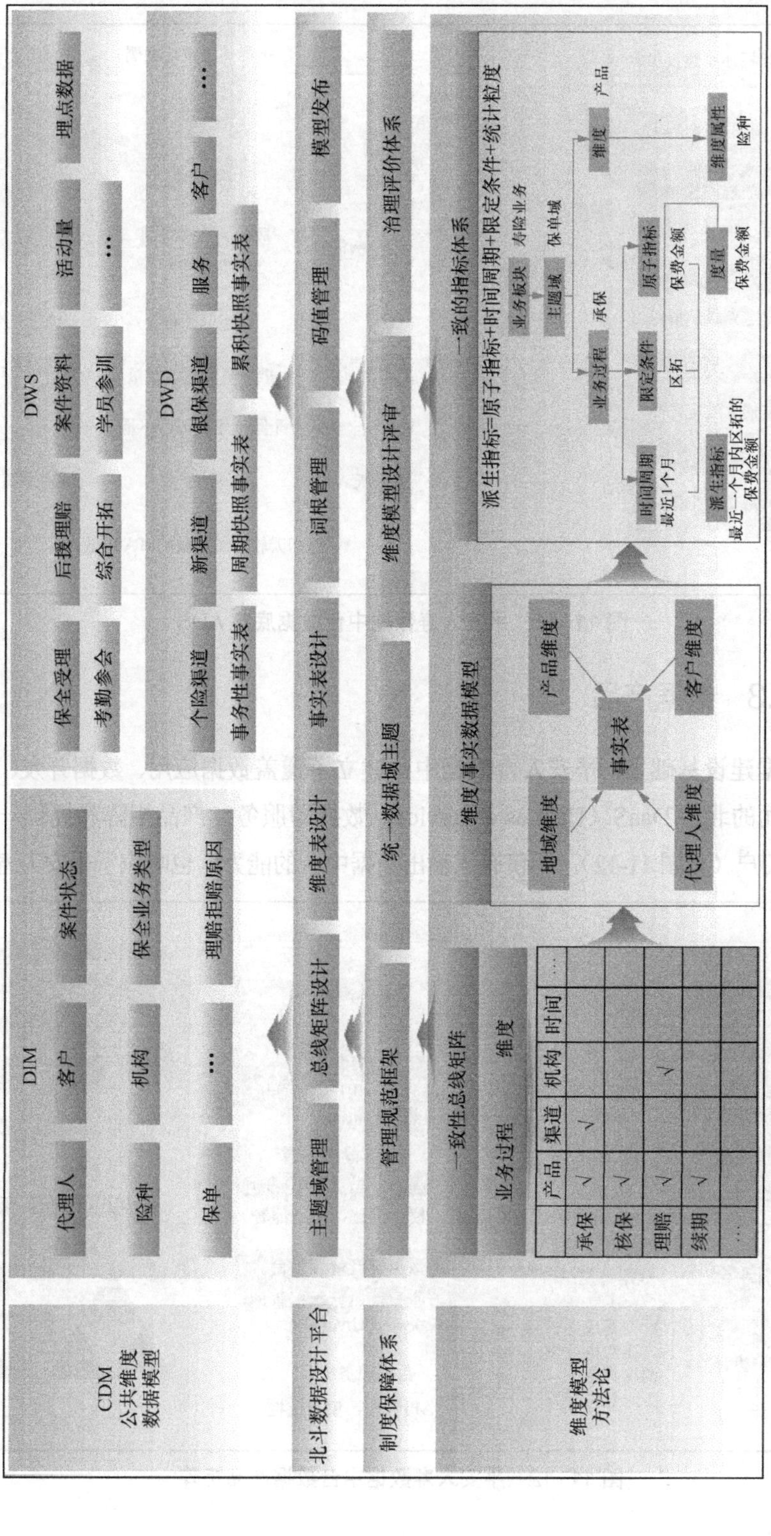

图 11-10 平安人寿数据中台数据底座 CDM

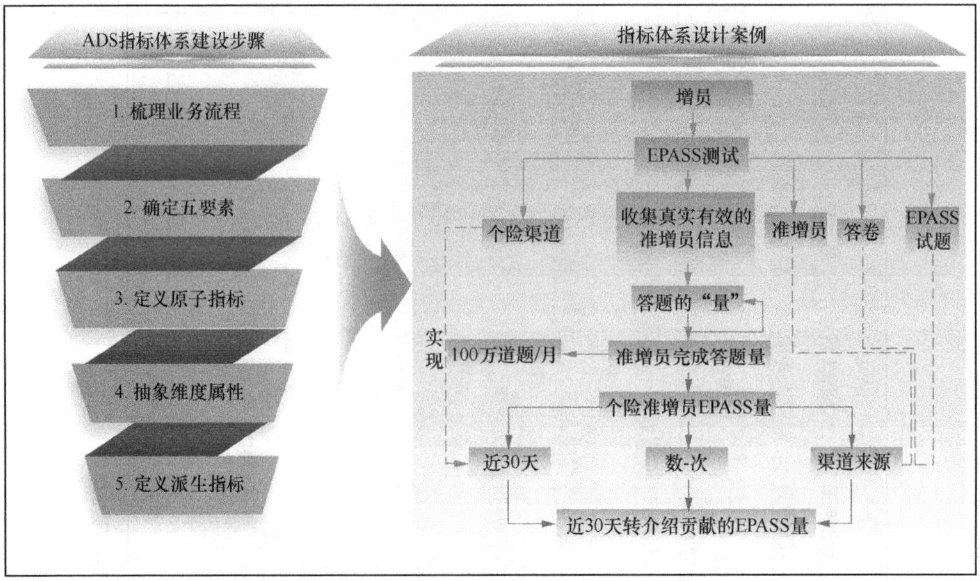

图 11-11 平安人寿数据中台数据底座 ADS

11.2.3 数据产品

在数据建设基础上，平安人寿数据中台建立了覆盖数据应用、数据开发、数据管理 3 个层面的北斗 DaaS（Data as a Service，数据即服务）产品矩阵和提供一站式服务的数据门户（见图 11-12），不仅有了输出数据中台的能力，也响应了平安人寿近两年

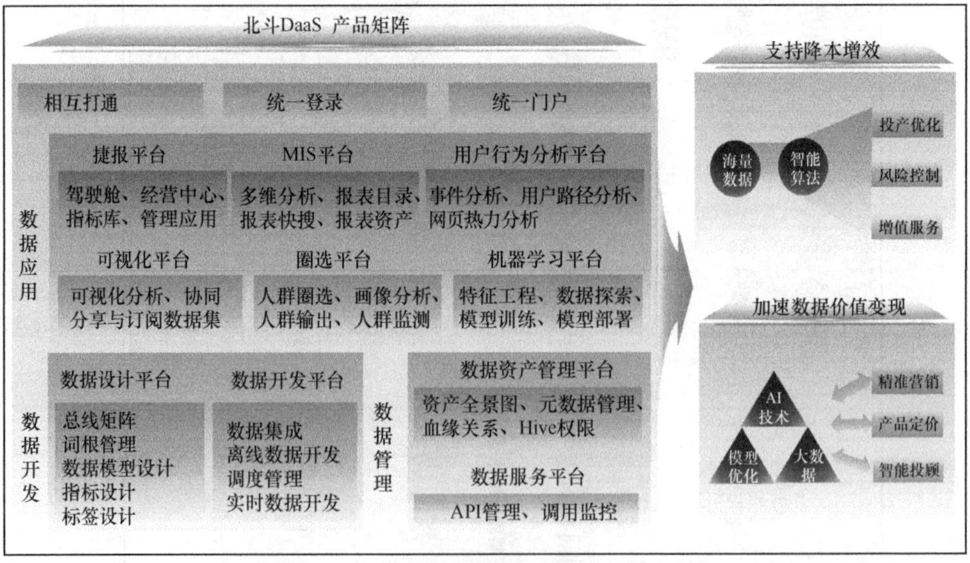

图 11-12 平安人寿数据中台数据产品矩阵

降本增效、实现价值变现的主题背景。北斗 DaaS 产品矩阵在数据开发层面有数据设计平台、数据开发平台，在数据管理层面有数据资产管理平台和数据服务平台，在数据应用层面有用户行为分析平台、可视化平台和机器学习平台等，旨在通过数据产品矩阵支持海量数据的高效处理和业务的应用场景，加速数据价值变现。

下面以平安人寿数据中台里的几个核心平台为例进行详细的介绍。

（1）捷报平台（见图 11-13）。捷报平台主要用于支持业务的绩效管理，在驾驶舱仪表盘功能中，可以从不同大区的视角展示 NBEV（New Business Embedded Value，新业务内含价值）的达成情况。目前，捷报平台已经在平安人寿内部实现了广泛应用，不仅可以通过捷报平台查看日常经营分析报表，而且可以直接通过捷报平台查看每个人的工作完成情况。此外，捷报平台指标库里收录了平安人寿的全部指标，通过搜索就可以快速定位并查看。捷报平台还具有预警和归因功能，包含基于业务标准的四种预警模式、四大功能服务和五大机构维度，实现了业务的先知、先觉、先行。

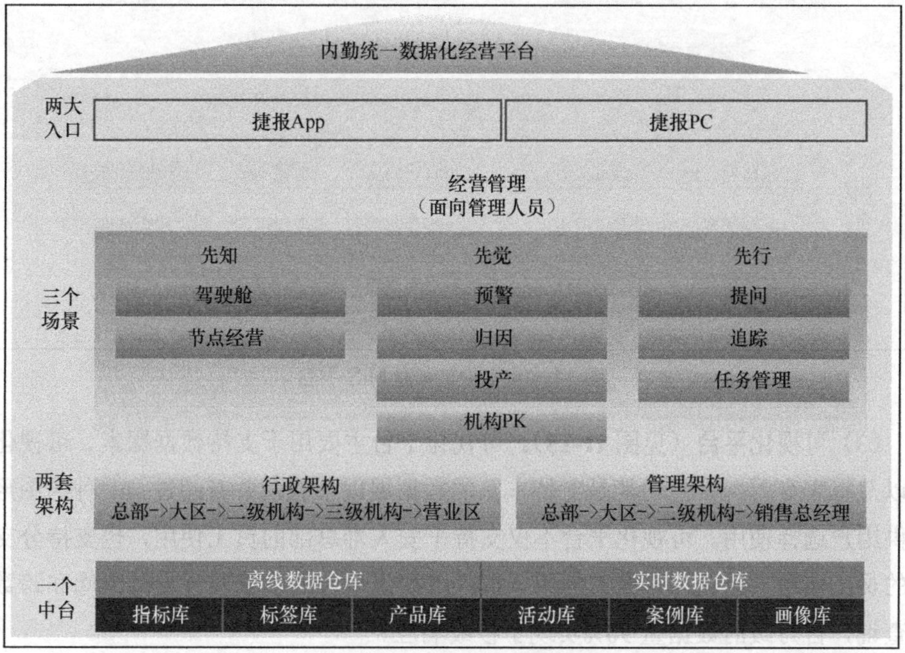

图 11-13 平安人寿捷报平台

（2）MIS（Management Information System，管理信息系统）平台。平安人寿 MIS 平台经过了多个产品的迭代，目前已是第 3 代产品（见图 11-14）。在国内甚至在亚洲的保险行业，平安人寿 MIS 平台的体量属于较大规模。平安人寿数据中台在

2022 年实现了与 MIS 平台的脱钩，并基于在线的搜索引擎实现了 MIS 平台的迭代升级。MIS 平台提供了丰富的数据定制功能，实现了全面个性化的报表定制开发，并且可以通过邮件订阅实现定时、定点的快速报表追踪。MIS 平台的引擎实现了 90%的查询在 3 秒内快速完成，以及离线和实时数据在 10 秒内完成导入。

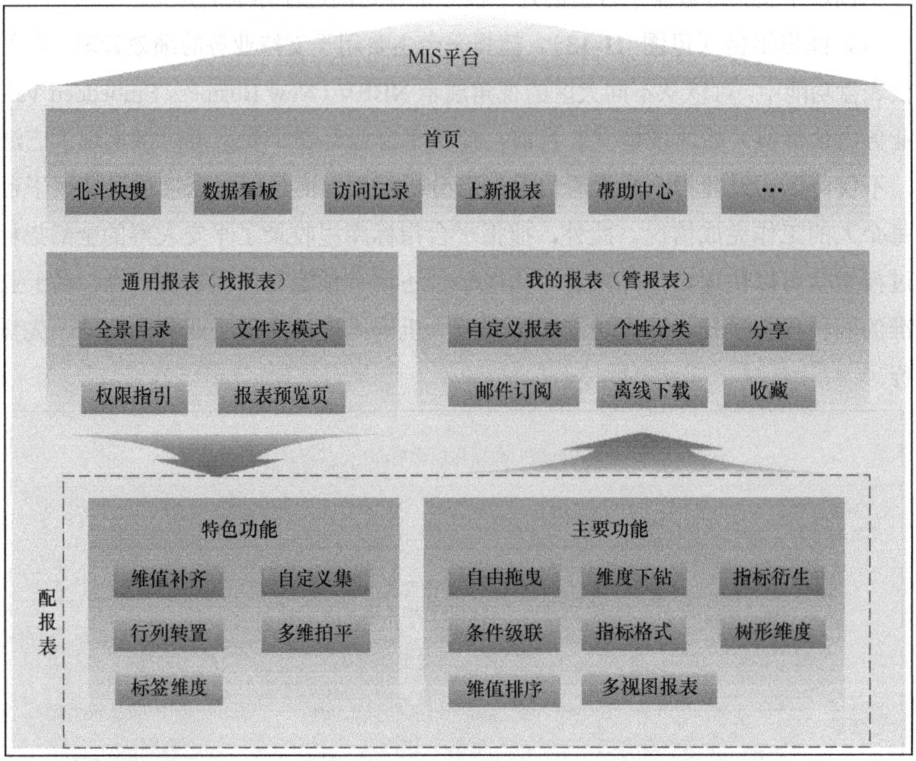

图 11-14 平安人寿 MIS 平台

（3）可视化平台（见图 11-15）。可视化平台主要用于支持数据探索、可视化设计以及报表查看，特色功能是支持丰富的数据展现形式，并有超过 40 种的图形组件供用户选择使用。可视化平台不仅支持平安人寿总部的员工使用，也支持分支机构的员工使用，因此拥有庞大的用户群。可视化平台的引擎服务支持跨库和跨数据源查询，百万级的数据量 90%实现了秒级响应。

（4）数据资产管理平台（见图 11-16）。平安人寿数据中台通过数据资产管理平台进行元数据的统一管理，目前已完成公司指标、标签等业务元数据和数据库、表、字段等技术元数据的采集与管理，此外基于平安集团的规划，还在针对数据中台里的所有数据进行分类分级、标识个人信息表以及进行重点数据盘点等工作。

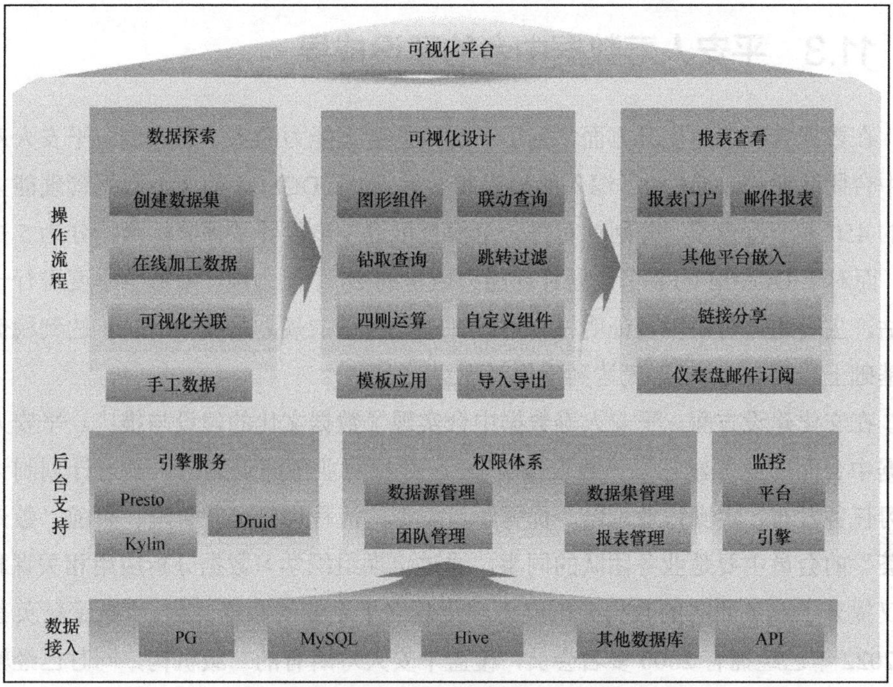

图 11-15 平安人寿可视化平台

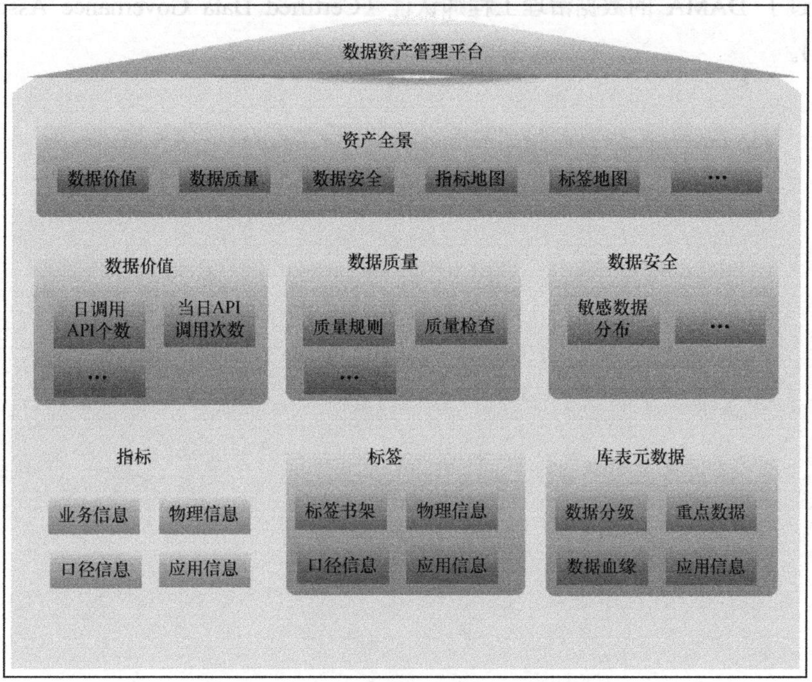

图 11-16 平安人寿数据资产管理平台

11.3 平安人寿数据中台的建设成果

在数据管理能力提升方面，为了了解数据管理能力的水平和进展，平安人寿数据中台团队对DCMM做了深入的研究和学习。对于DCMM的8个数据管理能力域里的450多个检查项，分别针对每一个检查项进一步设计了评分标准，分为5个等级。而对于DCMM的8个数据管理能力域里的28个能力项，则每个季度进行一次评估，主要通过访谈以及证明材料进行评审，目前的规划是在2023年达到稳健级的基础上，到2024年年底达到量化管理级。

在文化建设方面，平安人寿数据中台实现了数据文化的建设与推广。平安人寿数据中台面向业务建立了“数聚精英荟”，并按照业务痛点调研、学习计划制订、学习任务发布、实操作业总结、优秀学员表彰的流程进行运营管理。目前“数聚精英荟”的会员主要是业务团队的同事，通过定期组织学习数据分析应用相关课程，不仅提升了业务团队的数据分析能力，也建立了企业的数据文化。“数聚精英荟”在2022年已经拥有2000多名会员，覆盖平安人寿所有的二级机构，同时已经输出100多期的数据学习课程，覆盖约8000名业务学员，并且数据管理团队目前已有21位同事通过了DAMA的数据治理工程师认证（Certified Data Governance Associate，CDGA）。

第 12 章　阿里巴巴数据治理平台建设实践

洪子健、冉秋萍、田奇铣　DataWorks 开发团队成员。DataWorks 于 2009 年诞生于阿里巴巴集团。作为阿里巴巴数据中台的建设者，DataWorks 不断沉淀阿里巴巴集团大数据建设与治理方法论：2009—2012 年，通过天网调度系统统一了淘宝的 Hadoop 调度；2012—2014 年，通过“飞天 5K”“登月”等项目统一了阿里巴巴集团数据平台；2015—2018 年，基于 DataWorks 建设了阿里巴巴集团数据中台，服务集团 100 多个事业部，每天使用数据的“小二”超过 5 万人。在服务阿里巴巴集团内部工作的同时，DataWorks 还在阿里云上逐步实现商业化，为数据仓库、数据湖、湖仓一体等解决方案提供统一的全链路大数据开发治理平台，至今已服务电子政务、金融、零售、互联网、能源、制造等行业的数万家客户，蝉联 IDC（International Data Corporation，国际数据公司）2021 年和 2022 年中国数据治理平台市场份额第一位，阿里云大数据平台 ODPS 入选 2022 年世界互联网大会领先科技成果。

阿里巴巴一直将数据作为自己的核心资产与能力之一，通过多年的实践探索建设数据应用，支撑业务发展。在不断升级和重构的过程中，我们经历了从分散的数据分析到平台化能力整合，再到全局数据智能化的时代。如今，大数据平台面临全新的挑战，特别是“降本增效”等数据治理需求不断出现。本章将分享阿里云 DataWorks 团队的一些建设经验。

12.1　数据繁荣的红利与挑战

大数据平台的建设到底可以为企业带来什么样的价值呢？对于技术人员来说，他们往往会用一些技术指标来对此进行衡量，如数据量、机器数量、任务数量等。如图 12-1 所示，根据往年对外公开的数据，可以看到阿里云大数据计算引擎 MaxCompute 的单日数据处理量在不断增长。2021 年“双 11”，MaxCompute 的单日数据处理量达到 2.79EB[①]。

① 1EB=1024PB，1PB=1024TB，1TB=1024GB。

有趣的是，这个数据不仅仅是当年的峰值，也是来年（2022年）日常数据处理量的平均值。在大数据开发治理平台DataWorks上，单日任务调度实例数也超过了1200万，其中包含业务之间50多种复杂的数据处理关系。如果将整个阿里巴巴集团的数据任务依赖全部展开，将会是非常壮阔的数据画卷。

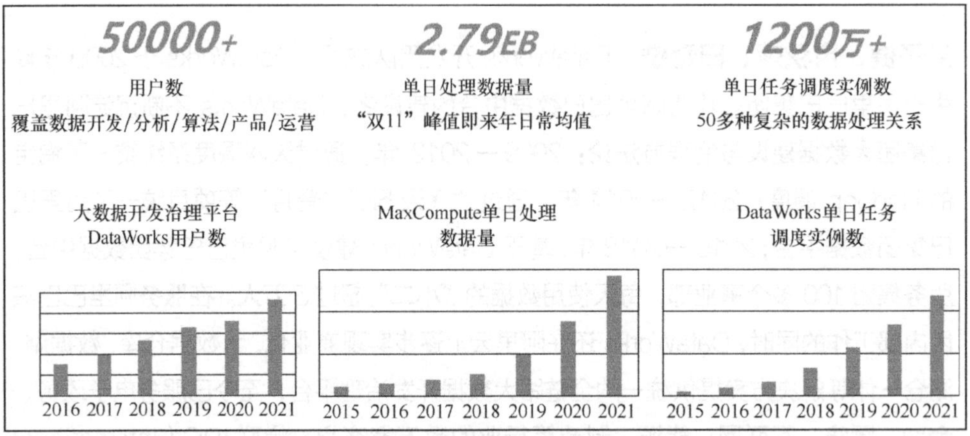

图12-1 阿里云大数据计算引擎MaxCompute的数据技术指标

数据规模当然可以在一定程度上反映我们为业务带来的支持，特别像"双11"这种场景，对很多技术都是全新的挑战。但是在大数据平台和价值创造之间，还有一个很重要的环节——人，即大数据平台的用户。

DataWorks是大数据平台最贴近用户的工具层，可以看到DataWorks的用户数正在以每年5位数的量级不断快速增长，当前每月在DataWorks上进行各类数据操作的活跃用户超过5万人。除了数据工程师、算法人员、开发人员等技术人员在DataWorks上进行数据同步、开发、治理等工作，DataWorks也服务运营"小二"、分析师、财务、HR等各类业务人员，方便他们进行个性化的找数、取数、用数等分析工作。所以，大数据平台不应该仅仅停留在服务数据团队，而应该吸引更多的用户，走向更多的业务团队，提升数据使用的效率，让平台、用户、业务达成正向循环，推动企业数据价值不断释放。

从最初的淘宝、天猫等电商业务，到后来的优酷、高德、菜鸟等板块，DataWorks与MaxCompute等产品用一套技术体系来支持不同业务的发展与创新。因此我们认为大数据平台的价值体现，不仅仅在于数据量的增长，也在于用户数和数据业务的增长。人人参与数据建设，才能为企业带来整体的数据繁荣。

数据繁荣为我们带来了红利，同时带动了各类数据治理需求的井喷。从2009年起，DataWorks 已经发展了十几年，走过了阿里巴巴集团几乎所有外部知名的数据架构进化的时代，但同时也面临众多全新挑战。在大数据平台的建设过程中，我们经常遇到一些数据治理的问题。

- **数据稳定性不足**：任务调度随着规模增大经常出现故障，不稳定，集群计算资源不足；员工随时准备处理告警，故障无法快速排除；突发大流量导致数据服务宕机或不可用。
- **数据应用效率低**：表越来越多，找不到需要的数据；缺少数据规范与标准，每次使用都要沟通；数据需求经常变更，数据仓库维护人员压力巨大。
- **数据管理风险大**：数据使用人员多，强管理与易用性难以平衡；数据出口多，人为泄露行为管控难；法规不断更新，敏感数据发现难，数据分类分级难度大。
- **数据成本压力大**："降本"成为大趋势，技术挑战大；不知道成本问题在哪里，或者说在哪个部门/人；数据不敢删，任务不敢下。

不管是阿里巴巴集团内部，还是我们服务的众多阿里云上客户，大家在沟通的时候都希望聊一聊数据治理相关的话题。面对众多数据治理需求，大家往往感觉无从下手，而且每天都会冒出新的问题。我们其实无法一次性解决所有问题，但是我们可以逐步解决主要问题。基于 DataWorks 的建设经验，我们将企业的数据治理需求整理成 4 个大的阶段，每个阶段都有不同的数据治理问题，应投入更多的精力来处理各个阶段的主要矛盾，并且从这些实践中，逐步形成企业数据治理各类方法论与规范的沉淀。

1. 起步阶段——数据量与稳定性的矛盾

起步阶段最重要的是要"有"数据，数据不断产生，数据量不断增长。我们需要保证数据产出的时效性、稳定性以及数据质量的准确性，这也是数据仓库维护人员经常要面对的问题类型之一。此时遇到的数据治理问题主要集中在集群上，例如任务长时间等待，计算、存储、调度等各种资源不足，数据无法产出或者产出"脏数据"，集群无法正常提供服务，运维无法定位，问题处理时间长，补数据难度大，人工运维无自动化等。在这种情况下，业务将会明显波动，有些故障甚至会造成业务资损。

2. 应用阶段——数据普惠与使用效率的矛盾

"有"了数据之后，接下来面临的就是"用"数据的问题。我们想要更多的人使用数据，实现数据普惠，但是使用数据的人越多，需求也会越多，效率反而受阻。产品满足 50 人还是 5 万人的使用需求，难度可以说天差地别。此时遇到的数据治理问题主要集中在效率上。例如，各部门人员找数、查数、用数的需求不断增加，使用数据的人开始增多，数据仓库维护人员疲于取数；数据开始赋能业务，各类数据应用需求井喷，数据团队压力增大；等等。在这种情况下，数据仓库建设可能逐步混乱，甚至有走向失控的风险。

3. 规模阶段——灵活便携与风险管控的矛盾

随着使用数据的人越来越多，前端也会建设越来越多的数据应用，带来的各类数据风险就会增大，因此需要“管”数据，但是各类数据安全的管理动作往往和效率背道而驰。在这个阶段，我们遇到的数据治理问题主要集中在各类安全管控能力上。例如，各类法律法规直指内部各类数据安全风险，不知道谁在什么时候怎么使用数据，出现一些数据泄露事件。

4. 成熟阶段——业务变化与成本治理的矛盾

成熟阶段意味着我们能实现数据业务化，但是面对当前的环境，客户经常会提出“降成本”的需求。

- 如果业务增长，成本线性增加，我们需要成本治理。
- 如果业务受限，成本冗余大，我们也需要成本治理。

那么应该怎么降、降哪些？这是一个难以回答的问题。在成熟阶段，成本治理不应该是“运动式”“项目式”的工作，而应该让之前提到的各类数据治理的理念深入人心，形成常态化的工作。

可以看到，“降本”往往是数字化建设偏后期的需求。很多人一谈数据治理就说“降本”，其实在我们看来，对于绝大部分企业来说，“降本”的需求本身并没有问题，后面我们也会重点讲解，但不妨回顾前面 3 个阶段是否做得足够充分。

在经历众多数据治理场景和需求之后，阿里巴巴在内部逐渐形成数据模型规范、数据开发规范、数据质量规范、数据安全规范等多种方法论，并且这些实践经验会逐步沉淀到 DataWorks 平台上，让规范落地，逐步形成 DataWorks 智能湖仓一体数据开发与治理平台（见图 12-2），其中包含数据集成、数据开发、数据运维、数据资产治理、数据建模、数据安全、数据质量、智能数据洞察、数据服务等数据处理全链路流程，一站式满足大数据开发与治理过程中有关规范、稳定、质量、管理、安全、分析、服务等各个方面的诉求。

在建设 DataWorks 的过程中，面对众多数据治理问题的挑战，我们用一套组织架构、一部数据治理方法论、一套全链路治理平台来满足各类数据治理的需求。在大数据的起步、应用、规模、成熟阶段，对应稳定、提效、管控、降本等不同的目标，将精力放在解决主要矛盾上，数据治理平台需要紧密结合各类经验、场景与方法论。

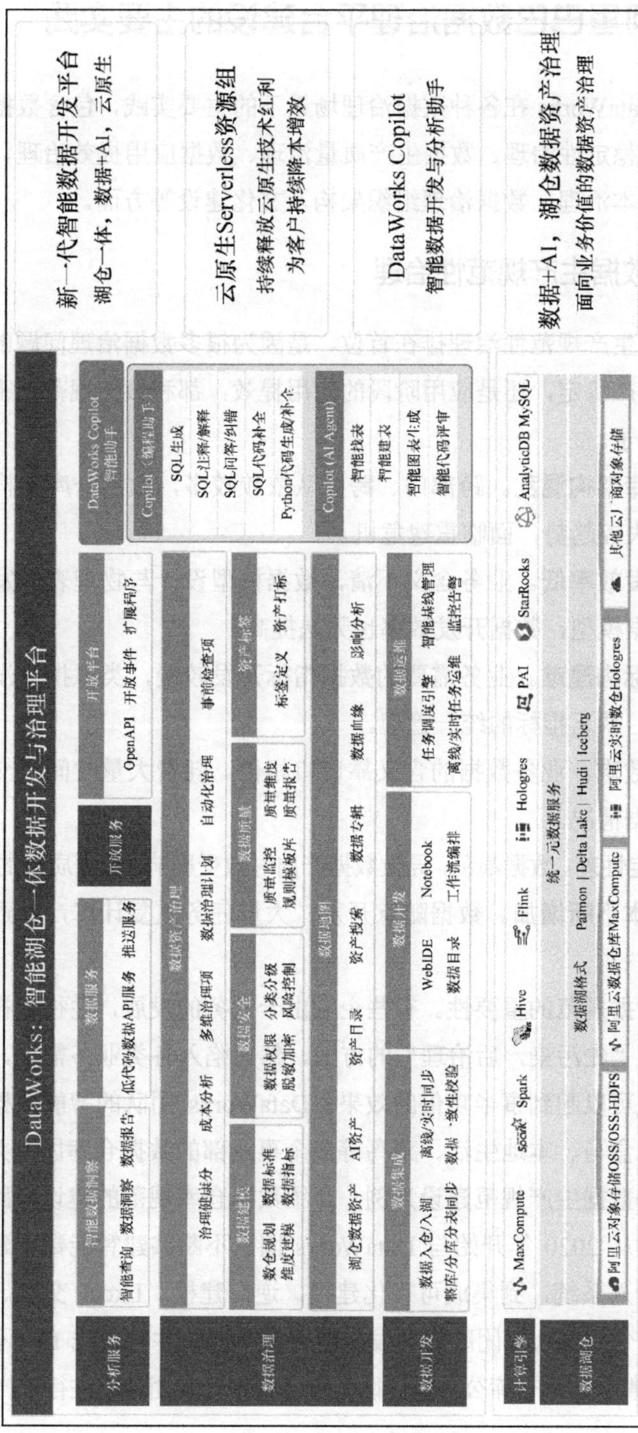

图 12-2 DataWorks 智能湖仓一体数据开发与治理平台

12.2 阿里巴巴数据治理平台建设的主要实践

本节介绍 DataWorks 在各种数据治理场景下的主要实践，包含数据生产规范性治理、数据生产稳定性治理、数据生产质量治理、数据应用提效治理、数据安全管控治理、数据成本治理、数据治理组织架构及文化建设等方面。

12.2.1 数据生产规范性治理

我们将数据生产规范性治理排在首位，是因为很多数据治理问题的源头，不管是起步阶段的生产稳定，还是应用阶段的应用提效，都和数据规范紧密相关。下面举几个简单的例子。

- **数据仓库架构混乱。**跨部门、跨团队依赖较多，数据仓库架构逐渐混乱，逐步有失控趋势，面临重建危机。
- **数据开发效率低。**业务含义不清，数据模型设计与物理表开发断链，即便有了数据模型，数据开发效率也无法提高。
- **数据指标构建难。**业务需要的数据指标开发较慢，类似指标没有批量构建的方式，缺乏指标的统一管理。
- **找数用数难。**业务数据的含义靠口口相传，耗费大量时间，交接人员也不清楚数据情况。
- **数据稳定性差。**数据混乱，导致数据产出时效受影响，数据质量的稳定性不高。
- **数据成本不断增加。**数据随意开发、大量任务重复计算，导致数据成本不断增加。

由此可见数据规范的重要性。有些企业由于业务的发展，往往忽视数据规范的建设，经常采用“先污染，后治理”的方式，然后陷入各类业务需求，而良好的数据规范建设往往可以起到事半功倍的效果。DataWorks 团队的智能数据建模产品是同天猫、淘宝、盒马、本地生活、菜鸟等多个事业部的数据仓库团队共创得到的。我们以某事业部数据生产规范建设为例，介绍数据仓库规范的建设思路。该事业部的数据仓库团队从 2020 年开始与 DataWorks 团队不断共建智能数据建模产品，从最初版简单的录入系统，到集成可视化建模、逆向建模、Excel 交互、多表复制等功能，最终让整个数据仓库团队的开发效率提升 30%，并且下线 15%不规范的冗余数据表。随后在整个数据仓库公共层团队与业务数据开发团队中进行推广，全员使用，成为该事业部落地数据仓库规范的统一平台。

数据仓库规范性治理的方案主要围绕稳定性、扩展性、时效性、易用性、成本5个目标展开，整体方案主要包含两部分，分别是模型线上化与模型管理和评估。对于模型线上化，首先设计像“数据架构委员会”这样的组织保障团队，即搭建架构师团队，并将模型管理责任落实到数据负责人；然后拟定数据仓库的规范制度，例如数据模型规范、数据仓库公共开发规范、数据仓库命名规范等；最后将规范制度和模型负责人通过DataWorks团队的智能数据建模产品进行落地。完成模型线上化只是起步，模型管理和评估才是重点，通过事前模型评审、事中模型评估打分、事后模型治理推送，实现模型管理的闭环，促进模型不断优化和完善。

整体方案设计完成后，通过对所需功能进行梳理，可以从规范定义、发布评审、便捷开发、业务管理4个维度来建设智能数据建模平台，如图12-3所示。

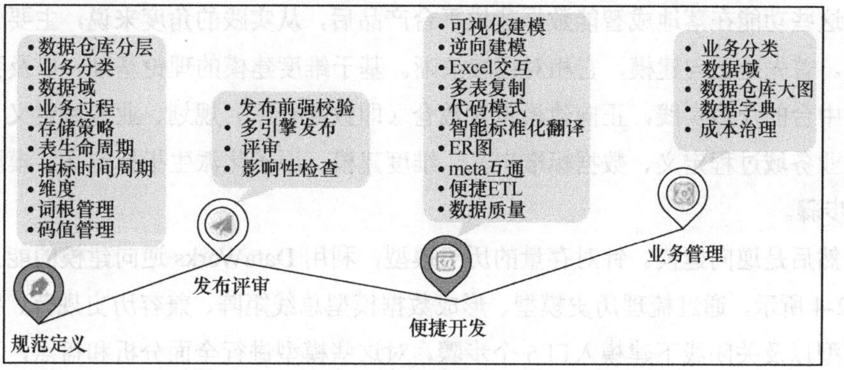

图 12-3 智能数据建模平台规划的4个维度

1. 规范定义

数据仓库团队在前期是没有数据建模平台的，大家都采用线下的建模方式，比如先进行数据探查以了解数据基本情况，再进行模型的设计，最后在线下进行模型评审。整个模型设计和评审都在线下进行，导致大家在进行数据建模的时候没有形成规范，数据开发的过程不严谨，下游有了大量的引用之后，切换的成本也非常高。另外，从维护角度来看，若使用Excel建模的方式，当数据仓库开发人员变动时，Excel中的模型交接不便，难以持续维护，容易造成企业宝贵的业务数据知识流失。所以，数据仓库团队希望将规范的定义搬到线上。

2. 发布评审

在过去，数据仓库团队的评审也是在线下进行的——在架构师和数据工程师比较忙的时候，评审流程不够严谨，甚至没有经过评审就直接发布，所以这个功能也需要搬到线上。发布模型前对表和字段的命名进行强校验，同时支持多引擎发布，比如离线数据存储在 MaxCompute 或 Hive 上，还有一部分数据存储在 MySQL 或 Oracle 数据库中。影响性检查是指在发布模型之后，判断是否对下游引用模型的 ETL 脚本有影响。比如有时候新增了一个字段，当下游任务以 SELECT * 的方式使用没有新增这个字段的表时，就会导致下游任务报错。

3. 便捷开发

数据仓库团队希望在将建模方式从线下搬到线上之后，不影响数据仓库的开发效率，于是设计了各种旨在提高效率的便捷开发功能。

4. 业务管理

对于研发人员来说，有业务分类和数据域的视角；对于业务人员来说，有数据仓库大图和数据字典的视角。从成本治理的角度来看，一些功能可能需要归并或下线。

这些功能在落地成智能数据建模平台产品后，从实践的角度来说，主要分为两部分。首先是正向建模，它相对比较清晰。基于维度建模的理论基础，以及我们在数据中台的众多实践，正向建模包含数仓（即数据仓库）规划、业务域定义、数据域和业务域过程定义、数据标准定义、维度建模、原子化派生指标定义、模型发布 7 个步骤。

然后是逆向建模。针对存量的历史模型，利用 DataWorks 逆向建模的能力，如图 12-4 所示，通过梳理历史模型、形成数据模型总线矩阵、兼容历史规范、导入历史模型以及关闭线下建模入口 5 个步骤，对这些模型进行全面分析和盘点，下线若干低价值的历史模型，完成存量模型 100%的线上化管理。

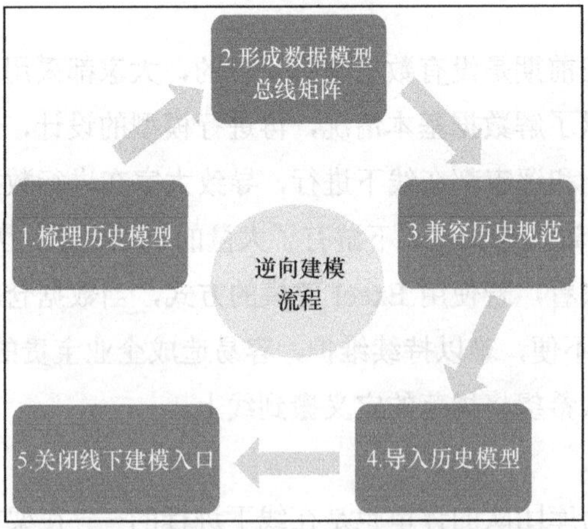

图 12-4 基于 DataWorks 的逆向建模流程

以数据中台方法论为指导，DataWorks 智能数据建模形成了数仓规划、数据标准、数据建模、数据指标四大产品模块，成为各部门统一使用的数据建模平台，累计形成数据模型表超过 1 万张，有效提升了阿里巴巴集团整体数据的规范性。

- **数仓规划**：支持数据仓库分层、数据域、数据集市等定义，是数据仓库设计的核心。
- **数据标准**：支持数据字典、标准代码、独立单位等定义，以保障数据模型和指标的标准化。
- **数据建模**：支持可视化数据仓库的建模，并支持多种大数据引擎的正向和逆向建模。
- **数据指标**：支持原子指标、派生指标等设计与定义，并支持将指标作为模型字段，确保业务口径统一。

数据规范是很多问题的源头，建议优先考虑，往往能起到事半功倍的效果。数据模型是企业特别重要的数据知识，建模平台需要通过平台化的工具来进行，而不是使用原先线下的方式。这样不仅能提高对内交流、应用的效率，还能防止员工变更造成企业数据知识的流失。

12.2.2 数据生产稳定性治理

数据生产的稳定性是企业在建设大数据平台时遇到的第一个问题。对于数据仓库维护人员来说，值班是工作的一部分，晚班时的工作大概如下。

- 凌晨 1:30，收到电话告警，机器人自动播报“××任务已延迟××分钟，请尽快处理！”
- 凌晨 1:31，起床打开计算机，处理告警问题，凌晨 1:40、1:50、2:00，电话告警不断，手机不断振动，前往客厅办公。
- 凌晨 2:00，因为不清楚上下游任务逻辑，召集一批同事起夜。
- 凌晨 3:00，领导打来电话询问情况，沟通后续处理方案。
- 清晨 5:00，所有任务处理完毕，等待集群资源计算数据。
- 上午 7:00，睡眼蒙眬，起床前往公司上班。
- 上午 9:00，刚出电梯口，被业务“小二”围住追问数据产出时间，开始一天的工作。

可见值晚班的数据仓库维护人员有多辛苦！

在阿里巴巴内部，我们在做数据生产稳定性治理的时候，往往会围绕两个核心指标进行优化，分别是起夜率与基线破线率。

起夜率是指日常工作中，数据仓库维护人员需要半夜起来处理问题的天数占全年天数的比例。如果一晚上无事发生，数据仓库维护人员不需要起夜，就称为“平安夜”。起夜率越低越好。

基线是 DataWorks 独创的理念，是为了响应业务的稳定性治理和指标需求而实践的一个概念，也是数据团队设定产出承诺和提供治理措施的实际载体。在基线上，我们可以为任务设置最晚产出时间。例如当天营收数据，最晚产出时间设置为凌晨 2:00，如果这个任务的最终产出时间超过凌晨 2:00，那么这条基线就破线了。基线破线率同样越低越好。

在治理实践中，通常包含 3 个步骤。

（1）**基线配置**。梳理团队核心数据产出任务与链路，确定基线任务分级，为不同的任务配置不同的基线等级，同时配置基线产出时间与告警余量。告警余量是一个非常重要的概念，类似于抢救时间。例如刚才提到的任务产出时间被设置为凌晨 2:00，如果告警余量设置为 1 小时，当基线预测任务产出时间超过凌晨 1:00 时便会告警，以使我们提前知晓核心任务的产出风险。

（2）**基线治理**。基于基线功能以及一些元数据，数据仓库团队针对基线告警进行治理，包括告警的认领、评估、处理等，同时针对基线告警进行原因分析，查看导致数据稳定性问题的原因，常见的有质量报错、SQL 语法报错、系统环境报错、权限报错、同步任务报错等，然后进行数据生产稳定性治理。

（3）**稳定性评估**。数据仓库团队产出稳定性周报，每周报告基线破线率及平安夜数，值班手册中也会形成常见问题排查宝典、治理问题清单等，将稳定性治理的经验沉淀成团队共同的知识资产，并且进行责任公示，设计奖惩制度，以达到数据生产稳定性治理的正向循环。

智能基线可以说是 DataWorks 守护数据安全生产的核心功能，里面结合了 DataWorks 的多项运维诊断功能和 MaxCompute 引擎能力。

1. 智能分级调度与资源分配

当一个任务被配置不同的基线等级后，整个平台在运行的时候就会按照优先级对核心数据产出进行重要性分级，高优先级任务及其上游任务将获得更多的任务调度与 MaxCompute 计算资源，以保障高优先级任务有充足的运行资源。DataWorks 还将其中涉及众多调度与资源分配的核心技术申请了国家专利。

2. 智能预测与告警

一个核心任务可能会依赖多个前置任务。当我们为最终产出的任务节点配置基线后，就不需要为其依赖的前置任务逐个配置运维告警了，这将极大提升运维效率。当任务开始运行时，DataWorks 会回溯依赖链路上所有任务的历史运行记录，同时结合平台当前运行情况和集群水位情况，每隔 30 秒更新一次智能预测的数据产出时间。例如，设置核心任务的期望产出时间基线为 2:00，一旦在该核心任务的整条链路中有一个平时 20:00 产出的前置任务直到 20:30 仍未产生，DataWorks 就会结合当前集群水位情况判断本应在 2:00 产出的最终核心任务会延时，数据仓库维护人员将在 20:30 收到告警，提前干预处理延时任务，而不是等到 2:00 核心任务已经延时了才开始处理。

3. 全链路智能诊断与排障

提前收到告警后，运维人员会在 DataWorks 的运维中心处理告警任务，并在 DAG（Directed Acyclic Graph，有向无环图）上查看上下游任务及每个周期实例的运行情况，通过运行诊断排查全链路上的告警问题，例如上游依赖告警、当前任务定时检查、调度资源检查、MaxCompute 资源检查等，从而快速定位并排除故障。

智能基线的配置及故障处理界面如图 12-5 所示。针对任务责任人和值班人不同的情况，DataWorks 还设置了值班表的功能，可以将不同任务责任人的告警消息统一推送给当前值班表中对应的人员。

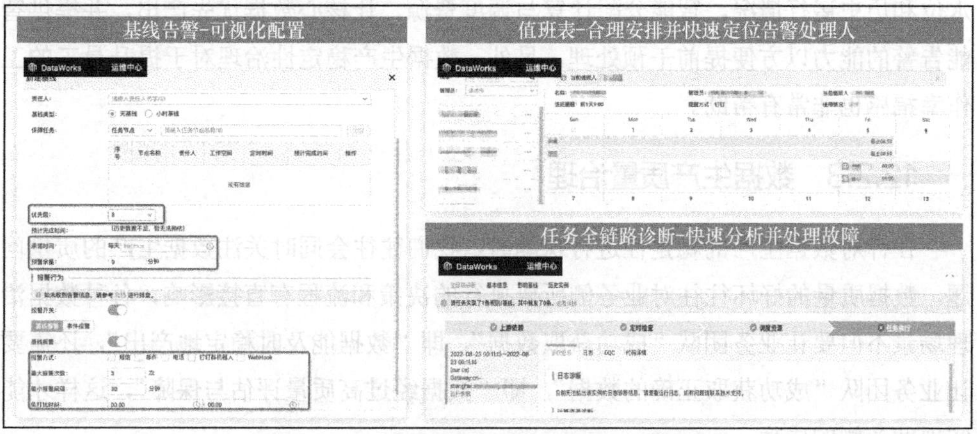

图 12-5 智能基线的配置及故障处理界面

图 12-6 以阿里巴巴内部某数据仓库团队为例，在进行数据生产稳定性治理之前，该团队每周需要 2.5 人日①进行值班，其中每年损失的不仅仅是值班的 135 天人

① 1 人工作 1 日称为 1 人日。

日，员工日间的工作效率也会受到极大影响，员工的工作幸福感严重下降。在进行数据生产稳定性治理之后，团队7级基线的破线率从每月的4次降低到0次，值班人员起夜率从97%降低到33%，极大提升了员工的工作幸福感，这也是数据生产稳定性治理的重要意义之一。

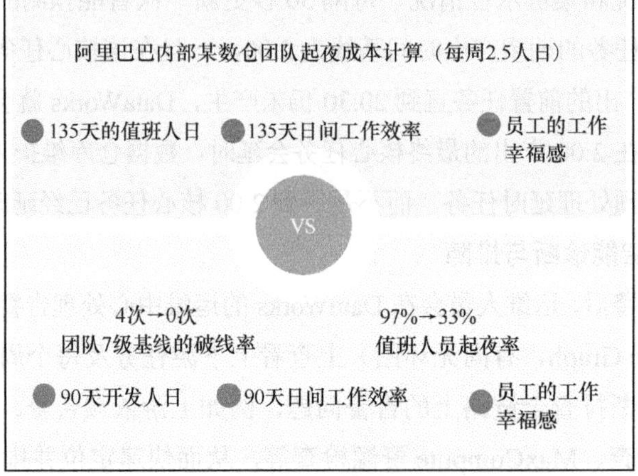

图12-6 数据生产稳定性治理效果

数据生产的稳定性是用起夜率和基线破线率来衡量的，可通过围绕智能基线构建全链路运维诊断能力来支持数据生产的稳定性建设。智能基线可以基于集群当前水位和历史运行情况，智能分配计算与调度资源，让核心数据优先产出，并提供智能告警的能力以方便提前干预处理。另外，数据生产稳定性治理对于提升员工的工作幸福感也非常有帮助。

12.2.3 数据生产质量治理

在针对数据生产的稳定性进行保障时，我们往往会同时关注数据生产的质量问题。数据质量的好坏往往对业务侧所要执行的决策和流程有直接影响，各种数据治理场景不但要让业务团队“成功获取数据”，即“数据能及时稳定地产出”，还需要让业务团队“成功获取正确的数据”，即“数据经过高质量评估与保障”，这样才能实现业务侧的成功。

以阿里巴巴常见的电商包裹场景为例，如图12-7所示，一件包裹上出现数据质量问题会引发不同维度上的业务问题。在实际生活中，我们通常会重点关注包裹的基础数值属性，比如包裹的重量、体积，因为这些属性与包裹的运送价格和运输安排直接相关。当出现这些属性不符合预期的情况时，就会导致针对包裹的各种业务问题的追查。

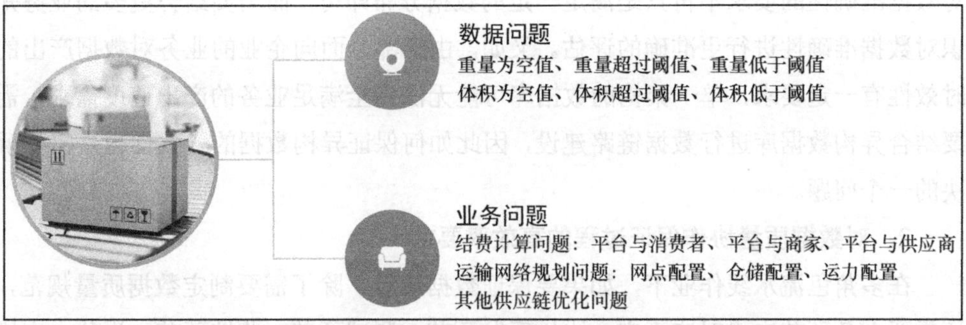

图 12-7 一件包裹上出现数据质量问题所带来的业务问题

例如，当包裹的重量为空值或等于 0 的时候，说明出现没有重量的空包裹，这不符合物流和计价的业务要求。而当包裹的重量和体积超出正常定义的阈值时，通常说明出现了不合理的情况。

所以，当出现这种数据质量问题时，我们就会关注到底是业务上出现了真实问题，还是实际加工数据过程中出现了污染。如果真实业务没问题，而是数据出了问题，则会影响后续针对包裹的结费计算、运输网络规划、供应链优化等。平台与消费者、平台与商家、平台与供应商之间的交互都会受到数据质量问题的影响。

而这些数据质量问题如果没有得到治理管控，则会在数据生产过程中非常普遍地出现，如数据残缺不全、数据不一致、数据重复等，导致数据不能被有效利用，影响数据可靠性的保障和有效业务的产出。所以数据质量管理需要和产品质量管理一样，贯穿于数据生命周期的各个阶段。如果数据生产过程中产生与现有规则不符的持久化数据或数据延迟问题，则定义为“数据质量问题”，其中引发故障的问题定义为“数据质量故障问题”。

为了避免数据质量问题，需要进行数据生产质量治理。我们从业务出发，对业务侧关键的业务实体进行数据质量要求的梳理，从而明确数据质量问题。比如针对电商交易，关心商品、用户、计费、营收方面数据的质量情况。影响这些业务实体生产稳定性的关键质量要求如下。

1. 面向商业级服务的数据质量高保障要求

在阿里巴巴数据中台，数据大量以服务的形式提供给各个商业化的业务应用，这意味着数据质量不仅仅影响数据本身产出的保障，也直接影响最终业务侧承诺质量的保障。

比如，由于更多客户的业务根据数据进行决策，数据高准确性要求也因此出现，对数据准确性的要求不再只是满足一定的数据分布即可，而需要结合更多的业务知识对数据准确性进行更准确的评估。又如，由于部分面向企业的业务对数据产出的时效性有一定要求，单一架构的数据库可能无法完全满足业务的产出速度需求，需要结合异构数据库进行数据链路建设，因此如何保证异构数据的一致性也是需要解决的一个问题。

2. 对数据质量协作保证过程的高效率要求

在多角色流水线作业下，如果要保证数据质量，除了需要制定数据质量规范，还需要在各环节完成对应事宜，比如研发环节、测试环节、监控环节。为此，安排人员分别到各环节各自操作，但仍会出现重复性工作，比如质量测试的用例和质量监控的设置逻辑通常是类似的，需要提供平台工具，以便帮助多角色用户针对数据链路中产生的所有线上数据质量问题进行汇总、分析；帮助质量小组把纸面要求、规章制度中定义的数据问题定期复盘并转为数据度量落实在系统中；反推研发的各阶段，共同高效地提升数据质量。

针对多角色协作式的数据流程，基于DataWorks提供统一的数据质量平台工具，在一个平台上流水线式地完成所有协作过程。围绕开发、部署、运维和监控环节的工具能力的提升，极大简化了数据团队中各角色的日常工作流程，帮助数据团队在持续监控数据质量的基础上，加强事中防控和事前预防校正，让数据质量在每个环节都起作用，并在每个角色侧都能高效落地。图12-8描述了数据质量建设全流程。

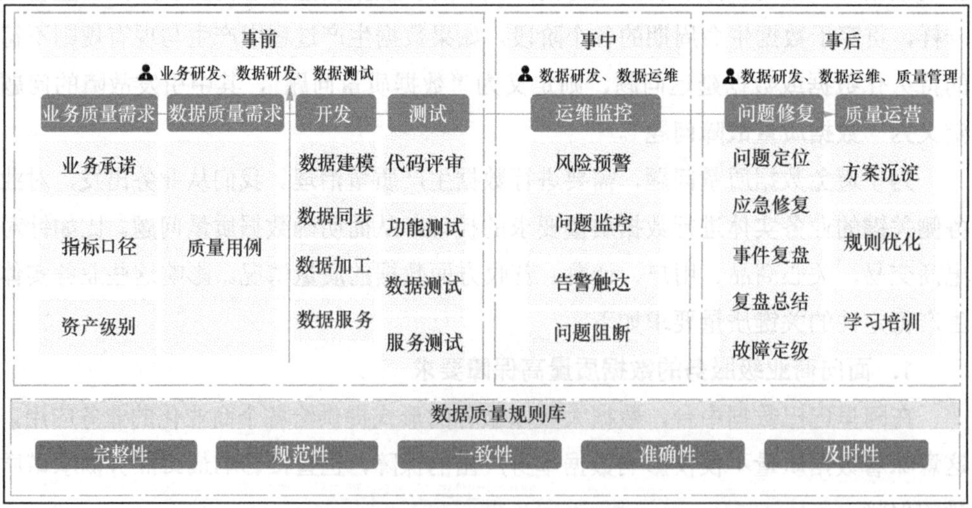

图12-8 数据质量建设全流程

在研发过程中保障代码质量，并通过代码检测、质量自测，让研发人员提前规避问题。

为了让测试人员更有效地进行质量测试，提供上线前的冒烟测试、对比测试，从之前仅完成基础功能验证的测试，到完善拓展测试维度，不断积累围绕业务承诺要求的规则，从而让研发人员和运维人员都能够进行快速的自动化测试，持续进行数据链路的部署更新。

数据质量检测任务直接关联调度任务产出。要做到数据产出即检查。当需要保障数据任务运行而在上游数据中出现“脏数据”时，能够及时阻断任务，避免“脏数据”影响下游数据，并通过告警机制及时提醒用户进行处理。

对于需要高保障的大批量数据表，要让质量责任人能够以低成本方式提升规则覆盖率，减少人工配置负担，降低阈值设置难度和规则误报率。而在数据量巨大、存在多种数据类型的情况下，要做到质量监控仍能高效运行，并且尽可能减少质量监控对业务数据链路产出的资源消耗方面的影响。当面向复杂数据架构的场景时，要能够针对多种引擎下的数据，持续地保障数据的一致性及质量管理的延续性。

数据质量规则作为承载保障体系的重要载体，从人工防控梳理，到平台规则沉淀的自动检测，最终走向质量高效化的智能管理，需要完成大量的基础性工作。

- 通过管理机制和平台体系，让每一张数据表都有负责人。
- 让平台能自动追溯表与表之间的血缘关系。
- 在末端表中标注业务重要性，向上追溯链路中的表，以业务为抓手来治理质量问题。
- ETL 作业统一调度，质量监控与调度系统集成，做到事中即时智能管控。

平台完成面向不同业务实体的质量治理的过程，就是平台侧和质量保障小组不断沉淀通用平台侧和业务维度侧的质量规则模板的过程。如图 12-9 所示，在整个过程中，针对不断产生的新的数据表及相似业务，提供快速模板化的数据质量规则配置、规则推荐，并根据历史的业务运行结果，结合机器学习算法能力，针对时序性的指标值、数据产出量等规则，进行动态阈值的智能判定，减少新数据和新用户的配置成本，并减少对需要关注的指标及数据的质量治理的遗漏，全面提升数据可信度与价值密度。

根据实际的业务流程和数据流程，从平台、规范、组织三方面完成相应建设和沉淀，最终形成针对数据生产过程的质量稳定性全流程保障方案。

- **质量治理策略**：建立线上数据质量问题的管理处置机制。
- **质量问题监控**：建立全流程数据质量问题的监控和预防体系。
- **质量协同处理**：建立上下游协同的工作流程。
- **质量度量评估**：建立可复用的数据标准和统一的质量评估体系。

图 12-9 模板化的数据质量规则配置、规则推荐

最后，我们还要从业务角度关注治理效果。再次以电商包裹的数据质量问题为例，通过数据质量治理的建设，以及围绕业务对象的协作规则沉淀，我们不仅在数据端完成了对数据的异常监控、推送和分析，能够及时对数据质量问题进行修复，还在业务端针对测试的数据，通过规则进行了前置校验，在数据流入时就进行限制和告警，让业务“小二”也能进行异常情况的责任判定，通过标准质量数据修复动作进行数据修复，使得整体包裹参数的数据准确率提升至 99%。数据生产质量治理还推动了业务流程在质量保障环节的优化，从而对高价值业务进行了更好的保障。

12.2.4 数据应用提效治理

数据生产稳定性治理与数据生产质量治理解决的主要是起步阶段要“有”数据的问题。接下来进入应用阶段，在进行数据应用的时候，一线的业务人员在使用数据时也会碰到很多难点。

- **找数难**：
  - 想找的数据，不知道去哪里找，特别是在用业务术语去找的时候；
  - 相似表太多，不知道用哪个；
  - 搜索的结果太多，需要逐一查看；
  - 搜索的结果不准，很多和自己的业务不相关。
- **用数难**：
  - 表命名奇怪，字段没有注释，缺少文档；
  - 表注释太简略，没有有效信息；
  - 人工询问耗费大量时间；
  - 很多表的拥有者也不清楚业务逻辑；
  - 不知道如何快速开放数据或构建个性化数据应用。

面对这些问题，对找数、用数等应用场景的提效需要多管齐下（见图 12-10）。比如之前提到的数据规范，如果做好数据模型，就可以在源头上提升数据的可读性，避免针对数据释义的多次频繁沟通，并消除数据指标的二义性。

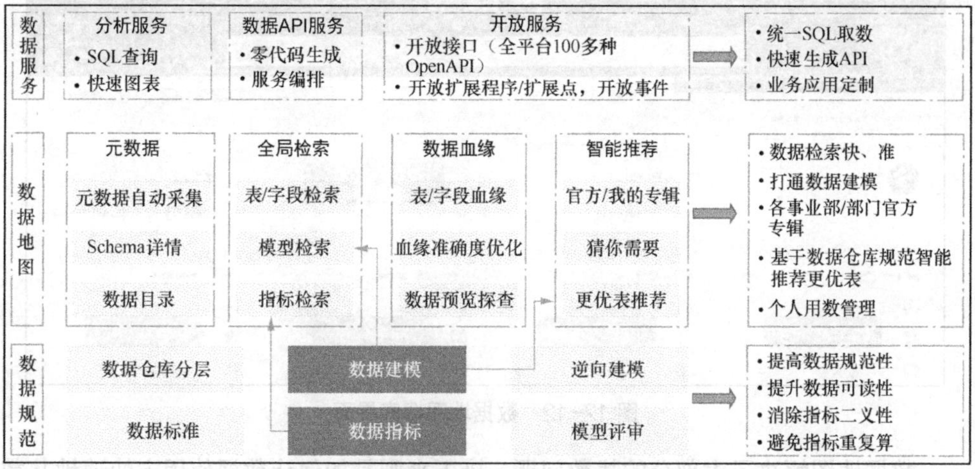

图 12-10　多管齐下的找数、用数提效方案

基于元数据管理的能力，DataWorks 提供了数据地图（见图 12-11）。在数据地图中，可以实现元数据自动采集与数据目录构建，针对找数常用的检索功能，提供面向表、字段、模型、指标等的多种检索能力，并提供数据血缘分析能力。例如，当业务人员检索到一张北京地区商品营收表时，若想查看全国的营收数据，就可以通过血缘查看这张表的上游或下游表，快速获取对应数据。部分业务人员可

能对企业内部数据情况不是很熟悉，在这种情况下，数据地图支持将各类常用表作为官方数据专辑提供给所有用户，并且在用户搜索时会推荐信息更加完善的表（见图 12-12）。

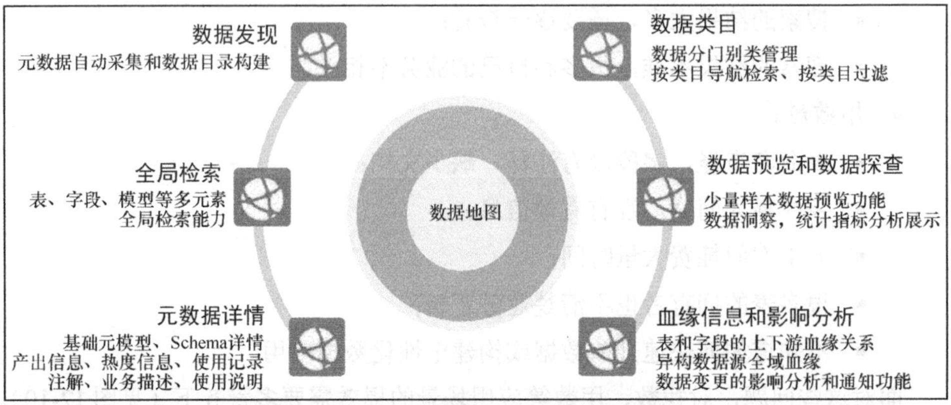

图 12-11　以元数据为核心构建的数据地图

图 12-12　数据地图搜索界面

数据地图解决了大部分的找数问题，接下来则是如何让数据使用方快速地从数据里获得需要的结果，或是提供业务应用侧所需要的数据。在用数阶段，DataWorks 提供了统一的 SQL 查询分析工具（见图 12-13）。找到表后，就可以直接通过 SQL 进行快速查询。

- 页面布局可以在上下布局和左右布局之间切换，左右布局可以更好地利用一些外接显示器场景，显示的信息更多。
- SQL 编辑器提供自动的代码补全、代码格式化、代码高亮显示等功能。

- 查询结果展示分为数据明细模式和数据图表模式，支持通过拖曳快速编辑图表。
- 针对数据的上传和下载开通了快捷入口，支持对数据下载条数进行管控。

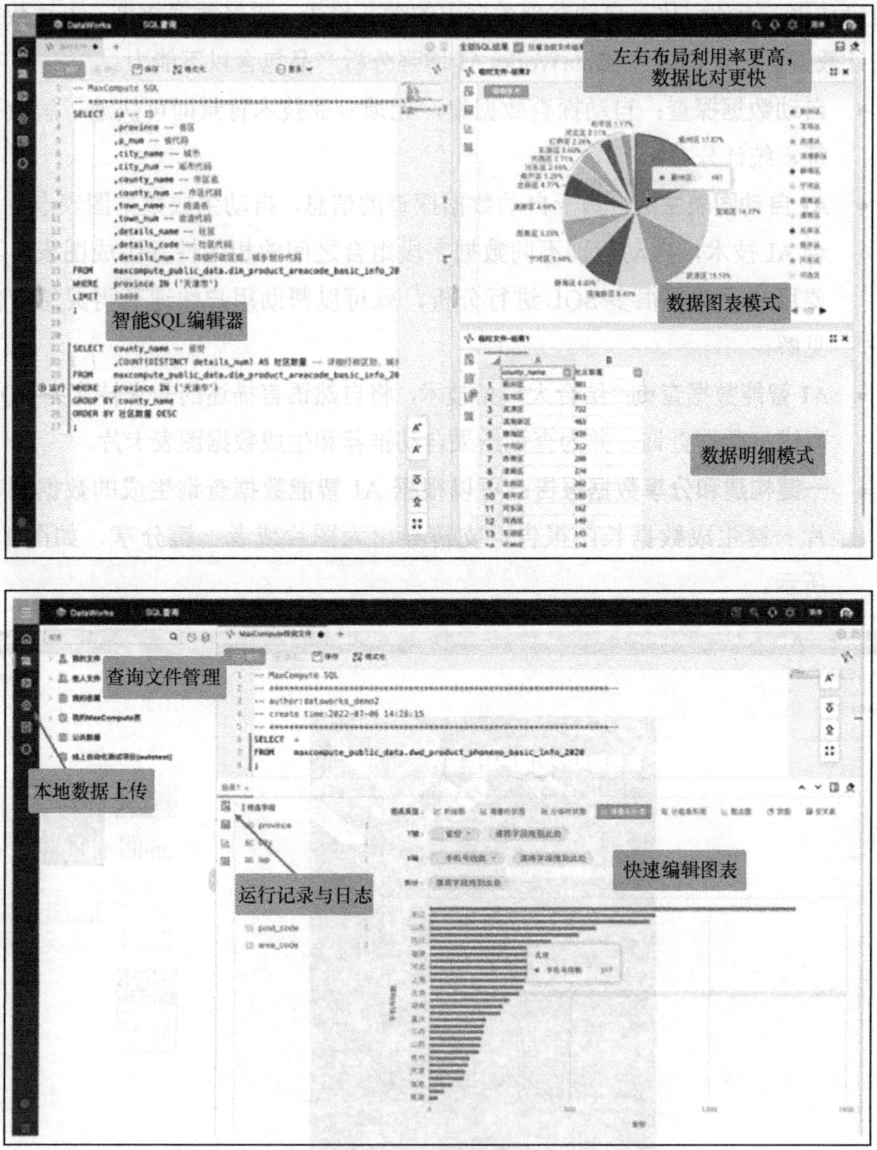

图 12-13　DataWorks 的 SQL 查询分析工具

在 AI 时代，数据洞察也在不断地向智能化演进。DataWorks 深度结合 AI 技术，通过 AI 增强分析技术来加速或者自动化数据探索与洞察，将分析师从人工数据探索中解放出来。AI 技术还能更好地发现数据中隐藏的规律和趋势，帮助分析师进一步突破自身固有认知的局限。

DataWorks 深度结合 AI 技术，推出了 AI 增强分析产品，将数据洞察过程尽可能地自动化、无代码化，自动发现数据中的潜在趋势，讲好数据故事，表达数据观点，让数据自己“说话”。DataWorks AI 增强分析产品包含以下能力。

- **自动数据探查**：自动探查数据集，无须专业技术背景即可快速了解数据特征、统计分布。
- **AI 自动图表生成**：基于自动数据探查的信息，自动生成数据图表卡片，结合 AI 技术，自动识别不同数据字段组合之间的相关性并生成图表。不需要用户手动写很多 SQL 进行分析，就可以帮助用户快速获得灵感，保存见解。
- **AI 智能数据查询**：结合大模型技术，将自然语言描述的需求转化为 SQL 代码进行数据查询，并为查询结果自动推荐和生成数据图表卡片。
- **一键构建和分享数据报告**：可以根据 AI 智能数据查询生成的数据图表卡片一键生成数据长图报告，支持导出为图片或者一键分享，如图 12-14 所示。

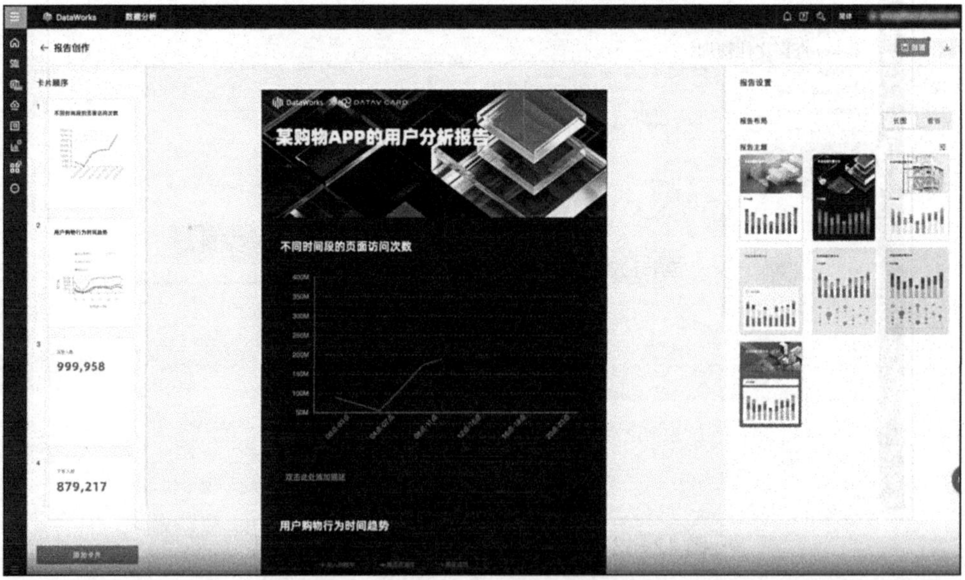

图 12-14 DataWorks AI 增强分析产品的一键构建和分享数据报告功能

DataWorks 还发布了 DataWorks Copilot，使用基于公开数据集训练和微调的

NL2SQL 大模型，结合提示工程（Prompt Engineering），打造 SQL 编程助手，提供丰富的自然语言生成 SQL 的操作。DataWorks Copilot 包含以下能力。

- **SQL 生成**：输入自然语言描述的查询分析需求，例如“统计近 7 天的商品销售排行”，DataWorks Copilot 将自动生成对应的 SQL 语句。
- **SQL 续写**：在 SQL IDE 中编写 SQL 代码时，DataWorks Copilot 能够提供智能代码提示建议，提升 SQL 编程效率。
- **SQL 纠错**：当 SQL 运行报错时，DataWorks Copilot 可提供一键纠错服务，帮助 ETL 工程师和分析师快速解决 SQL 错误。
- **SQL 注释**：DataWorks Copilot 可以为 SQL 代码逐行添加注释，也可以为建表语句生成字段 Comment 信息，提升 SQL 的可读性。
- **SQL 解释**：DataWorks Copilot 可以对 SQL 代码进行解释，帮助没有技术背景的业务人员快速理解 SQL 代码的逻辑、用途，提高他们取数分析和学习 SQL 的效率，如图 12-15 所示。

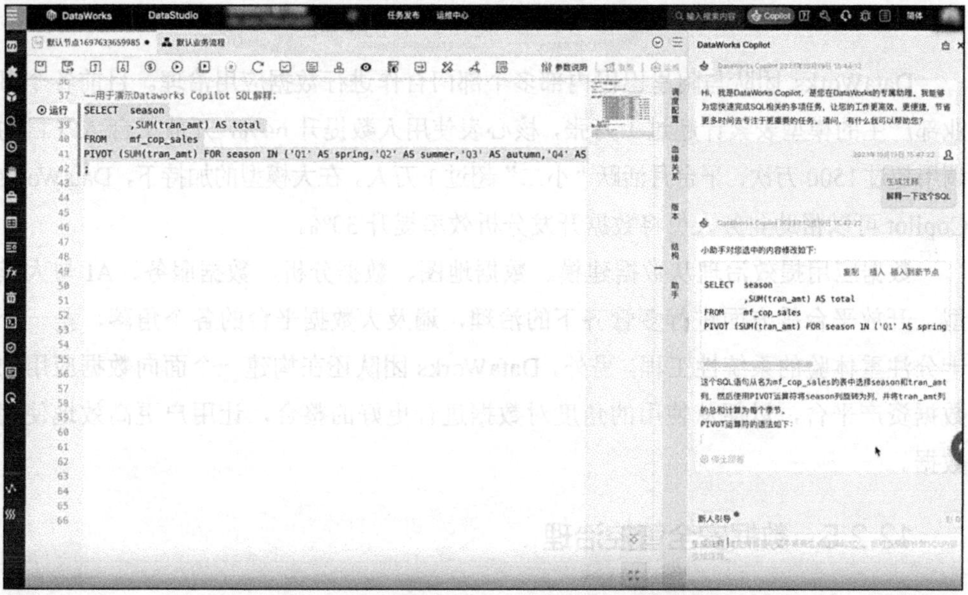

图 12-15 DataWorks Copilot 的 SQL 解释功能

用户虽然可以直接使用数据分析功能，但是面对更多复杂的业务需求时，必须采用定制化的开发形式，此时数据治理平台也需要提供更多的开放性，以满足不同用户的差异化需求。DataWorks 除了具备零代码生成数据服务 API 的能力，还提供了整套开放平台（见图 12-16），包含开放接口、开放事件以及扩展程序（插件），允许用户自有系统与 DataWorks 深度对接，以及对 DataWorks 的处理流程进行自定义，业务部门可以自定义数据治理需求与应用能力。

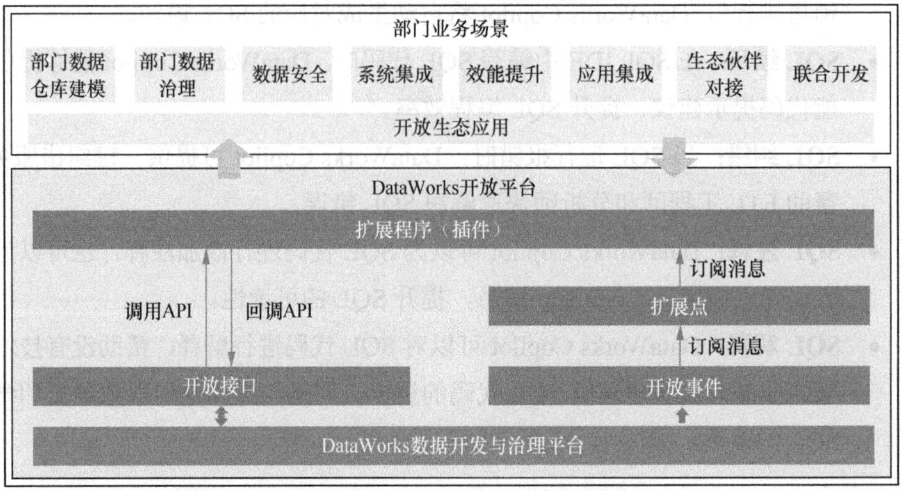

图 12-16 DataWorks 开放平台

DataWorks 团队与阿里巴巴内部多个部门合作进行数据应用治理。目前各个事业部产生的模型表累计超过 1 万张，核心表使用人数提升 64%，开放平台 API 日均调用超过 1500 万次，平台月活跃“小二”超过 1 万人。在大模型的加持下，DataWorks Copilot 可以帮助业务人员将数据开发分析效率提升 30%。

数据应用提效治理从数据建模、数据地图、数据分析、数据服务、AI 与大模型、开放平台等方面进行多管齐下的治理，遍及大数据平台的各个角落，是一个十分注重体验的系统性工程。另外，DataWorks 团队还在构建一个面向数据应用的数据资产平台，以便从使用的角度对数据进行更好的整合，让用户更高效地使用数据。

12.2.5 数据安全管控治理

当越来越多的人使用数据时，数据的安全管控就会成为一个棘手的问题，绝大部分的数据安全管控行为是“反便捷”的，用的人越多，影响越大。不论是阿里巴巴自身还是其他组织机构的大数据体系，在数据安全管控方面普遍存在以下几个痛点。

- **数据存储量大、类别多：** 由于数据仓库/数据中台是集成的、反映历史变化的基础设施，因此企业的数据仓库注定集中存储了各部门、各业务系统的数据。阿里巴巴内部的一张宽表动辄达到TB级别的存储量，每日新增上百张表与数百GB数据更是不可避免的事情，这些数据不仅包含结构化数据，也包含非结构化、半结构化数据。如果对这些数据进行精细化的管理加密，就会导致数据分类分级成本过高、耗时较长及遗漏。

- **用户基数大、种类多**：数据中台是服务于企业决策、日常分析的基础设施。在数据采集阶段，通常由开发人员配置任务并将数据导入数据仓库，加工阶段由数据工程师进行代码开发与测试，使用阶段则由各类运营人员、分析师通过各类客户端进行即席查询，包括对某些业务系统进行直接调用。以阿里巴巴为例，每天有数万名员工（包括开发人员、运营人员、分析师、销售人员、HR等）以各类方式接入使用数据仓库。对如此多的人员进行授权就成了难题，特别是在人员入职、离职、转岗场景下，管理员需要花费大量精力维护人员权限，且容易出现过度授权、权限蠕变等问题。
- **客户端操作界面多样**：在使用数据仓库的人员中，部分开发人员通过命令行直连数据仓库，大多数人员则通过可视化界面与自己的认证信息接入使用数据仓库。由于不同数据应用提供的服务、所服务的群体不一样，因此某些业务团队会自行开发适合自己的客户端界面以满足业务所需。而实际上，授权后的操作行为是不可控的，难以把握各客户端界面上的人员操作是否合理、是否符合工作所需。
- **数据流转链路复杂**：数据在采集和传输、生产和开发、分发和使用阶段涉及不同的流转链路。在采集和传输阶段，工程师可能通过离线、实时链路在内网、公网进行数据传输；在生产和开发阶段，少量数据会从开发环境加载到生产环境用于测试，而大量数据则涉及跨项目、跨数据库的读取与写入；在分发和使用阶段，由于不同业务系统处于不同网络环境，因此会有大量的数据流出数据仓库，这些数据流动行为可能通过数据服务API、离线同步链路来实现，同样涉及内网、公网。如此复杂的流转链路也加大了管控某些不合规数据流转行为的难度。
- **结果数据交付**：数据仓库中最终可用于支撑分析决策的数据不是通过简单逻辑就能加工得到的，它们通常涉及多团队、跨系统、多处理逻辑的交付。常见的数据产出逻辑可能涉及多个业务团队的数据，需要构建包含十几个层级、总共上百个加工任务的工作流程来使用。对不同业务团队的数据的可用性、完整性进行管理是企业安全管理员面临的一项严峻挑战。

2019年，阿里巴巴联合中国电子技术标准化研究院、国家信息安全工程技术研究中心、中国信息安全测评中心等20家业内权威机构联合编写国家标准GB/T 37988—2019《信息安全技术 数据安全能力成熟度模型》，简称DSMM（Data Security Capability Maturity Model），以便企业清楚自身数据安全水位，并采取有效措施提升数据安全防护能力，从而有效保护消费者的数据安全。目前，我们以DSMM为抓手，在阿里生态内进行数据安全治理实践，根据生态企业的数据安全能力对其进行分层管理，实现业务与安全挂钩，促进生态企业主动提升数据安全能力。

1. 梳理敏感数据资产并分级分类

数据安全治理的第一要务是梳理敏感数据资产并分级分类，这已经成了数据安全行业的共识。面对庞大的PB级别的每日新增数据，人工梳理是不现实的，因此我们会在“数据保护伞”上基于名称匹配、正则匹配、行业AI分级分类模板来配置数据识别规则，通过这种智能化的方式，可以快速发现敏感数据并进行打标（见图12-17）。另外，除了一些表数据，数据安全治理还涉及一些类似数据源、任务、规则等非数据类的敏感数据，它们也在需要梳理的范围之内，很多数据安全事件往往源于对这些非数据类资产的违规操作。

2. 建设安全能力并选定安全控制

基于各类法律法规的合规要求，我们建立了DataWorks数据安全技术体系（图12-18），提供了覆盖识别、防护、检测、响应各阶段的数据安全技术能力，这些能力也会同时覆盖数据安全防护全生命周期。接下来我们介绍几种典型的数据安全治理方法。

（1）角色划分与权限控制。为了方便使用，DataWorks提供了多种方式，例如内置了分析师、数据开发、运维等角色，基于角色的常规职责，分配角色后会直接赋予角色一些常见的权限，不需要再逐个勾选。基于一些特殊的定制化权限，支持使用OpenAPI（开放应用程序接口）的形式进行自动化的授权，实现人员自动添加、自动授权、按需申请权限，让团队成员分权管理、各司其职，规范化数据生产开发流程。同时，针对一些敏感数据，还可以自定义审批流，进行访问控制。如图12-19所示，L1类数据仅审批到表拥有者，L2类数据审批到部门安全负责人，L3类数据审批到CIO（Chief Information Officer，首席信息官）等管理人员。

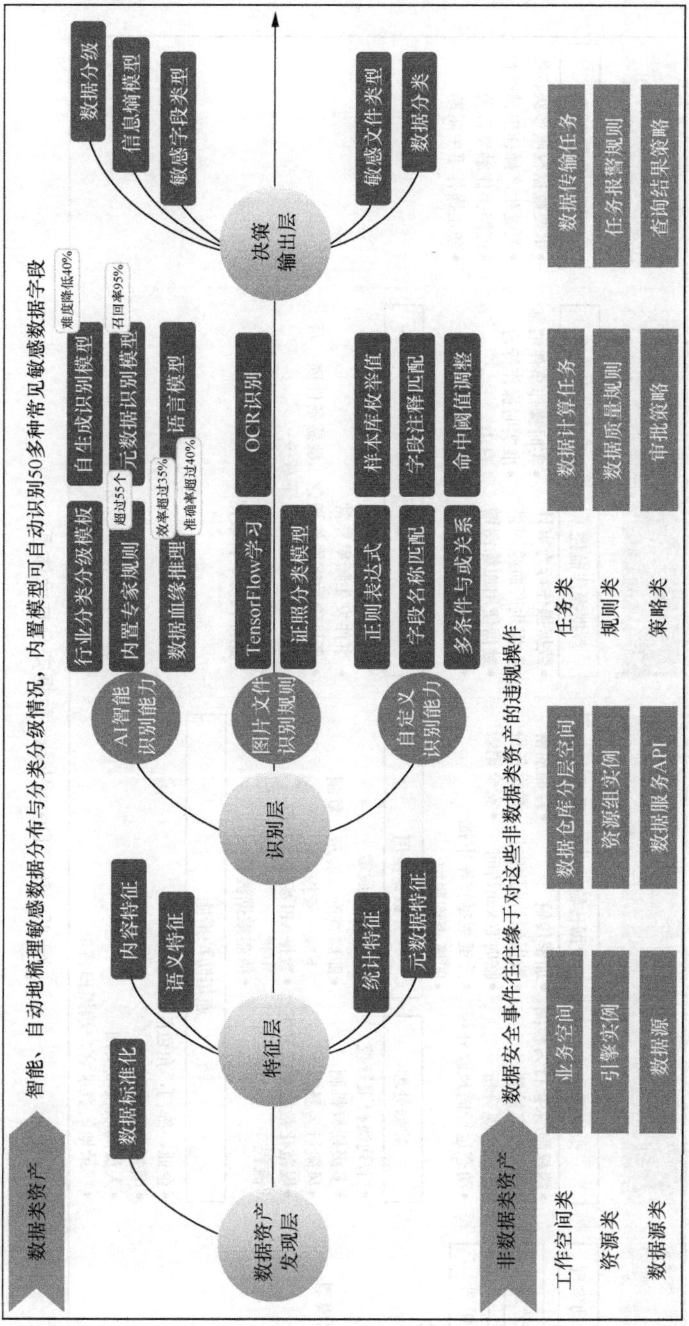

图 12-17 发现敏感数据并进行打标

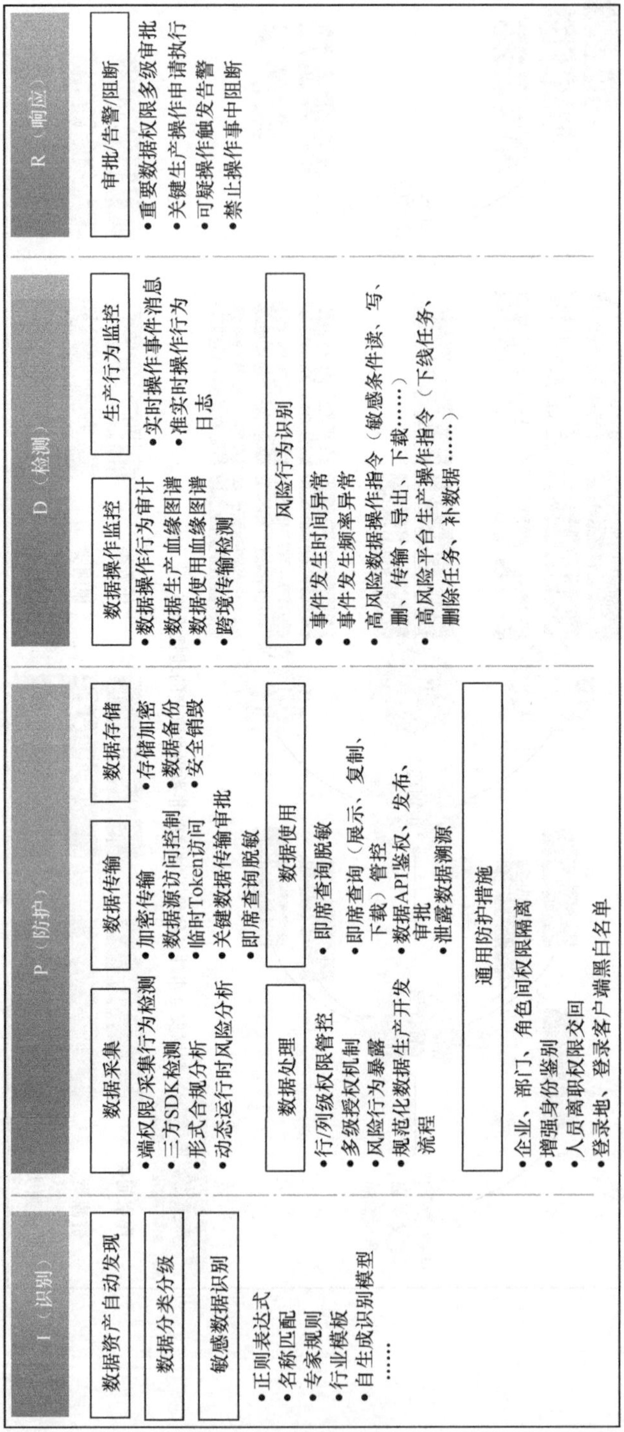

图 12-18 DataWorks数据安全技术体系

图 12-19　DataWorks 角色划分与权限控制体系

（2）数据脱敏。虽然有些人已经申请了对表的权限，但是针对一些敏感数据，还需要开启更高级别的保护。例如，图 12-20 所示的 DataWorks 数据脱敏体系可以针对已经识别出来的敏感数据进行格式加密、掩盖、哈希加密、字符替换区间变换、取整、置空等，这样就可以实现敏感数据的去标识化（脱敏），达到保护它们的目的。

（3）AI 风险识别模型。风险行为显然不只有查数据这一种行为，DataWorks 内置了 AI 数据风险行为治理能力（见图 12-21），基于智能 UEBA（User and Entity Behavior Analytics，用户和实体行为分析）引擎配置各类风险规则，采集、分析用户行为并智能判断诸如恶意数据访问、恶意数据导出、高危变更等各类行为是否需要告警、阻断、审批等。我们还会配置诸如数据大规模查询展示/复制/下载、数据删除/更新、单位时间数据操作偏离、大量敏感数据导出、高敏感查询条件、事件发生时间异常、数据服务 API 发布、数据跨域同步等阻断或审批规则，以此来防范人员因蓄意或安全意识缺乏、误判而导致的不合理行为、风险和损失。

在上述相关治理动作落地后，我们在合规、攻防、降本增效等方面都取得了明显成效。

- 满足国内的所有安全测评，包括但不限于 GB/T 22239—2019《信息安全技术 网络安全等级保护基本要求》（简称等保 2.0）。
- 每日自动发现敏感记录值和核心表访问流转风险。
- 100%释放用于数据梳理、分类分级、风险发现的巨大人力。

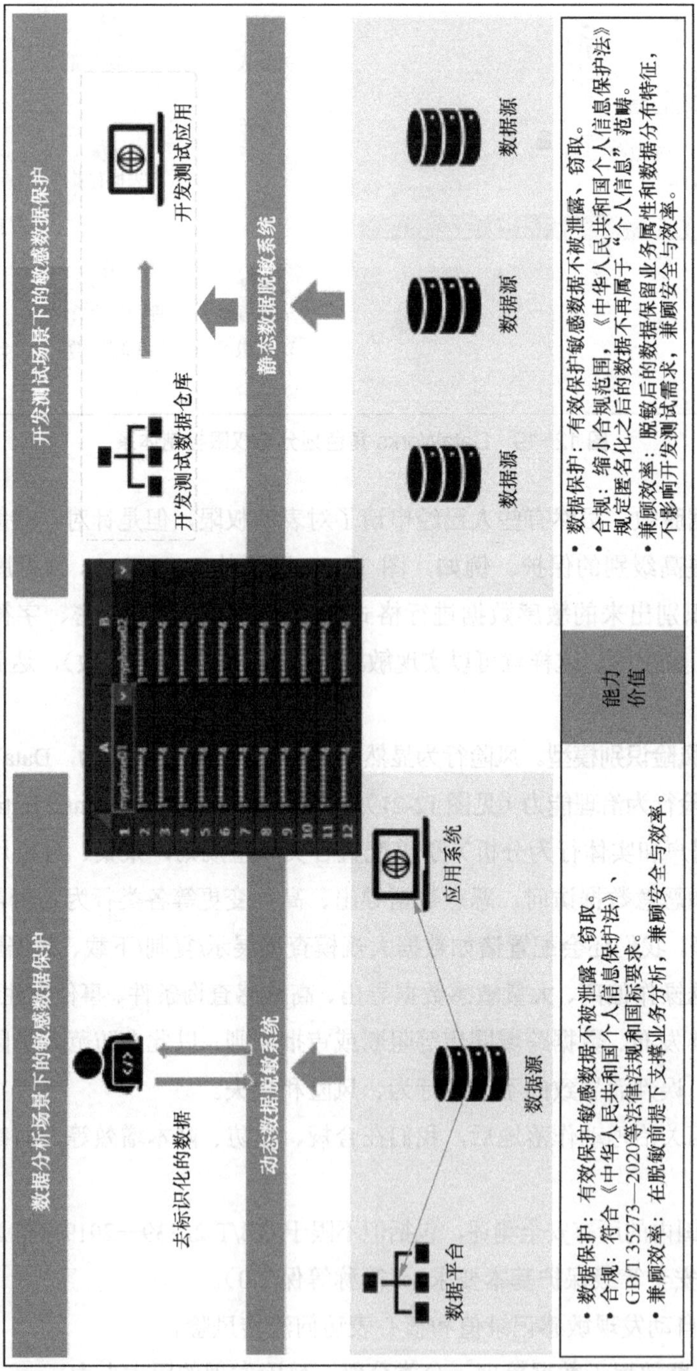

图 12-20 DataWorks 数据脱敏体系

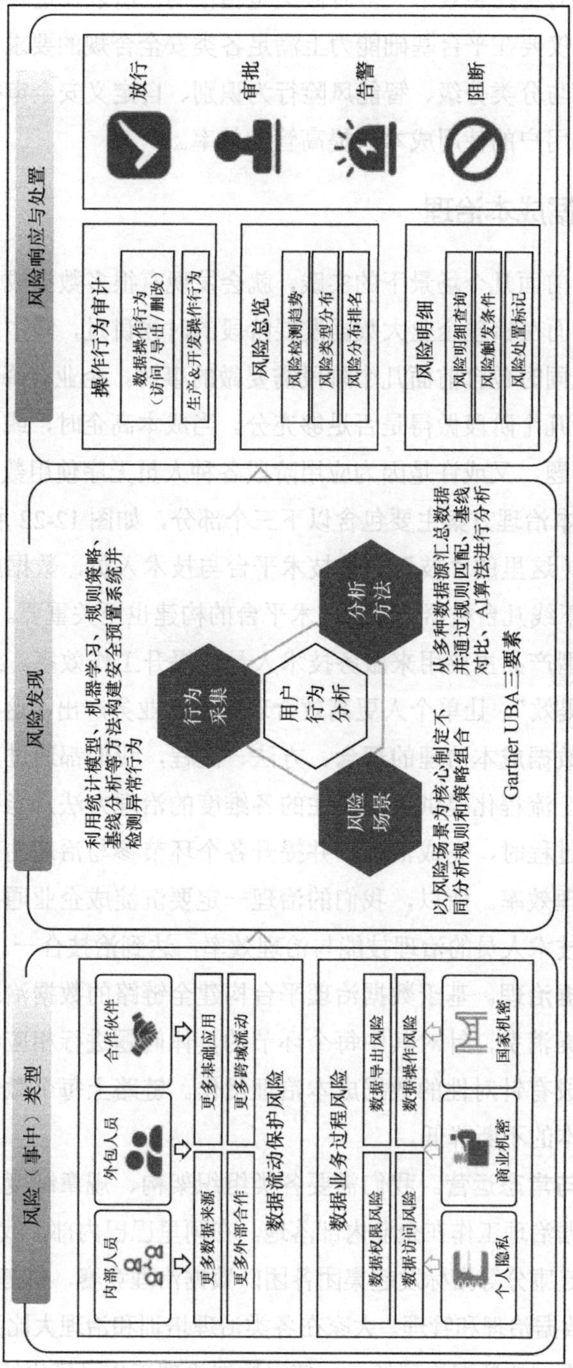

图12-21 DataWorks AI 数据风险行为治理能力

数据安全管控治理的需求大多源于法律法规的要求，以及大数据平台用户增加带来的安全风险，而管控和效率大多时候又是相悖的。所以在进行数据安全管控治理的时候，我们不仅要在平台基础能力上满足各类安全合规的要求，也要提供类似敏感数据智能识别与分类分级、智能风险行为识别、自定义安全审批等的一系列平台能力，尽量减少用户的使用成本，提高管控效率。

12.2.6　数据成本治理

如果仔细查看前面几个场景下的实践，就会发现有很多数据成本治理的事情或效果牵涉其中。前面在梳理企业大数据发展阶段的时候讲过，降本的需求往往在成熟阶段产生，并且同时包含前面几个阶段需要做的事情。企业有降本需求的时候，不妨先回顾在前面几个阶段做得是否足够充分。当成本高企时，或许是因为起步阶段堆叠了过多的问题，又或许是因为应用阶段各种人员无序使用数据。

DataWorks 成本治理方案主要包含以下三个部分，如图 12-22 所示。

- **治技合一**。这里的“技”包含技术平台与技术人员，数据成本治理的目标不仅仅是下线几台机器，通用技术平台的构建也至关重要。比如 DataWorks 这种工具型产品主要用来服务技术人员，提升工作效率。这里的“降本”等同于“提效”，让单个人更高效合理地进行业务产出，这是降本的一种方式。关于数据成本治理的理念、方法、流程，我们都通过产品技术平台的方式内置，流程化提供用户关注的各维度的治理方法，当研发人员完成数据开发的过程时，完成治理，并提升各个环节参与治理的研发人员的治理技能与治理效率。所以，我们的治理一定要沉淀成企业通用的技术资产，从而提升技术人员的治理技能与治理效率，达到治技合一。
- **全链路数据治理**。基于数据治理平台构建全链路的数据治理能力，从数据生产到数据消费，针对其中每个环节的具体问题进行相应维度和问题项的定义，完成有针对性的数据成本治理优化。链路上每个微小的优化都能实现整体成本的不断降低。
- **组织协同与常态运营**。我们需要各类组织架构、规章制度、运营活动来不断推动数据治理工作在企业内部落地。在阿里巴巴内部，我们常用存储健康分、计算健康分等指标发起集团各团队数据治理竞赛，将健康分作为核心指标，推动数据治理和管理。大家在各类治理培训和治理大比武中，不断展示、学习各类不同的数据治理场景，使得数据治理工作可量化持续进行。

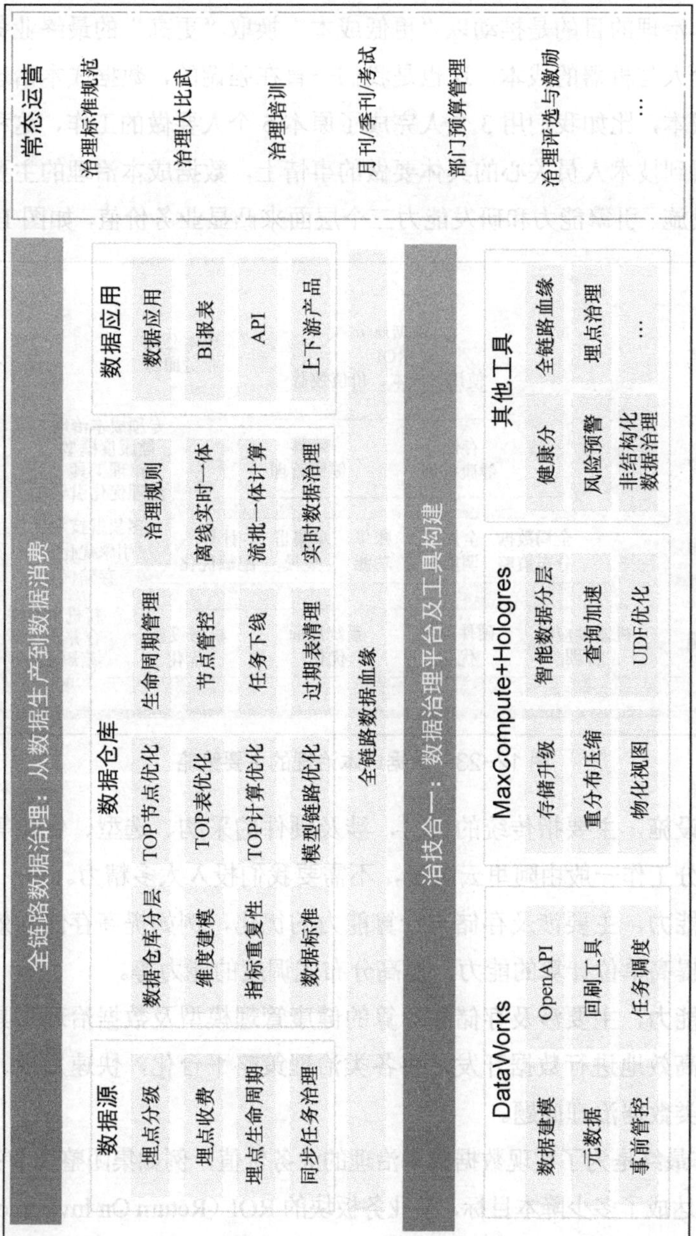

图 12-22 DataWorks 成本治理方案

数据成本治理的目的是推动以“更低成本”换取“更高”的最终业务价值。这里的成本包含人与机器的成本，这也是我们一直在强调的，数据成本治理不能仅仅关注机器的成本，比如我们用3个人完成了原本5个人要做的工作，这种提效也是一种降本。回到技术人员关心的具体要做的事情上，数据成本治理的主要策略是通过关注基础设施、引擎能力和研发能力三个层面来凸显业务价值，如图12-23所示。

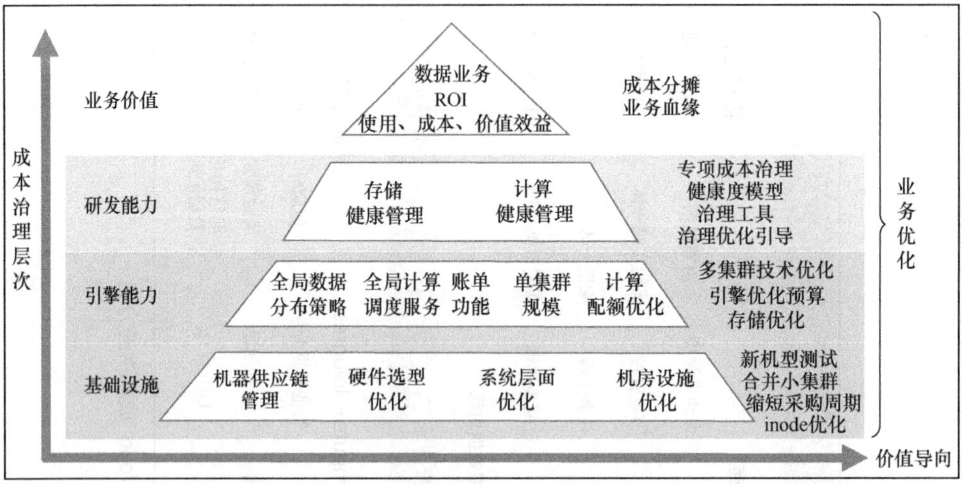

图12-23 数据成本治理的主要策略

- **基础设施**，主要指传统的机房，涉及硬件的采购、选型、优化等，这里的大部分工作一般由阿里云负责，不需要我们投入太多精力。
- **引擎能力**，主要涉及存储与计算能力的优化，例如提高存储的效率、压缩比，提高单位计算的能力，提高分布式调度的能力等。
- **研发能力**，主要涉及存储和计算的健康管理模型及数据治理工具和平台，比如高效地进行数据开发，将各类治理策略平台化，快速发现、解决、量化各类数据治理问题。

这些动作最终是为了实现数据成本治理的业务价值，例如集团整体节省了多少成本，某事业部达成了多少降本目标，某业务板块的ROI（Return On Investment，投资回报率）提高了多少等。接下来，我们将重点对引擎降本和平台降本进行详细介绍。

1. 引擎降本：MaxCompute + Hologres

引擎侧的降本主要是向核心技术要红利。DataWorks 结合了阿里云自研的一体化大数据智能计算平台ODPS（Open Data Platform and Service），不断突破性价比世界纪录，满足多元化数据计算需求。ODPS自2009年开始建设至今，提供了规模化批量计算、实时交互式计算、流式计算等可扩展的智能计算引擎，是我国最早自研、应用范围最广、能同时支持超过 10 万台服务器并行计算的大数据智能计算平台。其中的大规模批量计算引擎 MaxCompute 在 TPCx-BigBench-100TB 测试中连续 6 年稳获全球冠军。2022 年，MaxCompute 评测结果性能较 2021 年提升 40%，同时成本下降近 30%；实时数据仓库 Hologres 在 2022 年 TPC-H 30000GB 性能评测中获得世界第一，性能超过原世界纪录的 23%。

这些成绩的背后是 ODPS 持续 13 年深耕自研技术的努力。MaxCompute 基于盘古存储，提供高性能的存储引擎，存储成本对比 ORC（Optimized Row Columnar）和 Parquet 分别节省 20%和 33%，计算效率对比 ORC 和 Parquet 分别有 30%和 40%的提升。伏羲大规模分布式调度系统在全区域数据排布、去中心化调度、在线离线混合部署、动态计算等方面全方位满足新业务场景下的调度需求，在单日任务量千万级、单日计算量 EB 级的压力下，保障了基线全部按时产出。强大的高性能 SQL 计算引擎完整支持标准 SQL（100%兼容 TPC-DS）且与 Hive/Spark 兼容，一套 SQL 引擎支持离线、近实时分析、交互式分析场景，在 TPC-H 指标上领先 Spark 三倍以上。MaxCompute 连续 6 次突破性能/成本世界纪录，就是对释放云上技术红利的最佳诠释。

MaxCompute 在 2022 年全新发布了弹性 CU（Control Unit，控制单元）能力，在过去预留 CU 的基础上，可以设置不同的弹性策略，选择指定时间段的弹性规格。这一方面降低了使用成本，避免了过去为了提高高峰期的执行效率预留较多 CU，而在低峰期浪费资源的情况，通过弹性 CU 能力实现削峰填谷。例如，原先为了保障资源稳定性，购买 100 CU 包年/包月资源，但是这 100 CU 的使用效率是不一样的，高峰期使用率高，低峰期使用率低，资源有一定浪费。弹性 CU 的方式允许我们购买更多的分时弹性 CU 资源，例如高峰期购买 300 CU，低峰期购买 50 CU，实现资源的弹性分配。基于原先按量付费以及包年/包月形式，MaxCompute 弹性 CU 可以使整体成本再降低 25%。多种灵活的资源使用方式带来了极低的 TCO（Total Cost of Ownership，总拥有成本）。

在传统的数据架构中，链路分为离线链路、实时链路、在线链路三种。

- 通过 Hive、Spark、MaxCompute 等离线加工引擎处理大规模数据。
- 通过 Flink、Spark Streaming 等流式加工技术实现计算前置，并将计算结果保存在 HBase、Redis 等系统中以便快速访问。
- Clickhouse、Druid 等实时系统的计算规模虽然不如离线系统，但交互式分析能力比离线统计更灵活，支持数据的实时写入与实时分析。这种纷繁芜杂的架构带来的是极高的维护成本与技术成本。

这三种链路对应不同的技术架构及存储引擎。如果数据产生了割裂，割裂之后还需要补充联邦查询技术，以对外提供一个统一的查询入口，但是数据散布在不同的系统中。因此，虽然可以解决统一数据界面的问题，但很难保证性能和一致性。在性能上，联邦查询和最慢的执行过程对齐；在一致性上，一个源头有多条链路，加工逻辑很难保证处处一致，日常数据偏差和核对工作量很大。

图 12-24 展示了实时数据仓库 Hologres 的架构。Hologres 提供高性能的实时交互式计算引擎，基于 HSAP（Hybrid Serving and Analytical Processing，分析服务一体化）理念，能同时满足 OLAP（On-Line Analytical Processing，联机分析处理）分析、点查、交互式查询等多种实时需求。

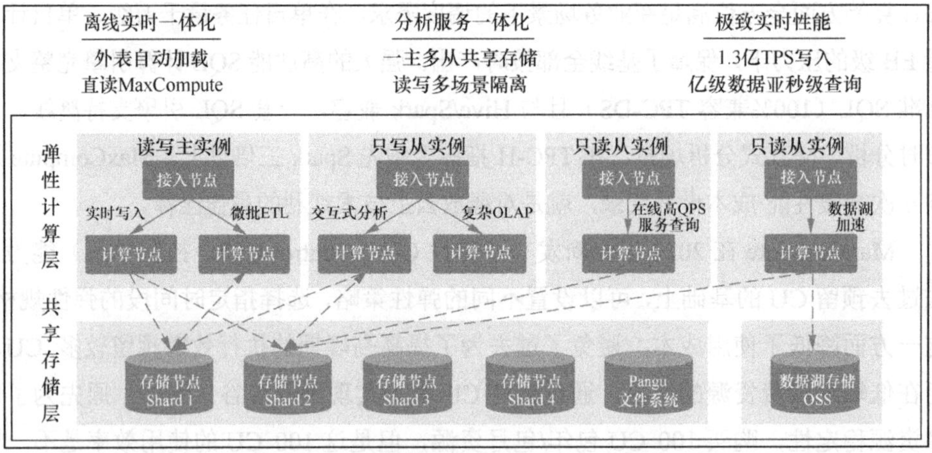

图 12-24 实时数据仓库 Hologres 的架构

- 在离线方面，将统一存储、统一调度、统一元数据和 MaxCompute 无缝打通，数据不必导出至 Hologres，实现了离线实时一体化架构。
- 在实时与在线方面，Hologres 在存储层既支持批量数据的导入，也支持在线的实时写入与更新，不管是离线数据还是实时数据，都可以存储在系统中。在服务层，Hologres 支持多种负载，保证了高性能的在线点查应用，也支持灵活的多维分析，并提供了统一数据服务层来减少数据割裂。

Hologres 通过这种全新的方式，对传统的离线链路、实时链路和在线链路进行了最大程度的简化；通过 1.3 亿 TPS（Transactions Per Sencond）写入和亿级数据亚秒级查询，打破了 TPC-H 世界纪录的极致性能，实现了成本与性能的平衡。

2023 年，Hologres 发布了计算组（Warehouse）实例。该实例采用 Shared Data

架构，共用一份存储数据，计算资源分解为不同的计算组，每个计算组可独立弹性扩展，计算组之间共享数据、元数据。计算组之间物理隔离，不同部门业务之间可实现读读隔离、写写隔离、读写隔离，避免计算组之间相互影响，减少业务抖动。通过存算分离，存储共享，计算组可动态热扩/缩容，显著降低成本。在易用性上，计算组对应用只暴露一个终端节点（Endpoint），通过简单 SQL 即可快速实现新增与销毁、故障实例切换等操作，实现了故障自动路由。

2024 年，Hologres 发布了 Serverless Computing，通过共享 Serverless 资源执行任务，保证大任务的隔离与高可用，让计算资源开销大的任务不存在争抢资源、内存耗尽（Out Of Memory，OOM）等问题。并且用户无须为大任务单独购买预付费资源，实际应用的计算成本可降低 20%。

2. 平台降本：DataWorks 数据治理中心

有了良好的基础设施和引擎体系，研发平台和研发过程所要面对的便是数据成本治理策略的落地，也就是围绕多角色、多业务、持续增长的数据需求开展数据治理工作。

业务高速增长往往伴随着计算存储成本的增加。当面对计算存储的扩容需求时，数据治理组、业务数据治理组、财务等多个团队需要有一个通用的衡量标准来判断是否满足正常业务需求增长所需的资源消耗，以及是否存在大量资源使用不合理或浪费的现象。

而对于技术团队来说，要进行面向成本领域的数据治理工作，也需要有一个衡量标准来定义治理的效果，从而判断业务领域的研发团队是否需要重点投入，哪些团队负责治理效果，具体落实治理动作的责任人是谁，哪些措施和治理动作真正最大程度地提升了治理效果、获取了更高的业务 ROI 等。

DataWorks 数据治理中心提供了数据治理的量化评估、数据治理问题自动发现和预防、数据治理问题快速处理等能力，将书面的数据治理规范落地成平台化的产品能力，让数据治理不再是一个“阶段性项目”，而是一个“可持续的运营项目”。

在阿里巴巴内部，我们在做数据治理的时候，经常会参考健康分的概念。比如对于某业务单元（Business Unit，BU）来说，阿里巴巴某年的目标之一是把健康分从 60 分提高到 80 分。健康分涉及的治理领域有计算、存储、研发、质量、安全等，围绕这些领域会形成具体的治理策略与方法，这些治理策略与方法有些是集团统一制定的，有些是部门基于自身的业务情况自行制定的，但基本是围绕分析、诊断、定位、优化、评估、建议的流程进行的。

这里面如果涉及产品化的需求，就将它们提交给 DataWorks 团队，如治理中心、治理工作台、健康分等。大家一起建设治理平台，DataWorks 的很多数据治理能力离不开兄弟团队提供的建议。围绕健康分，各个团队会有一个统一的衡量标准，大家可以向着一个目标从组织层面共同努力，这也是健康分非常重要的价值体现。

DataWorks 数据治理中心的健康分是依据数据资产在数据生产、数据流通及数据管理中的用户行为、数据特性、任务性质等元数据，利用数据处理及机器学习等技术，对各类数据进行综合处理和评估，在个人和工作空间的维度客观呈现数据资产状态的综合分值。健康分体系以元数据建设为依托，建设了研发、质量、安全、计算和存储 5 个健康领域，构建了研发规范健康分、数据质量健康分、数据安全健康分、计算资源健康分和存储资源健康分 5 个健康分指标（见图 12-25）。

健康分的分值范围为 0～100，分值越大代表数据资产的健康度越好，较高的健康度可以帮助用户更放心、更高效、更稳定地使用数据，保障数据生产和业务运转（见图 12-26）。

数据治理专家梳理日常通过人工治理的问题和逻辑，沉淀为 DataWorks 数据治理中心的数据治理项，并在 DataWorks 数据治理中心定义对应的治理领域，将数据治理项纳入对应的治理领域进行综合评分，同时在治理的过程中，不断丰富和完善治理领域。比如在集团内部实践时，治理过程也是逐步迭代和专项拓展的。在成本治理阶段，治理小组先选择"存储"治理维度进行攻坚，再在基于目标的治理业务中，对与"存储"维度有关的高 ROI 的存储治理项进行规则定义和治理检查。

DataWorks 数据治理中心需要针对数据表要求用户进行存储生命周期管理，及时回收不使用和无访问的数据，以释放存储空间。存储生命周期管理是否在进行的最明显识别方式，就是看是否为产出的数据表设置了生命周期。设置生命周期后，则需要判断设置的生命周期是否合理，以及是否过度保存了项目空间中的无用数据。对于以下两种情况，数据治理专家需要定义治理项及对应口径，并沉淀优化治理规则。

- **未管理数据表**。对未设置生命周期的数据表进行识别，未设置生命周期且近 30 天没有访问的数据表是分区表，命中该治理项并判定该分区表为未管理数据表。治理小组根据对应的处理操作建议，优先让用户进行生命周期的快速设置。针对一些需要长期保留的数据，也可通过设置白名单或长生命周期的方式来处理。
- **无访问数据表**。对虽然进行了初步管理但实际无用的数据表进行识别。占用了大量存储空间但是无下游访问的数据表中通常是僵尸数据或冷数据，需要进行识别并进行合理的生命周期设置或者直接删除。

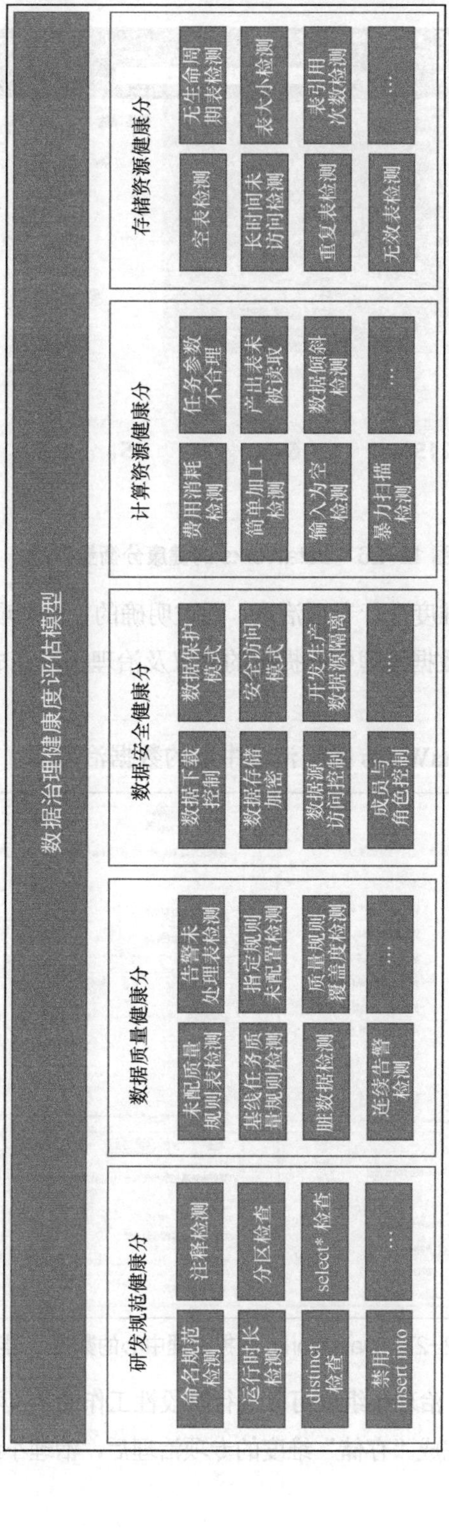

图 12-25 数据治理健康度评估模型

图 12-26　DataWorks 的健康分衡量体系

接下来对“存储”维度进行专项治理。通过明确的“治理项”发现问题，让资产负责人根据 DataWorks 数据治理中心提供的建议及治理手段完成治理，提升“存储”维度的健康分。

图 12-27 展示了 DataWorks 数据治理中心的数据治理项。

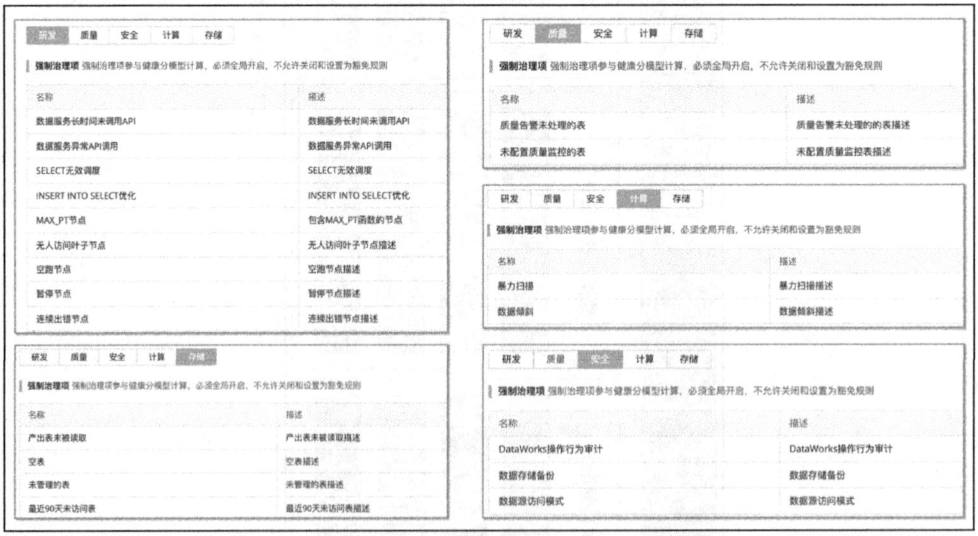

图 12-27　DataWorks 数据治理中心的数据治理项

这样在下一个阶段，治理小组就可以进行阶段性工作的定义和治理知识的沉淀、深化。比如在实践中，在完成“存储”维度的专项治理后，治理小组需要进行如下工作。

- 重点攻坚“计算”维度，定义计算侧需要重点关注的治理项，进行落地推动。比如增加对“数据倾斜”和“暴力扫描”的计算任务识别，逐步分析完成每阶段成本优化工作的推进，以及最终成本节省效果的统计。
- 深化“存储”维度，增加“空表”“90 天内无读取使用表”等治理项，供下阶段治理计划识别，减少此类无效数据对数据成本、数据使用的影响。
- 基于 DataWorks 数据全流程链路和平台工具化治理能力，针对不同的治理项，提供不同的直接可用的治理手段，并且为了预防，提供基于各个过程的提前检查项，做到从根本上进行提前规约。

当治理小组完成治理项的定义后，实际的数据表及任务的责任人就成了最细粒度的数据成本治理的责任方。在长效机制上，DataWorks 数据治理中心以个人治理的健康分提升，带动全局的持续治理优化，并面向管理员和普通成员提供不同层次的统计，降低治理推进的难度。至今，我们已在阿里云上为企业累计发现数据治理问题超过 100 万个，数据治理问题处理率达到 60%，事前治理问题拦截率达到 36%。

平台工具层以数据治理健康分为抓手，从研发、质量、安全、计算、存储 5 个维度给出评估与治理方案，从而帮助用户更快地发现并处理各类数据治理问题，引导用户逐步进行数据治理建设，将书面的数据治理规范落地成主动式、可量化、可持续的全链路数据治理。

12.2.7 数据治理组织架构及文化建设

上述内容大部分和技术有关，但是对于数据治理来说，人与技术同样重要。相较于技术，数据治理团队和其他团队的协同关系更强，更需要组织不断地计划、实施和优化数据治理工作。

1. 数据治理组织架构的设计

阿里巴巴的数据治理组织架构分为三层，如图 12-28 所示。这种设计的整体优势是能够保证工作总体目标和方法统一，以及各领域的子目标服从所属的业务部门，并且贴近业务。

- 集团数据专业委员会从属于整个集团，主要负责宏观层面上的职能确认。CDO 是集团数据专业委员会的牵头负责人。
- 集团数据治理专题小组从属于集团数据专业委员会，专注于数据治理本身，负责制定数据治理规范、协调各团队目标与进度、沉淀各类治理实践、组织数据治理运营等各项工作。

- 数据治理团队从属于各个功能部门下设的领域数据治理部门，有专注于平台工具建设的数据平台团队，也有专注于自身业务领域的对口业务数据治理团队，还有旨在为财务、法务、安全、组织文化等团队提供专业建议或牵头部分项目的协同合作团队，这些团队都有专人加入整个数据治理工作，以财年和季度为时间周期，旨在完成各阶段的治理工作目标。

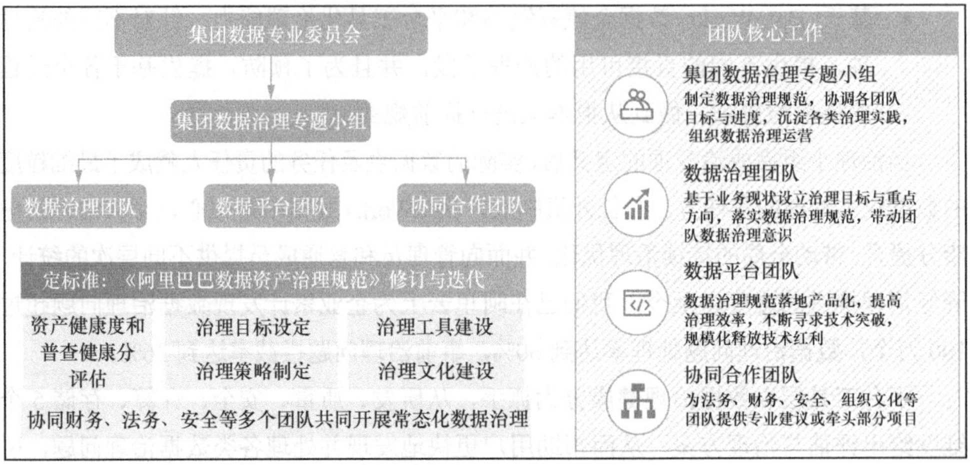

图 12-28 阿里巴巴数据治理组织架构的设计

最终整个组织需要完成如下工作。

- 持续迭代企业级治理规范，如《阿里巴巴数据资产治理规范》。根据业务的诉求和实际积累的经验不断对其进行修订与迭代。
- 定期确定企业级和业务级的治理目标，确认年度/季度的总体目标和分拆目标，使用资产健康分作为集团统一的普查衡量标准，进行短期和长期的标准评估，统一各方认知，降低沟通消耗。
- 在不断配合达成治理目标的同时，需要降低数据治理成本，确认长期性、常态化的策略、工具、文化的建设内容和配合方式。

2. 数据治理文化的建设

互联网企业十分注重运营。数据治理过程也是在帮助企业建立对数据资产的一种运营，通过将计算资源、存储资源、计算过程、治理人员、治理过程、业务产出等作为运营内容的一种，实现最终业务价值的最大化。数据治理的建设目标是建立一个通用框架，实现主动式治理和各个业务方可扩展，在不影响业务的情况下，推动业务方完成数据治理，真正让各方获益。

为了提升数据团队人员的数据专业技能和职业素养，也为了适应日新月异的数据治理需求，出现了现代化的云产品开发、财务管理、人才培养等手段。数据治理文化的建设非常重要，它让我们能够持续进行数据治理，使数据治理成为我们常态化工作的一部分。企业可以开展治理培训、治理大比武、部门预算管理、治理评选与激励等活动。

- **治理培训**。数据治理专题小组通过数据大学，制定一套通用的数据治理课程，分享一些通用的体系、规范、工具，学员在培训结束后还可以参加考试认证。
- **治理大比武**。数据治理专题小组发起各事业部治理大比武活动，从数字结果、长期价值、团队合作、个人成长等方面进行比拼和评选。有些事业部可能关心计算成本，有些事业部可能关心稳定性，还有些事业部可能关心规范，项目类型丰富，非常适合大家相互交流和学习。

12.3 阿里巴巴数据治理平台建设的总结与展望

通过以上数据治理实践可以看到，数据治理平台的建设不是一蹴而就的，而需要通过长时间的积累逐步演进。如图 12-29 所示，DataWorks 在阿里巴巴十几年的大数据建设中沉淀了数百项核心能力，主要包含智能数据建模、全域数据集成、高效数据生产、主动数据治理、全面数据安全、快速分析服务等能力，其中还有众多细节受限于篇幅无法一一讲述。例如，一般的运维只提供成功、失败两种状态，而 DataWorks 提供了运行慢、等资源等多种分析结果，甚至做到了孤立节点、成环节点这种非常精细的状态治理，这些都是对每个场景逐步深入后的成果。

对于未来，目前可以明显看出来的几个数据治理趋势如下。

- **政策法规不断完善**。国家发布了各类有关培育统一的数据要素市场的指导建议与法律法规，我们相信未来数据产权、数据流通交易、数据收益分配、数据安全治理等内容将不断完善，指导数据治理平台在各个方面不断补充能力。
- **开发治理一体化**。“先开发、后治理”的方式肯定会逐步退出历史舞台，后续所有治理工作都应该事先融入开发的过程，生产运维、生产治理需要实现一体化管理。
- **自动化和智能化的数据治理**。数据治理涉及多个模块和多个操作。未来，如果模块与模块之间、功能与功能之间、操作与操作之间能够实现更多的流程自动化，例如元数据自动发现、自动采集、自动打标、自动归类等，同时对应匹配一些智能化的数据治理策略或模板，就能极大提高数据治理的效率。

图12-29　阿里巴巴全链路数据治理平台

DataWorks 服务了阿里巴巴集团内部所有事业部，包含天猫、淘宝、1688、速卖通、优酷、高德、本地生活、盒马、菜鸟、钉钉等，成为各个事业部通用的数据开发治理平台。DataWorks 还通过阿里云将阿里巴巴数据治理的最佳实践输出给云上客户，至今已服务的企业客户超过 1 万家，覆盖工业制造、能源、汽车、金融、零售、电子政务、互联网等行业，既有大型央企、国企、世界 500 强企业，也有刚开始创业的中小企业。在平台的通用性上，DataWorks 可以满足不同行业、不同企业发展阶段的数据开发治理需求。

数据治理是一个庞大的话题，涉及面广，DataWorks 作为工具型产品，始终以用户为中心，减少开发人员低效的重复劳动，全方位提升企业数据治理效率，为企业降本增效。

第 13 章　后 Hadoop 时代的数据分析之道

王有卓　北京镜舟科技有限公司云原生数据仓库产品负责人，毕业于西安交通大学，曾就职于百度，在北京镜舟科技有限公司先后负责数据湖分析以及云原生数据仓库的产品设计工作，是镜舟公有云 SaaS（Software as a Service，软件即服务）产品架构的主要设计者，长期从事大数据基础架构的产品设计，在大数据分析、OLAP、数据湖与数据仓库方面有丰富的产品设计经验。

长久以来大家可能会有一些疑惑，MPP（Massively Parallel Processing，大规模并行处理）数据仓库作为一个底层的基础技术组件，是不是离数据治理的语境有点远？底层组件和数据治理的关系到底是什么？下面我们就带着这些疑惑，从基础软件供应商的视角给大家分享后 Hadoop 时代的数据分析应对之法。

13.1　从基础架构看数据治理的现状

我们首先来回顾一些典型的数据分析场景的需求和现状。

- **建设实时在线业务**：海量数据规模下，亚秒级性能强依赖于额外的查询加速组件，预计算模式带来数据存储/迁移成本，需要高查询性能。
- **分析更新鲜的数据**：数据湖和数据仓库之间的 T+1 时效性成为业务增长的瓶颈，需要强数据时效性。
- **对数据做分析挖掘**：数据孤岛林立，缺乏统一的资产视图；关联分析场景依赖数据对数据资产的灵活访问共享，需要数据资产流通。
- **构建敏捷的需求响应能力**：数据分析需求对 IT 团队依赖性强，无法自助式地开展实验和探索，需要数据分析自治。

其实在上述场景中，需求无非以下几点：希望查询性能更好；希望访问更新鲜的数据；希望实现跨系统的数据访问；希望数据物料的访问能够更加独立、高效地开展。于是我们作为基础供应商就给用户提供了各种各样的组件作为解决方案。比如，我们通过预计算来满足用户的查询性能需求，性能问题解决了，可是数据的链路变长了。我们用 ETL 工具帮用户做跨仓同步，满足了数据资产流通需求，结果却发现数据本身的冗余度增加了。

我们观察过很多项目，发现当以数据分析这个场景作为出发点帮用户做架构建设时，最终都会引入更多的系统复杂度，伴随而来的是数据的冗余以及数据治理的繁重工作。本质上还是因为这些项目的建设受到了当下技术和工具手段的制约，这些技术和工具手段中的绝大部分仍停留在事后治理或事中治理这样的大的思路上。

其实这个现象也很容易理解。在传统数据治理中，我们更多的是在底层组件分散治理的大前提下，在顶层通过方法论引导流程的建设，并优化我们看得见、摸得着的最急迫的问题。随着多年来数据治理的发展，方法论层面已经有了很好的统一，并达到一定的高度和前沿性。但底层起支撑作用的这套技术体系，目前来看依旧由于历史局限性，没有跟上数据治理的节奏，还停留在“形散”而“神不散”的阶段。

作为基础软件从业者，这是时代赋予我们的最好机会，我们可以做点什么？让我们回到业务视角，先看看整个数据分析架构是如何迭代的——从过去的数据仓库到数据湖，再到未来的湖仓（数据湖和数据仓库的融合），在这个演进过程中，基础软件的持续演进究竟给业务用户带来了什么？

13.2 从数据仓库到湖仓融合架构的演进

图 13-1 描述了业务驱动因素下，数据基础设施从数据仓库到湖仓融合的演进过程。

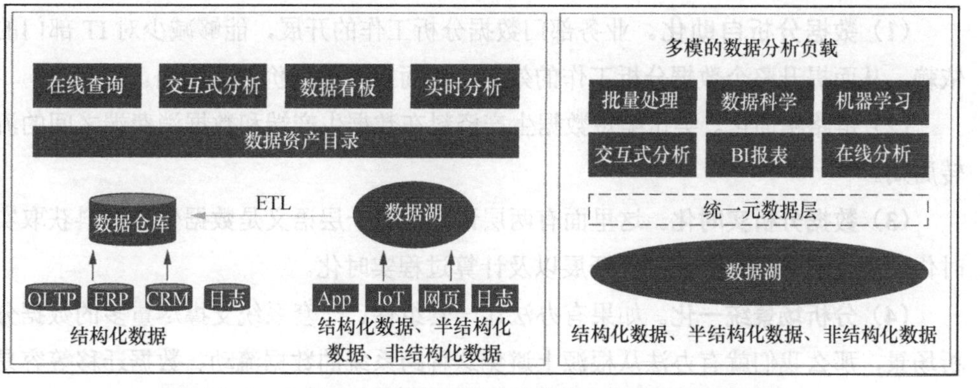

图 13-1 业务驱动数据基础设施从数据仓库演进到湖仓融合

首先是传统的数据仓库，从业务视角来解读，数据仓库架构本质上是当业务团队对数据分析提出更快的性能需求时，业务需要依赖更加严格的建模范式，同时数据的流转、入仓以及出仓模式也高度依赖专业的工具技能，因而更加依赖专业 IT 团队的配合。

后来出现了数据湖，数据湖相对数据仓库更简单、更开放。数据湖采用事后建模的思路，使得业务数据分析需求能够直接在数据湖上得到更灵活的响应，但是也付出了损失数据质量的代价，因为数据在归档落库前并没有经过严格的建模约束。当业务团队对数据分析提出更快的性能需求时，仍旧需要回到湖上建仓的系统架构中。

我们有如下关于计算机系统的本质认知：系统的复杂度是不会被消灭的，但是我们总能找到一些技术手段，将这些对用户、对业务不友好的系统复杂度从用户看得见的地方转移到用户看不见的地方。于是，顺着这个思路，历史又向前迈了一步，来到了湖仓融合时代。每个厂商对湖仓都有自己的定义和侧重，我们不用纠结湖仓的定义究竟是什么，这里只聚焦于数据分析场景，回归业务视角，看看一个合格的湖仓架构应该给业务带来什么样的数据价值。

总结一下，其实就是“一个前提，两个目标”，即在高效支撑各类数据分析场景的大前提下，湖仓架构需要尽可能提升数据的流通效率以及业务本身数据分析工作的开展效率。

13.3 下一代数据分析引擎的建设方向

我们认为一个真正能够驱动业务增长的湖仓架构，需要考量 4 个建设方向。

（1）**数据分析自助化**。业务部门数据分析工作的开展，能够减少对 IT 部门的依赖，从而提升整个数据分析工作的效率，进而提升数据价值的产出。

（2）**链路精简化**。尝试缩短数据生产资料在数据生产端和数据消费端之间的流转周期。

（3）**数据分析实时化**。这里面有两层语义，第一层语义是数据生产资料获取实时化，第二层语义是分析工作开展以及计算过程实时化。

（4）**分析场景统一化**。如果有办法让一套组件、一套系统支撑尽量多的数据分析场景，那么我们就有办法从根源上避免这种跨系统的数据流动、数据迁移等容易引发数据质量问题的场景。

在 4 个建设方向的指引下，OLAP 数据分析引擎有如下 6 个能力建设维度。

（1）基于混合 OLAP 思路。以往的项目建设思路更倾向于让业务团队根据搭建好的数据流设计自己的业务工作流。我们希望未来能通过一些办法来融合实时计算和预算技术的优势，让业务团队在数据分析过程中以及访问数据过程中能够自行按需取用不同的技术范式，而不是让技术范式成为业务团队开展数据分析工作、释放数据价值的约束条件。

（2）更极致的实时计算性能。在分布式存储系统之上，强大的现场计算能力可以破解复杂的难题。但是，如果引擎的实时计算能力不够强大，则意味着系统建设需要添加更多的组件，只有让链路更加复杂，才能满足业务团队更严苛的数据分析需求。

（3）多负载支持。相较于传统场景下为每种分析负载定制专用组件的思路，未来我们需要能够同时运行各类模式分析负载的分析引擎，让尽可能简单的系统最大程度地帮助数据释放价值。

（4）简单易用性。作为一款底层工具，只有足够易用才能直接赋能业务，才能降低业务团队开展数据分析工作的工具和技术门槛，企业的数据产品交付才能够变得敏捷，工作能效才能够得到提升。

（5）数据安全。引擎作为更加贴近原始数据物料的计算层，一定会孪生出数据安全问题，要想办法加以解决。

（6）智能化。智能化是一个很宽泛的概念，简单来说，就是我们想让机器有一种能力，以便自动将数据里面的业务知识转为技术层面、工具层面的专家知识，并反哺给业务用户。只有通过这种方式，才能降低整个数据分析过程中业务团队对专家及技术的依赖，整个工作的开展才能够更加高效。

13.4 新一代极速湖仓分析引擎

StarRocks 是一款采用 MPP 架构的极速全场景的数据仓库（见图 13-2），具备水平扩容以及金融级高可用能力，全面兼容 MySQL 生态，致力于为各类 OLAP 场景（尤其是对实时性、并发能力以及分析灵活性有较高要求的数据分析场景）提供一站式解决方案。

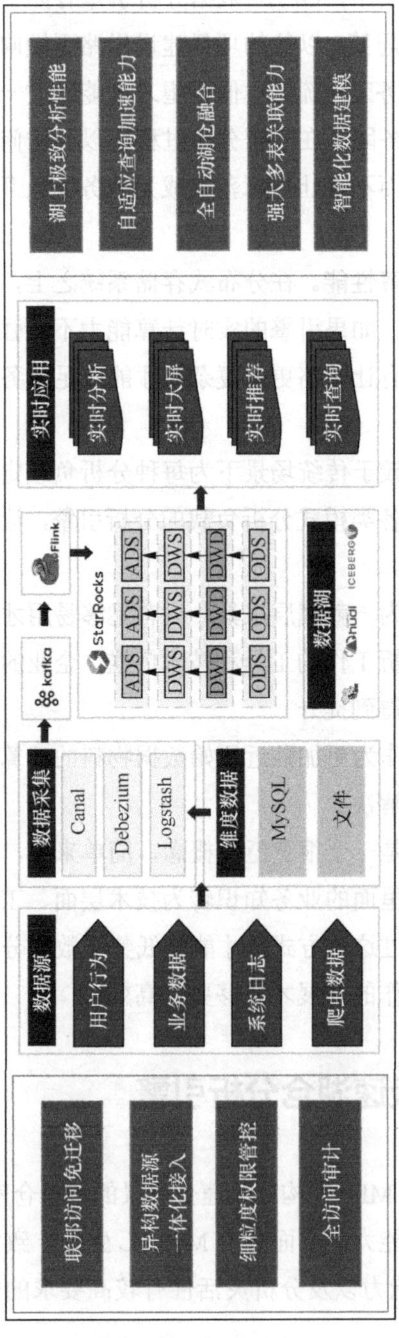

图 13-2 StarRocks 数据仓库

除了大家比较熟悉的经典数据仓库的分析场景，StarRocks 为了更好地支持湖仓统一融合分析，还在接入查询加速、湖仓融合、数据安全层面提供了产品化方案。

1. 元数据接入层

作为计算引擎，StarRocks 提供了统一的数据目录（见图 13-3）。用户不但可以预览 StarRocks 仓内的数据，也可以同时预览外部系统的数据，从而快速预览和洞察全局的数据资产，并快速开展数据分析工作。

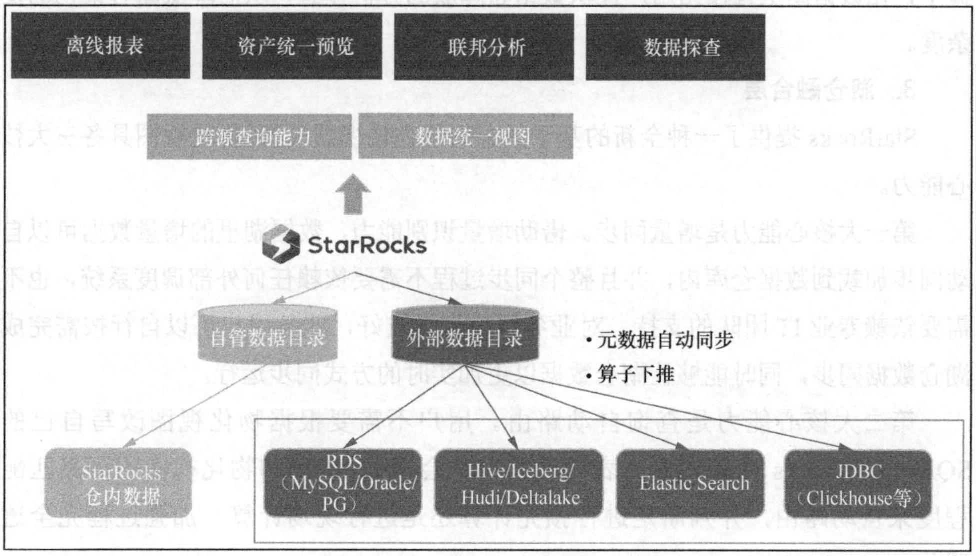

图 13-3 StarRocks 的数据目录

在此基础上，StarRocks 基于全局统一的数据目录，可以针对跨系统的应用数据源直接开展联邦分析工作。这种联邦查询能力可以帮助我们更好地加速横向的、跨领域的数据价值挖掘，从而避免跨系统的数据迁移，减少数据流通过程中出现的数据质量和数据治理问题。

此外，我们可以同时借助数据目录和联邦分析能力，将 StarRocks 构建为一个统一的查询入口，降低系统复杂度。

2. 计算引擎层

StarRocks 提供了非常智能的查询优化系统，业务用户不需要掌握更多的技巧，就能够更加聚焦于数据本身，同时搭配执行引擎，大幅提升数据处理能力。在这样一套架构的加持下，我们还能够大幅降低企业用户对数据分析基础架构的资源持有成本，更好地助力企业实现业务增长和降本增效。

经过大规模的业务验证，StarRocks目前在常见的大宽表场景和多表连接场景中都已经处于世界领先水平，这意味着业务用户不必依赖“大宽表”就可以开展数据分析以及报表工作，整个业务团队的工作流程能够进一步减少对企业IT团队的依赖，以更加自助的方式开展数据分析、传播数据产品并释放数据价值。

StarRocks内置了数据湖缓存。在理想情况下，StarRocks的分析性能在数据湖上已经能够对标数据仓库，这意味着我们真正做到了在不引入任何额外组件的前提下，在数据湖上直接为用户提供数据仓库般的分析体验，从而降低原有架构的复杂度。

3. 湖仓融合层

StarRocks提供了一种全新的基于数据湖的物化视图，这种物化视图具备三大核心能力。

第一大核心能力是增量同步。借助增量识别能力，数据湖里的增量数据可以自动同步加载到数据仓库内，并且整个同步过程不需要依赖任何外部调度系统，也不需要依赖专业IT团队的支持，对业务用户更加友好，业务用户可以自行按需完成湖仓数据同步，同时能够让湖仓数据以更加实时的方式同步运行。

第二大核心能力是查询自动路由。用户不需要根据物化视图改写自己的SQL，StarRocks在查询原始表的过程中，会根据SQL和物化视图的语义匹配程度来自动路由，并判断是进行预先计算还是进行现场计算，加强过程完全透明化。

第三大核心能力是智能推荐。StarRocks能够自动分析业务用户提交的SQL模式，为用户推荐最佳的物化视图创建方案。基于人工智能技术，可以极大降低数据分析场景中的数据分析工作对建模技巧的依赖，这样就可以让业务团队在进行SQL分析时更加专注于业务语义的表达，而不用关注建模知识。

4. 统一认证和访问控制能力

StarRocks支持集成各类统一认证服务，我们可以针对内外部数据做细粒度的行列级访问控制（见图13-4）。此外，在设计系统的同时，可以实现基于角色的访问控制模型，无论企业组织架构的客户侧相对扁平还是相对错综复杂，都能够保证数据主体有办法映射到客户侧的业务单元上，从而为整体上更加高效、灵活的数据安全治理模式提供工具层面和产品层面的能力保证。

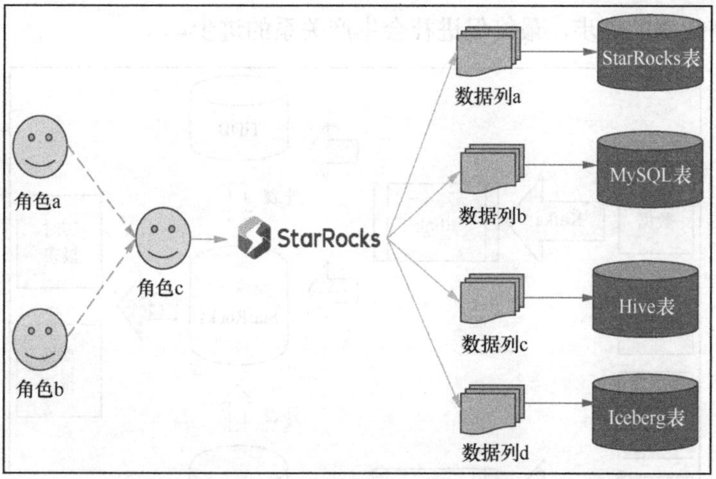

图 13-4 StarRocks 企业级统一认证和数据访问控制

13.5 客户案例分享

图 13-5 展示了理想汽车在统一 OLAP 方面的实践。智能汽车处于非常复杂的 IoT（Internet of Things，物联网）场景中，涉及多个业务系统，其中的传感器每天都会产生海量的数据。智能汽车以及全生命周期的数据服务背后需要强大的多维分析能力。理想汽车之前的架构使用了 Impala（Cloudera 公司主导开发的新型查询系统）和 TiDB（PingCap 公司研发的开源分布式关系数据库）两套引擎，TiDB 作为实时数据仓库，Spark SQL（Spark 提供的用来处理结构化数据的模块）作为即席（ad-hoc）型引擎。在这种架构下，业务用户在做不同场景的分析工作时需要使用不同的工具，引擎之间没有办法实现联邦分析，只能进行频繁的数据导入和互相搬移。这种数据搬迁其实也给数据质量和元数据的管理带来很大的压力，同时缺乏时效性的保证，无法满足业务方对时效性的要求。

后来，理想汽车尝试基于 StarRocks 来构建统一的 OLAP 引擎，将 Impala 和 TiDB 负载直接迁移到了 StarRocks 中，最终下线 Impala 集群，大幅减轻了整个数据湖集群的运维压力。

StarRocks 在帮助业务用户统一数据分析入口的同时，解决了数据频繁互导的问题，减轻了数据治理的压力，业务用户反馈整个 Hive 分析性能全面提升了两三倍。

最后简单总结一下，数据治理和数据基础设施建设是正向相互促进的关系。以工业革命为例，工业革命的重要促成因素是科技进步。同理，科技进步也会促成数据产品生产效率的进步，最终促进社会生产关系的进步。

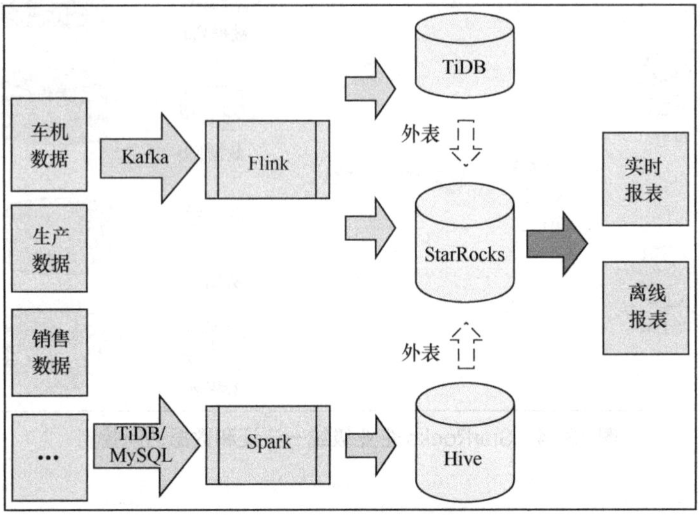

图 13-5 理想汽车案例

StarRocks 作为一款开源产品，一直在基础设施层面深耕，帮助用户从本质上解决数据流转和数据访问的问题。未来 StarRocks 也会继续以直接赋能业务作为第一要义，夯实统一 OLAP 分析的场景定位，让用户更加便捷地享受到数据价值，帮助企业打造从基础架构治理到数据治理，再到企业能效治理的正向闭环，更好地驱动企业业务的增长。

第四篇 行业数据治理与数据安全治理

第14章　高校数据治理工程化探索与实践

汪浩　北京希嘉创智数据技术有限公司（以下简称希嘉）董事兼联合创始人，毕业于华中科技大学，曾任锐捷网络大区售前经理、战略合作部技术总监。在希嘉先后分管售前与解决方案咨询团队、产品与研发团队、数据治理BU团队、交付团队、运维团队和人力资源与培训团队，是希嘉产品技术与工程服务架构的主要设计者。长期从事高校数据解决方案设计与咨询工作，在数据治理实施方法、工程管理、团队组织与人才队伍培养等方面有丰富的经验。

14.1　高校数据工程建设背景

从信息技术发展的角度来看，为了适应和满足各种业务场景的发展需求，各种技术整合的趋势越来越明显。最早的主机操作系统整合了CPU、内存、硬盘等资源。过去十多年兴起的云操作系统则进一步将主机等资源整合成了计算池、存储池和网络池。现在，企业开始需要一个“数据操作系统”来帮助其整合多年积累下来的结构化、半结构化和非结构化的数据资产。

高校历经网络校园时代和数字校园时代，现在正迈向智慧校园时代。一个很明显的趋势是技术越来越贴近业务，而贴近业务需要克服的最大障碍就是多维度、高质量数据的缺乏。随着高校信息化深入发展，跨部门的数据整合需求越来越迫切。

近些年出台的数据相关规范和标准越来越多，如GB/T 36342—2018《智慧校园总体框架》。教育部也于2021年印发了《高等学校数字校园建设规范（试行）》。这两份文件都体现了数据在架构中处于承上启下的核心位置。

过去20多年，高校为了实现各部门关键业务的无纸化办公，建设了很多信息化系统，这些系统就像一个个的信息孤岛。虽然这些信息孤岛曾经有力地促进了各部门业务的开展，但它们在进一步深度推进全局信息化的当下造成了新的问题。从学校的运营层面来说，教学、科研、管理和服务中的很多业务场景需要跨部门协同。每开发一个场景类应用就要做一次数据归集和整理，而很多情况下前一次整理的数据无法在另一个场景类应用中使用，或者在使用中存在很多障碍。

高校跨部门数据共享的难点如图 14-1 所示。

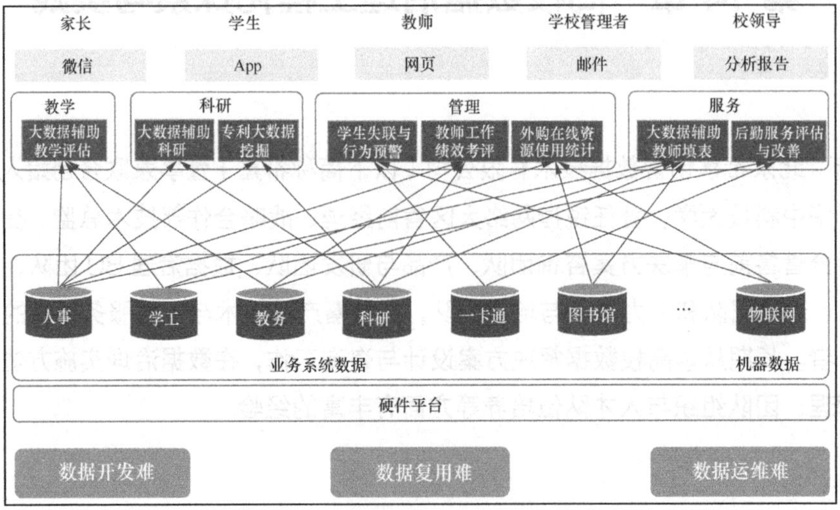

图 14-1 高校跨部门数据共享的难点

- **数据开发难**。把不同厂商在不同时期用不同规范做出来的软件系统所产生的源头数据整合起来有一定难度。
- **数据复用难**。一家厂商花费精力整理出来的数据很难无偿地供其他厂商使用。另外，各种数据使用方的数据需求并不统一，导致其他厂商复用数据时还需要进行再加工。这给数据的管理方和使用方带来一定的困难。
- **数据运维难**。运营一个像蜘蛛网一样复杂的数据交换平台，对于数据中心的维护人员来说简直就是一场噩梦。

此外，数据治理还是一个相对比较新的事物，这导致针对数据类项目建设的评价体系偏传统。不同于传统的应用类软件项目，数据类项目建设属于典型的基础设施类建设，建设周期较长。如果按照应用类软件项目的评价标准来评估，要求一上线就立马产生效果是不现实的，这也导致很多高校在数据领域持续投入变得很困难。

14.2 数据治理工程化指导思想

数据治理过程复杂、周期长，如果不采取措施大幅提升工程效率，此类业务将难以持续。我们的数据中台产品及配套方案服务全国 200 多所高校，我们由此探索出一套能有效提高数据治理工程效率的方法。为了让整套方法深入人心且有效执行，我们设计了三条重要的指导思想。

第一条指导思想是，我们为自身定义的解决方案属于基础设施建设和服务，不是应用系统。数据基础设施具体需要遵循以下 3 个原则。

- 重全局而非局部，须大处着眼、小处着手。
- 交付给客户的成果需要具备公共属性、复用属性、继承性和易维护性。
- 质量是生命线，不是一锤子买卖。

第二条指导思想是，在保证质量的前提下，我们只能通过提高效率来获取收益。在进行数据治理时，在人手有限的情况下，必须依靠标准化、规范化提升效率，进而获取收益。为了提升效率，应尽可能降低人为操作的风险，机器能做的事尽量不要人做。

第三条指导思想是，高效的人才培养体系是规模化的根本保障。当前数据类人才在招聘、留用方面都面临很大的挑战，所以只能自己培养。数据类人才培养的第一步就需要将数据治理过程化繁为简，降低赋能门槛。此外，还需要结合过往的工程经验做好知识沉淀与归纳，这样才能更进一步减少对专家型人才的依赖。

14.3 “388”数据治理工程管理体系

依托以上指导思想，我们总结出一套“388”数据治理工程管理体系，即 3 个成果容器、8 个实施步骤、8 个工程管理里程碑。

如图 14-2 所示，3 个成果容器其实就是最终的目标，数据无论怎么治理，最终都要放在数据库、数据仓库或其他容器中。如果容器中的数据存在质量问题，就说明数据治理过程是有问题的。

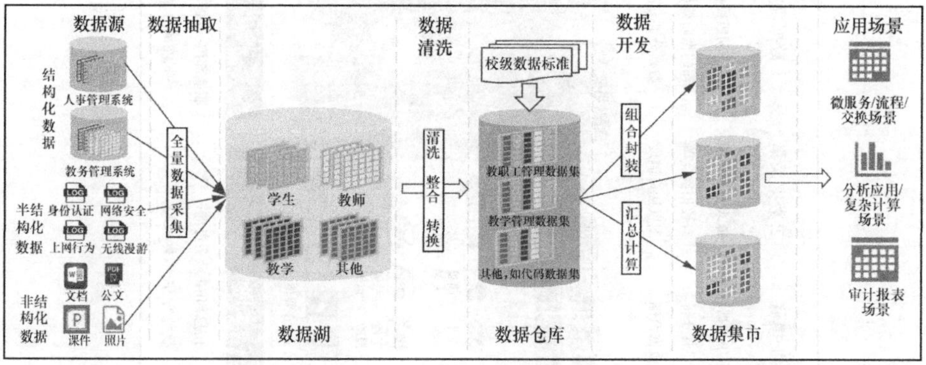

图 14-2 3 个成果容器

仅仅指明目标还不行，如果没有明确的路径指示，工程师可能会按照自己的意志和习惯施工。为此，我们提供了一整套标准的数据治理工程化实施路径规范，如图 14-3 所示，具体包括数据摸底、数据采集、数据确权、数据标准化、数据质量

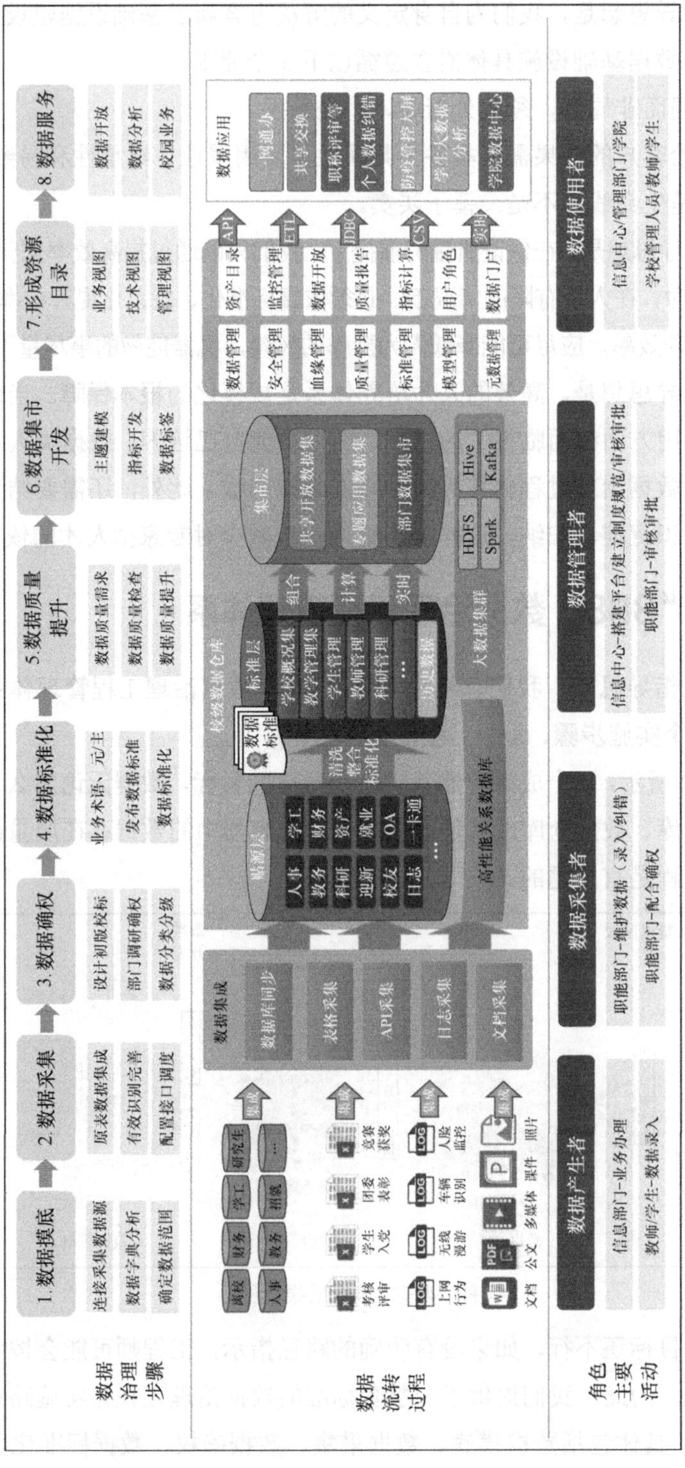

图 14-3 数据治理工程化实施路径规范

提升、数据集市开发、形成资源目录、数据服务 8 个步骤。如果治理后的数据无法让人用起来，治理就是无效的。所以，我们在整个数据治理过程中都需要关注相应的角色。

有了目标和明确的路径指示之后，接下来就需要设置工程管理里程碑。项目当前处在什么阶段？离目标有多远？如果没有明确的工程管理里程碑，数据治理工程就很容易失控。

如图 14-4 所示，“388”数据治理工程管理体系中的 8 个工程管理里程碑分别是项目启动会、蓝图设计、软硬件部署、标准确认、集成及标准化、数据管理配置、试运行、项目验收。

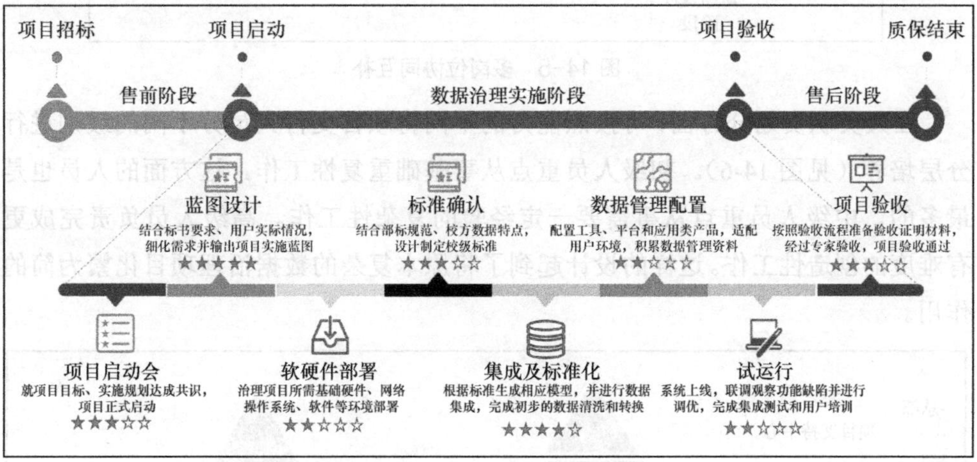

图 14-4 8 个工程管理里程碑

14.4 数据治理工程人员培养

14.4.1 分工协同

“388”数据治理工程管理体系关注的是方法因素，剩下要解决的问题就是如何加快工程师在施工过程中协同和传承的效率，也就是需要关注人的因素。

以数据治理的 8 个工程管理里程碑为例，从项目启动会到蓝图设计，一直到项目验收，每个环节都有不同的目标，每个环节对人的能力要求也不一样。

培养全栈工程师显然不现实。我们的做法是对工程按照阶段进行划分，让不同岗位的人在工程并行推进的同时进行协同互补。具体来说，可以把项目分为售前、售中、售后阶段，也就是售前、交付、运维阶段。无论是售前转交付阶段，还是交付转运维阶段，都要求相关团队与客户一起进行三方交接，多岗位协同互补（见图 14-5）。只有得到用户的签字，才能正式转入下一阶段。

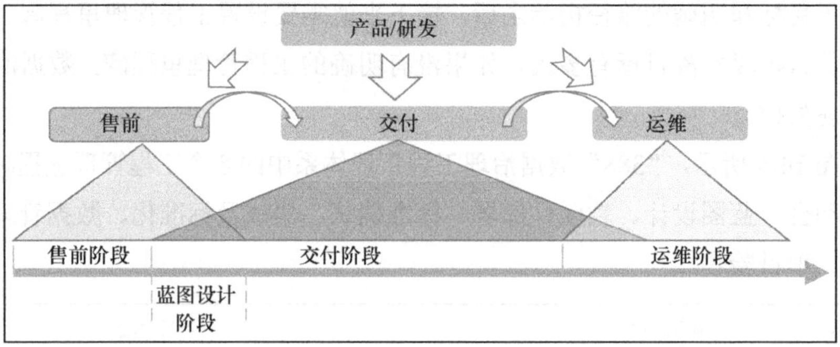

图 14-5 多岗位协同互补

在人员职责划分方面，可按照能力的不同将项目交付人员分不同的级别进行分层培养（见图 14-6）。初级人员重点从事基础重复性工作，这方面的人员也是最多的。中级人员重点从事需要一定经验的复杂性工作。高级人员负责完成更有难度的创造性工作。这样的设计起到了将原本复杂的数据治理项目化繁为简的作用。

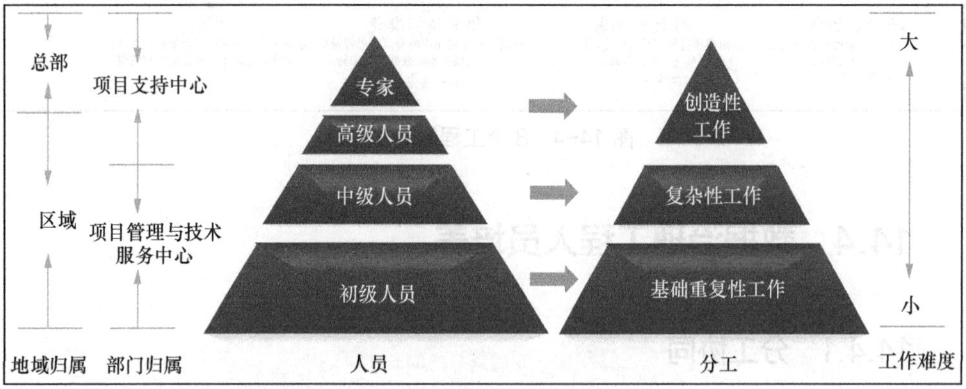

图 14-6 项目交付人员分层培养

14.4.2 课程开发

化繁为简后的数据治理项目变得比较清晰，从标准化工作流程体系中提炼出每个环节所需的知识项和技能项，然后就可以通过知识项和技能项，根据相应的角色组装开发出相应的课程（见图 14-7）。

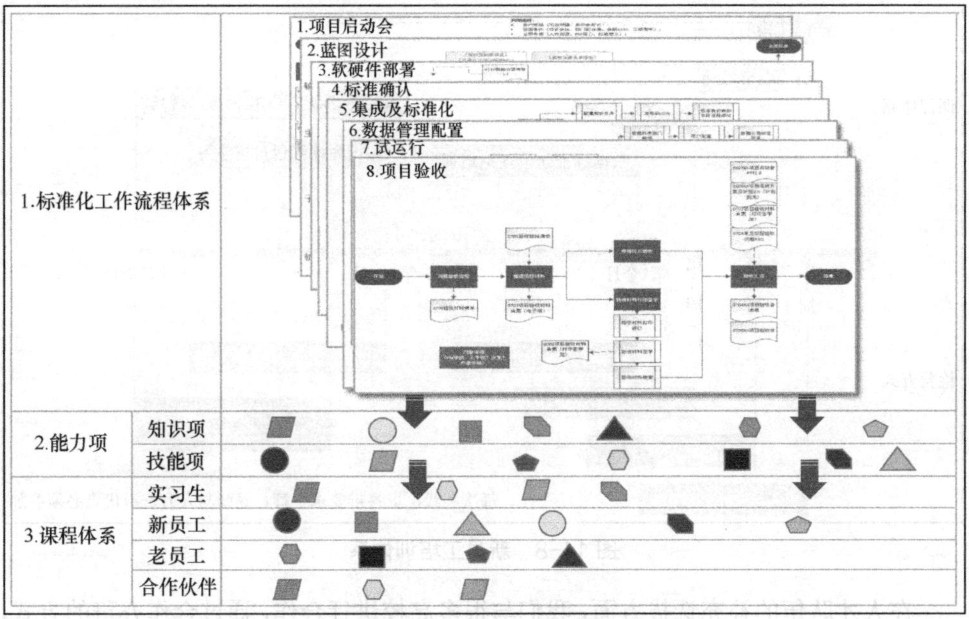

图 14-7 可组装的课程体系

14.4.3 新员工培训体系

新员工培训体系的设计目标是通过 3 个月的试用期让新员工熟练地掌握相关工程规范和技能，在除难点工作外的其他工作中独当一面。整个培训体系由课程体系和检验方式构成（见图 14-8）。新员工入职的第一天就跟着导师实际参与项目相关工作，没有脱产集中学习的安排。新员工只能在工作之余按照培训体系的要求参加课程学习和检验。新员工在第 1 周需要通过产品实操来熟悉产品，理解产品的功能逻辑，与之对应的检验方式就是产品实操结业考试。同样，第 2 周所有的理论课程学习完以后也要考试。试用期的第 1 个月的最后两周设置实践汇报答辩环节，第 2 个月和第 3 个月则设置月度工作学习成果答辩环节。所有的实践汇报答辩环节要求导师和主管必须参加，一是给新员工足够的压力，二是让新员工的导师和主管及时了解新员工的知识盲区和技能死角，从而后续有针对性地加以帮扶。

除既定的培训课程外，我们还将积累的知识库做成相应的培训视频，要求新员工在试用期将往期一段时间内的所有培训视频全部自学完成。这样可以在一定程度上让新员工尽快进入角色，产生战斗力，同时也可以在一定程度上减少对专家型人才的依赖。

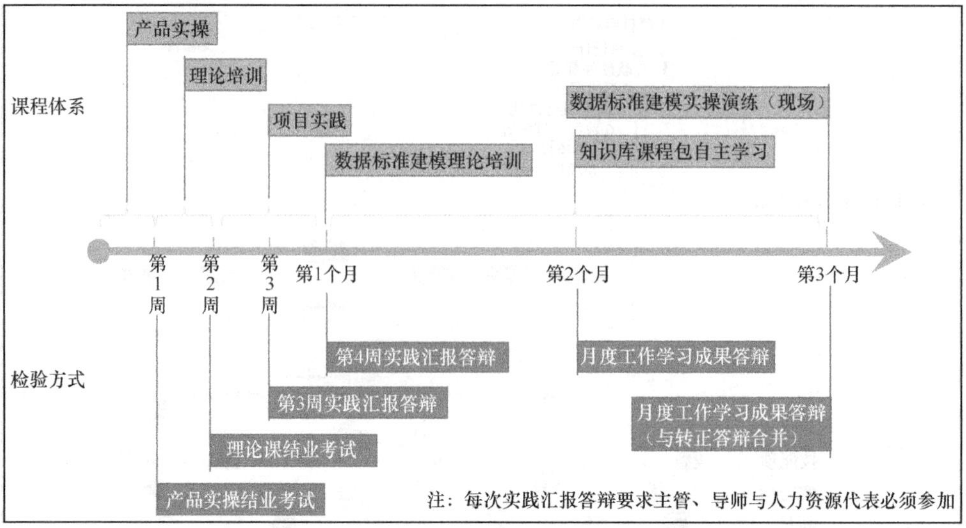

图 14-8 新员工培训体系

在人才队伍的补充选拔方面，我们与很多高校进行合作，通过合作办班的方式，进一步将新员工的培养工作前置到学生在校期间。这使得学生在毕业前半年进入公司实习的时候就已经具备较强战斗力，等到正式毕业进入公司的时候就已经能够在项目中独当一面了。

14.5 数据治理工程化实施效果

数据治理是一个周期长、专业性较强的过程，其间很多环节都需要有相关的知识沉淀。以数据采集这个环节为例，学校的软件供应商特别多，不同的规范、标准和不同时期开发的软件给数据的识别工作带来较大难度，此时数据字典很重要。我们通过总结多年的工程经验，积累了大量源头业务系统的数据字典。为了进一步提升数据识别的效率，我们将相应的数据字典做成云端的知识库，使得普通工程师在自身不掌握相关知识的情况下，依托云端知识库工具也能高效地进行源头数据的识别与采集。

数据治理的过程几乎是在底层进行的，为了让治理过程不再是黑盒，我们设置了工程进度指标看板（见图 14-9），将整个治理过程量化，让客户也可以参与进来。

最后，降低数据维护门槛，为信息中心赋能。数据最终是共享给其他人使用的，传统做法是，整个数据的授权环节全部由信息中心的数据维护人员来做。这就是典型的杂货店模式，一两个客户选购商品的时候还能够忙得过来，几十个客户同时选购商品的时候就忙不过来了。用新的数据中台和治理服务改造后的数据体系就是典型的超市模式。在这种模式下，数据就像商品一样，数据是集中的、标准化的，数据的获取更加便利，整个数据共享过程就像网购一样方便。相应的，管理维护人员就像超市的收银员，只需要把控收款环节即可，不需要参与客户的商品挑选环节。

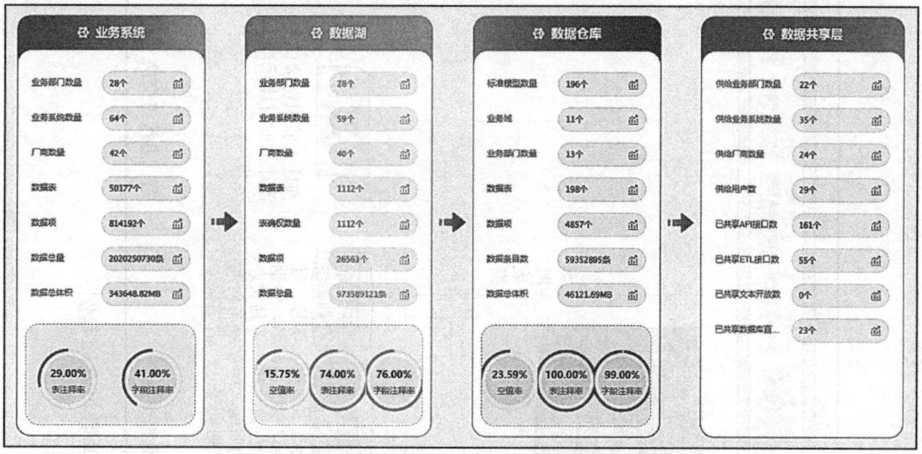

图 14-9 工程进度指标看板

14.6 数据治理工程化典型案例

首先，从数据消费的角度来看，通过工程化的方法治理后的高质量数据对于消费数据的上层应用生态繁荣有较好的促进效果。如图 14-10 所示，西安电子科技大学在完成基础数据治理后，支撑的应用数量每隔 4 个月左右就会翻倍增长。因为采用了统一规范的数据供给方式，每个应用调用了多少数据、调用的频次和调用历史记录等都能得到及时记录和直观呈现，这无论是对数据的统一管理还是对数据的进一步优化，都会有很大的帮助。从西安电子科技大学的成果中可以看到很多学生开发的应用，这说明数据的使用门槛一旦降低到一定程度以后，应用的开发门槛也将进一步降低，随之而来的就是应用上线效率大幅提升，应用生态繁荣的速度也将进一步加快。

其次，从数据供给的角度来看，假设人事部门一共对外提供了 857 个数据接口，这些数据接口支撑了 17 个部门、41 个厂商，这些部门和厂商利用人事部门提供的数据开发的应用多达 65 个。这个结果一定会激励人事部门后续更积极地提供数据给相关方，因为其数据价值得到了很直观的呈现。

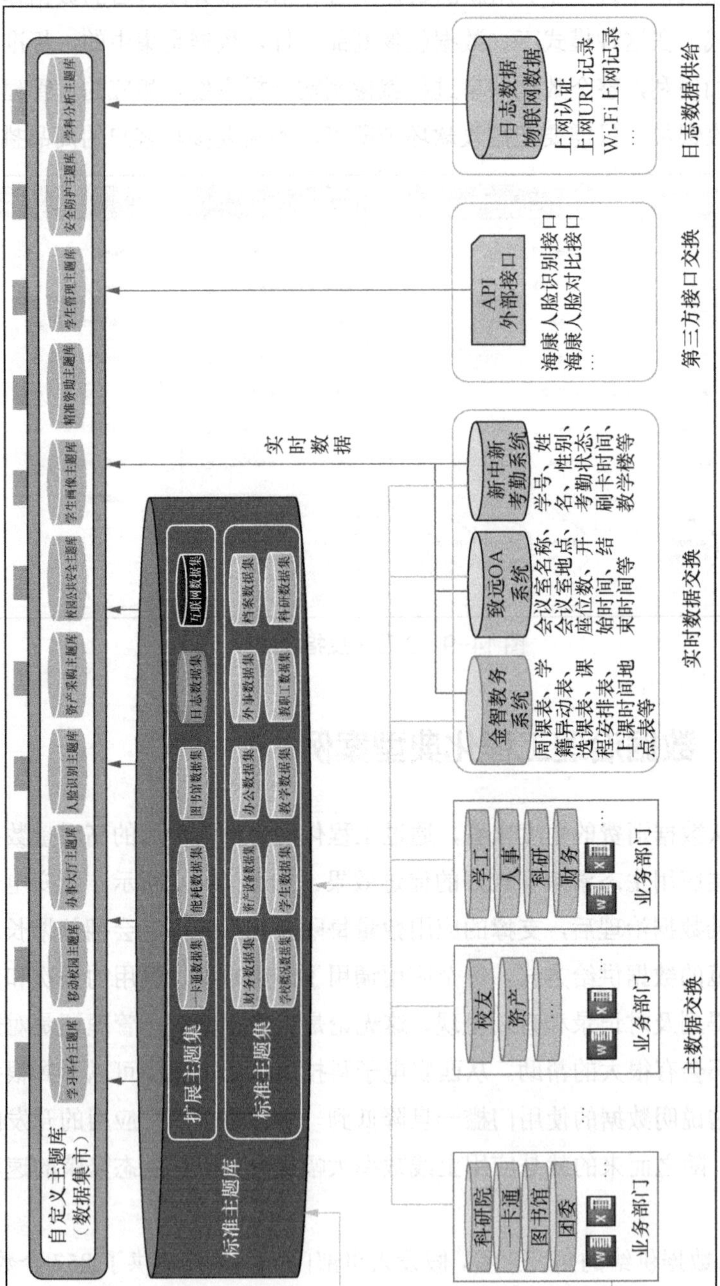

图 14-10 西安电子科技大学数据仓库案例

从西安电子科技大学的成果中，我们还可以分析得出以下信息。

- 从整体来说，数据的消费使用依然符合二八原则，即 20%的关键数据支撑了 80%的应用场景。
- 与人相关的生产系统产生的源头数据是构建应用生态的主力。
- 定向填报类的数据引用频率较高。
- 信息中心良好地贯彻了以元数据为核心的数据治理和运维规范，实现了数据从生产到消费的全过程可追溯。
- 整个信息中心实现了全过程不依赖厂商的自主运维。数据从源头采集发布到中间的标准化入库，数据标准的建立和修改全部由相应的教师负责，真正做到了将数据治理能力完全内化。

14.7 下一步的思考与展望

我们在践行“388”数据治理工程管理体系的过程中发现，工程师按照规定的方法推进工程的速度的确比以往快了很多，但随之也暴露出项目人员一味地追求项目进度而忽略与客户沟通的问题。所带来的后果就是客户的满意度下降，项目交付周期反而变长。

图 14-11 展示了进一步完善后的项目里程碑管理体系。新的项目里程碑管理体系将项目划分为 5 个阶段：启动、规划、执行、检查和收尾。其中每一个阶段都让客户直接参与进来，并以客户的关注点为主要阶段目标，每个阶段设置常规动作、关键动作、会议、签字和回款等具体参考行为。工程团队必须时刻与客户保持一致并保持密切沟通。新的项目里程碑管理体系早期侧重于客户共识需求，后期侧重于邀请客户深度参与，最后通过重要材料输出来监督动作的执行是否到位。

IT 生态就像冰山，数据治理属于冰山沉入水面之下的部分，应用则属于冰山漂浮于水面之上的部分。冰山水面上的部分既壮观又漂亮，但这取决于冰山沉在水面下的体积有多大。降低使用和后期运维的门槛，是促进数据生态繁荣的重要前提。数据治理是一项长期的基础建设工作，不可能一期做完。因此，数据治理务求施工过程规范透明，以实现后续项目的可继承。不管是甲方还是乙方，对数据治理都必须有“功成不必在我”的情怀和气魄。

	专业的施工团队	周密的实施计划	能尽快看到成果	工程质量有保证	和预期没有偏差
	启动	规划	执行	检查	收尾
常规动作	1.选定项目团队 2.合同解读 3.内部交接 4.召开启动会	1.施工方法及案例培训 2.需求、范围共识 3.制订实施方案和计划 4.任务分解	1.严格按照计划落实 2.严格按照规范施工 3.质量管理 4.变更管理	1.申请上线试运行 2.操作手册编写 3.客户实操培训 4.控制质量	1.申请启动验收 2.开票回款 3.召开总结会 4.运维交接
关键动作	识别干系人，并通过现场访谈获取主要干系人对项目的预期	召开实施方案与计划评审会	1.月度定期汇报 2.组织集成测试	召开试运行成果评审会	周密准备通过验收
会议	启动会	实施方案及计划评审会	月度例会	上线试运行成果评审会	验收会
签字		实施方案及计划签字（主任）	集成测试报告签字（科长）	上线试运行申请单签字（主任）	验收报告签字（专家）
回款	首付款		安装款	上线款	验收款
重要输出材料	1.内部交接单 2.关键干系人访谈纪要 3.启动会纪要	实施方案及计划签字材料	1.月度汇报纪要 2.集成测试报告签字材料	试运行报告	1.验收报告 2.转运维质量检查单

早期：侧重于客户共识需求　　后期：侧重于邀请客户深度参与

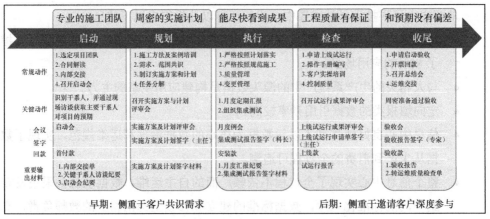

图 14-11 进一步完善后的项目里程碑管理体系

第 15 章　场景化数据治理助推“智校”提升

丁勇　北京希嘉创智数据技术有限公司（以下简称希嘉）产品与解决方案总监、软件研发中心负责人，希嘉数据研究院首席专家。2016 年加入希嘉，担任交付与实施总监，奠定希嘉项目交付的基石。2018 年加入希嘉经营管理团队，先后分管希嘉教育与实施团队、售前技术咨询团队、解决方案与技术咨询部、数据治理 BU 团队、产品与结业方案部门等，提出了围绕数据扎根教育行业的“数据治理七步法交付方法论”“高校顶层数据治理规划”“数业融合，质量先行”等数据建设理念。

15.1　高校数据治理体系的建设背景

如图 15-1 所示，高校数据治理体系的建设是由内外部因素共同驱动的。外部驱动因素有审计上报需求、“教育大脑”数据上报需求、数字化转型需求等；内部驱动因素有数据管理需求、跨部门使用数据的需求、为在校师生提供数据服务的需求等，数据安全需求在当下也是非常迫切的。

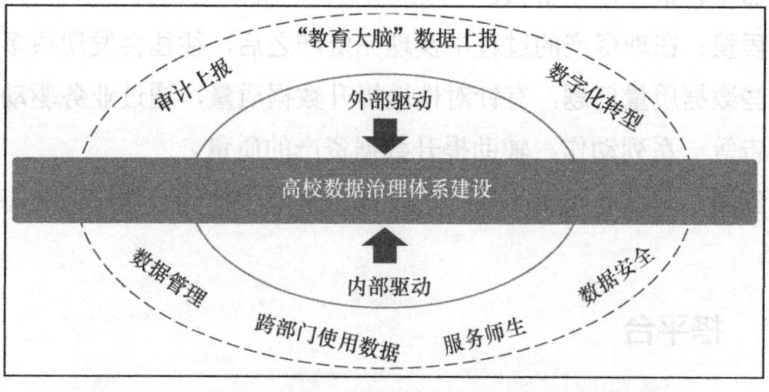

图 15-1　内外部因素共同驱动高校数据治理体系建设

目前高校普遍遇到的问题主要有数据责任不明确、数据资产不清晰、数据质量不可靠、数据价值不明显等，并由此导致数据治理起步难、协调难、标准落地难、见效难。

15.2 高校数据治理体系的建设思路

针对高校遇到的数据治理难点和问题，结合我们的落地经验，要想做好数据治理，可遵循如下思路，如图 15-2 所示。

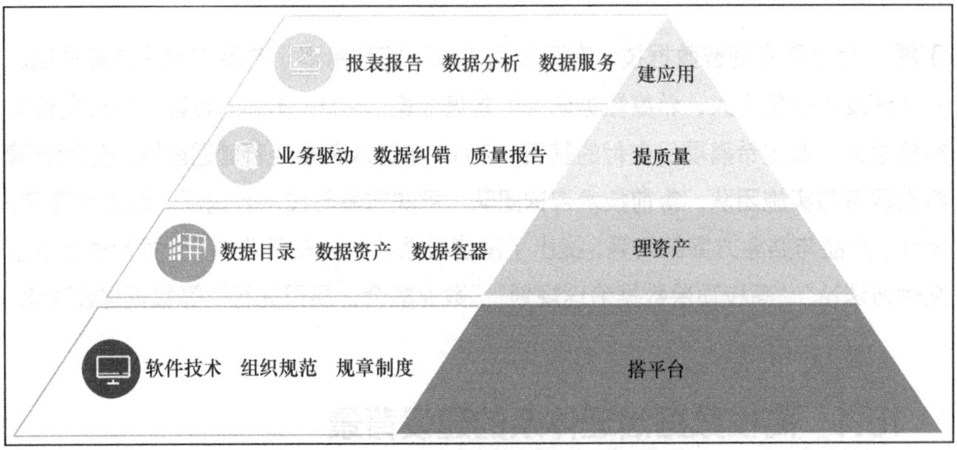

图 15-2 高校数据治理体系的建设思路

（1）搭平台：搭建一套完整的数据管理体系，包括软件技术、组织规范、规章制度等。

（2）理资产：围绕数据目录构建数据容器，把学校的各种资源形成数据资产存储在数据容器中，最终产生价值。

（3）提质量：在理资产的过程中及理完资产之后，往往会发现很多数据质量问题，围绕这些数据质量问题，有针对性地提升数据质量，通过业务驱动完成数据纠错、质量报告等一系列动作，辅助提升数据资产的质量。

（4）建应用：通过高质量的数据资产构建整个学校的数据应用生态，这是最终的业务目标。

15.2.1 搭平台

如图 15-3 所示，我们提出了基于 PPT（People，Policy，Technology）的数据治理平台架构，旨在分别从组织、制度、技术三个层面构建高校的数据治理平台。数据治理平台是一整套数据运营的管理体系，而不仅仅是一个技术工具，所以我们在考虑帮高校构建数据治理平台的时候，除了要有先进完善的技术工具，还需要协同高校构建数据治理制度，形成数据治理的管理办法，最终让整个数据治理过程可以继承，实现持续化运营。

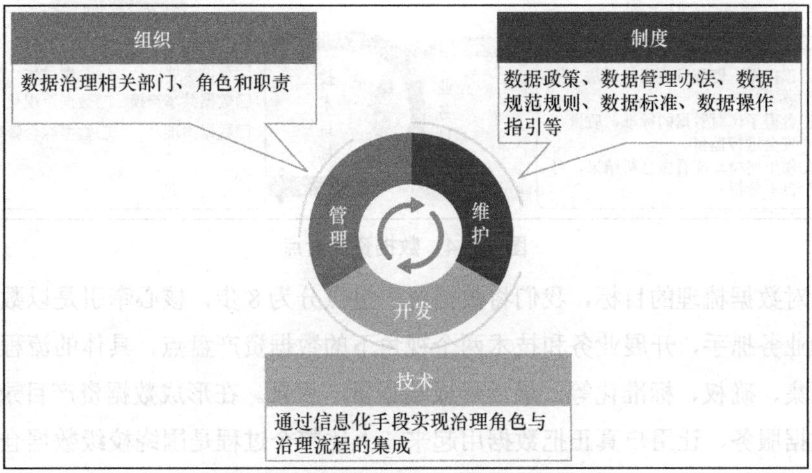

图 15-3 基于 PPT 的数据治理平台架构

业务的管理者，比如校领导、分管校长，以及院系业务部门的非技术层面的管理者，可以通过数据门户以及整个数据资产目录了解学校或部门范围内有哪些数据，并且可以清楚地看到数据资源的概貌。

信息部门的管理者则利用一套完善的数据治理平台，通过进行数据的集成、标准管理、数据血缘关系溯源等，实现多源数据的集成，同时通过数据标准来解决数据运维、管理和追溯方面的问题。

至于智慧校园的建设，则首先把数据治理的成果通过数据集市展现出来，然后使用非常简单的数据交易过程，让整个数据校园生态的厂商及下游使用数据的用户都能够享受到数据治理的成果，这样的一整套流程可配套在软件中实现。数据治理服务不仅可以通过软件产品进行相关治理工作的实施，也可以与学校一起，为信息化建设提供相关的智慧校园数据建设规范。

15.2.2 理资产

搭完平台之后，开始理资产：以构建数据资产目录为牵引目标，开展数据的盘点工作。如图 15-4 所示，整个数据的梳理过程涉及两大目标：业务目标和技术目标。业务目标要求业务部门更多地关注数据，数据要能看、能管、能用、能调整。技术目标要求技术部门考虑所有的资产该如何集成、如何共享、如何发挥价值，在共享的过程中，还要考虑整个数据的可视化建设。

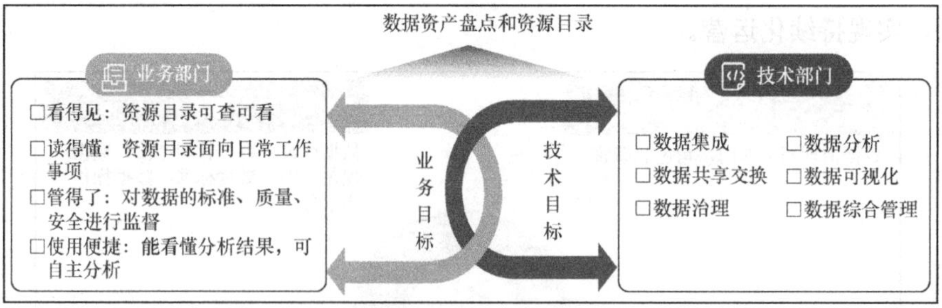

图 15-4 数据资产盘点

针对数据梳理的目标，我们将数据资产盘点分为 8 步，核心牵引是以数据资产目录为业务抓手，开展业务和技术两个视角下的数据资产盘点，具体的流程包括摸底、采集、确权、标准化等，最后形成数据资产目录。在形成数据资产目录之后，通过数据服务，让用户真正把数据用起来。上述整个过程是围绕校级数据仓库进行的，其中包括贴源层、标准层、集市层。

（1）贴源层：主要目标是对数据资产进行判断。首先进行业务源的识别，搞清楚学校有哪些数据，以及哪些数据是能够拿得到的，并且是真实有效的，而哪些数据是有问题的。然后进行数据的采集，形成最原始的数据湖 ODS（Operating Data Store，运营数据存储）。在采集数据湖里面的数据的同时，还要从业务源里找到缺失和无法识别的数据，进行数据注释补录，使它们变成可读可用的数据。只有如此，这些数据才有价值，也才可以针对一些业务需求直接发布和使用。

（2）标准层：主要目标是对数据资产进行梳理。可以通过形成标准数据仓库，在数据入仓的过程中对数据进行清洗、转换，发现数据的质量问题，同时在整个过程中完成历史库的构建以及数据安全等级的配置，处理完之后形成规范的数据资产，这一类型的数据资产用于对外开放以及支撑下游的业务系统。

（3）集市层：主要目标是挖掘数据价值。集市层是一个更贴近业务的容器，也是整个数据价值挖掘的核心容器。图 15-5 给出了主题集市的形成过程。通过明细数据，形成明细汇总，最终形成主题集市，从中可以抽象出指标来支撑上层应用。图 15-6 是数据集市在中国科学技术大学国际合作与交流部落地的案例，业务目标是培养具有全球视野的学生，并分解出具体业务的指标项，如出访的学生人数，然后获得业务的指标项分析明细，并对应到原始数据，形成整个数据链条。因此，数据集市的形成是从上至下的一个设计过程，从业务事项开始梳理，逐层构建指标项，再找到对应的数据明细，自下而上对数据进行加工，也就是进行数据的填充，最终支撑业务决策。

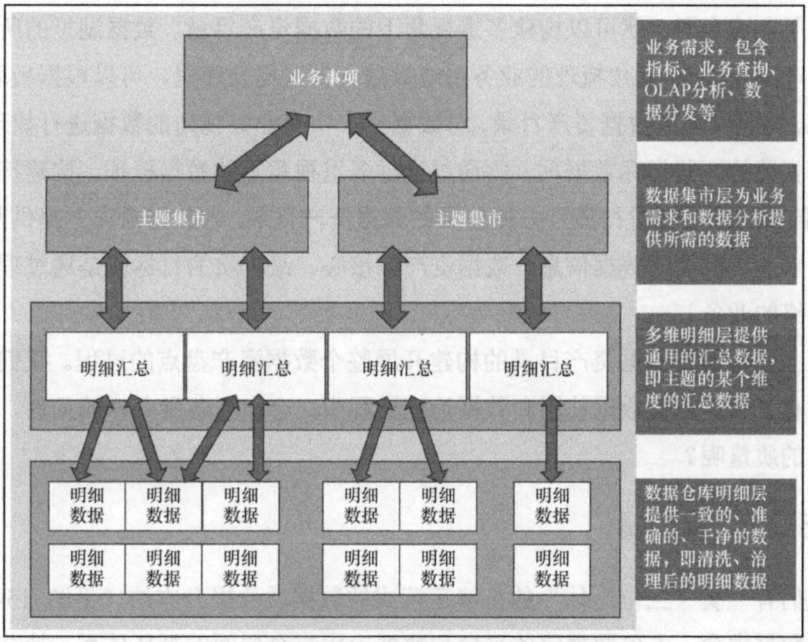

图 15-5　主题集市的形成过程

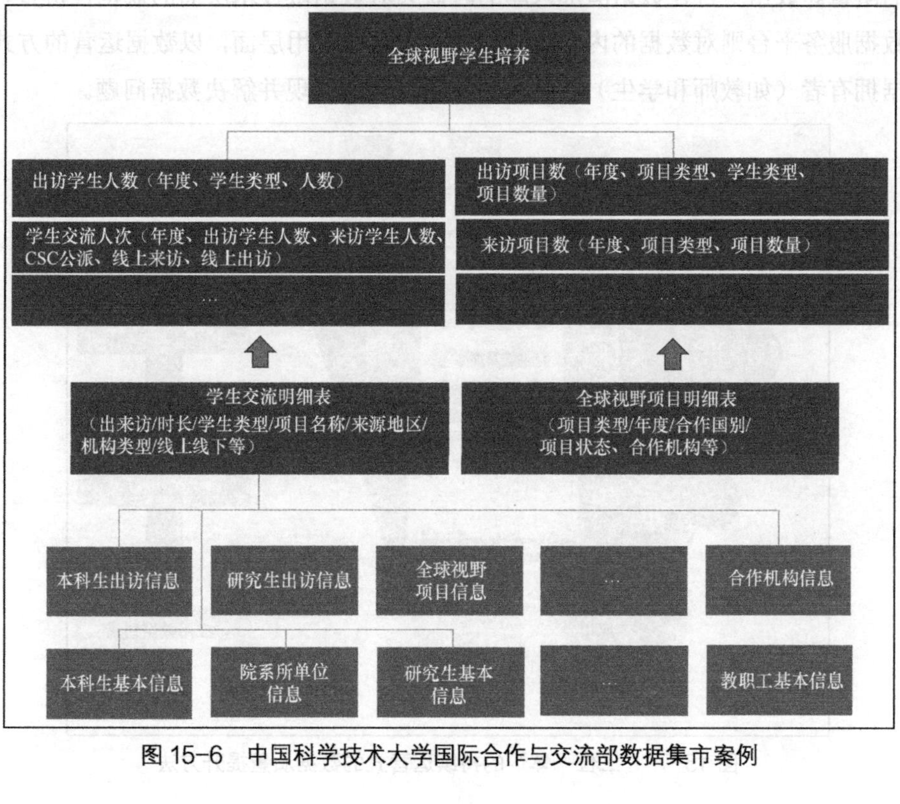

图 15-6　中国科学技术大学国际合作与交流部数据集市案例

有了上述容器，就可以构建多重视角下的数据资产目录。数据湖里的所有实时数据资产就是以 IT 视角梳理的业务系统数据。在数据仓库里，可以根据教职工域、学生域、科研域形成数据资产目录，对数据集市中有业务视角的数据进行梳理加工。与业务相关的一些指标数据项，则通过进行多重视角下的数据梳理，构建符合各自角色、各部门都能够看得懂且方便使用的数据资产目录，为数据需求方提供及时的、满足需求的、准确的数据信息。数据资产最核心、最本质的目标就是通过理资产来服务最终的业务。

以上就是围绕数据资产目录的构建开展整个数据资产盘点的过程。我们有了容器，也有了数据。在数据使用和数据治理过程中，会出现各种各样的问题，怎么提升数据的质量呢？

15.2.3 提质量

我们有一套“三位一体”的持续运营式的数据质量提升方法（见图 15-7）。可以通过数据中台、表单数据服务平台和数据应用三个层面的循环体系，持续提升数据的质量。数据中台在数据清洗入库的时候会对数据做技术层面的规范性检查，表单数据服务平台则对数据的内容进行纠错。在数据应用层面，以数据运营的方式让数据拥有者（如教师和学生）能够触达数据，从而发现并解决数据问题。

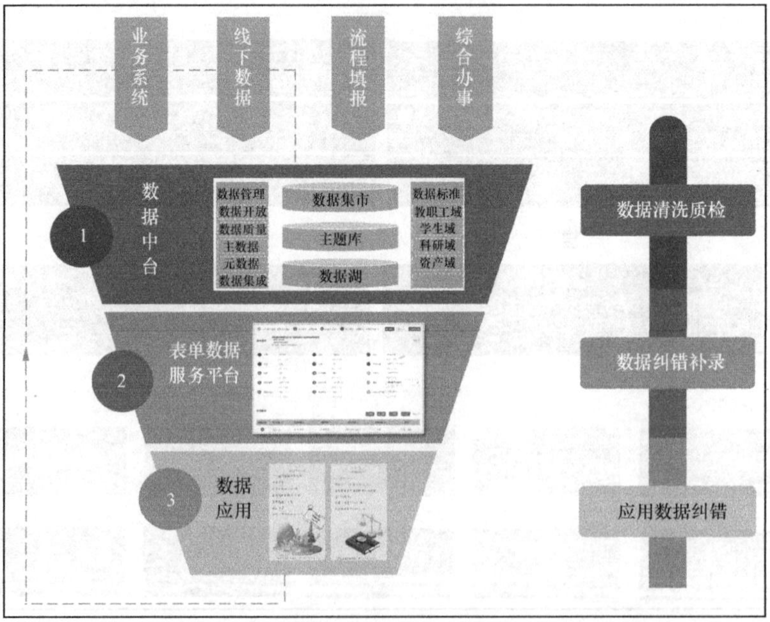

图 15-7 “三位一体”的持续运营式的数据质量提升方法

数据中台往往更多强调的是规范性的数据质量，因此强调数据清洗质检。根据数据质量管理需求，设计和配置质量检测规则，通过数据质量工具对进入数据仓库的数据进行质量检查，并向业务部门输出数据质量报告。但是一些业务数据的正确与否，比如手机换号或性别写错，数据中台是无法检测出来的。因此我们在数据中台的规范性基础之上，更强调关于内容数据质量提升的策略，这部分是通过表单数据服务平台来完成的。

表单数据服务平台负责数据纠错补录，数据拥有者通过个人数据中心实现师生个人或群体数据综合管理，在表单数据服务平台上查看个人数据和授权数据；同时根据业务需求，基于数据集市进行数据补录、数据变更纠错等。具体的数据纠错与回收方式如图 15-8 所示。通过数据中台和数据治理服务，对各业务系统的数据进行汇聚、清洗、转换，形成数据标准层，再经过数据集市的聚合、包装，提供给表单数据服务平台使用。纠错方式有两种——本地纠错和源头纠错。在个人数据中心进行本地纠错及审核纠错，再经过业务标签化处理，形成多个数据版本。而对于缺失的数据，则可以通过个人数据中心进行单一业务场景的数据补录，还可以通过表单填报来完善数据的内容。最后，这些数据还可以反哺给主题数据集市，提供给第三方应用使用，真正做到数据的看、管、填、用。

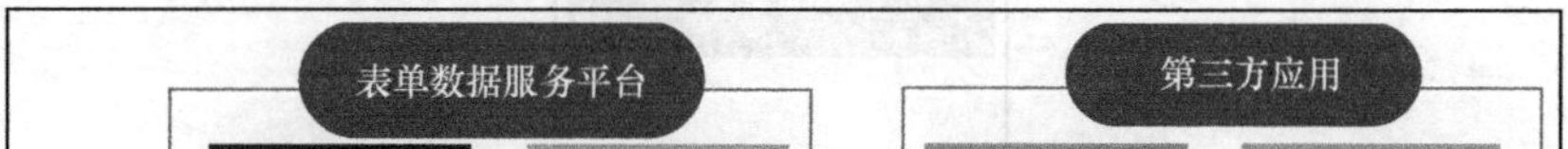

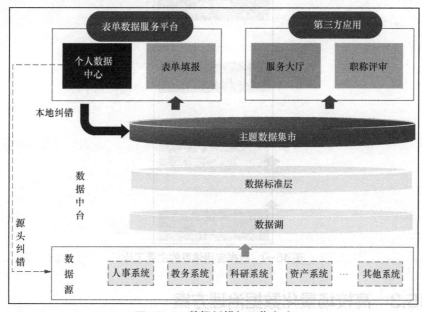

图 15-8　数据纠错与回收方式

数据质量的提升不是仅靠高校信息中心就能完成的，需要甲乙双方的业务部门，甚至学校的师生都参与进来，是一项长期工程，主要发生在数据应用层面。可通过持续运营式的数据报告等应用模式，在提供便捷的师生、部门数据服务的同时，以价值驱动数据质量的提升。

15.2.4 建应用

数据应用的类型非常丰富，高校的数据应用可以分成三大类：数据分析、数据报表和数据服务。数据分析包括 BI 可视化、用户画像、预警等，本质上是把数据加工后进行效果呈现的一类数据应用。数据报表的典型应用场景就是数据上报。数据服务其实是一种较为综合性的数据应用，涉及一些深入的数据逻辑加工，包括第三方数据的引入等，都可以算在数据服务的范畴里。

图 15-9 明确了数据应用体系的主要工作。首先进行指标定义，也就是定义我们想要观测的指标。然后定义指标计算口径，利用数据仓库层的数据进行计算与存储。最后进行指标的发布和应用。这一套流程需要针对指标描述数据的现状，通过现状洞察原因，利用数据的当前状态预测未来，最终根据预测结果定向地改进数据质量，这就是指标分析的流程和作用。

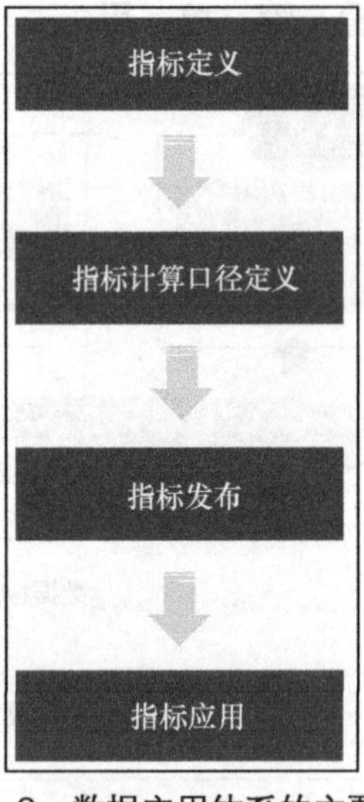

图 15-9 数据应用体系的主要工作

15.3 高校场景化数据治理方案

围绕前文梳理的数据治理建设思路，从软件到服务层面，高校场景化数据治理的整体方案架构如图 15-10 所示。

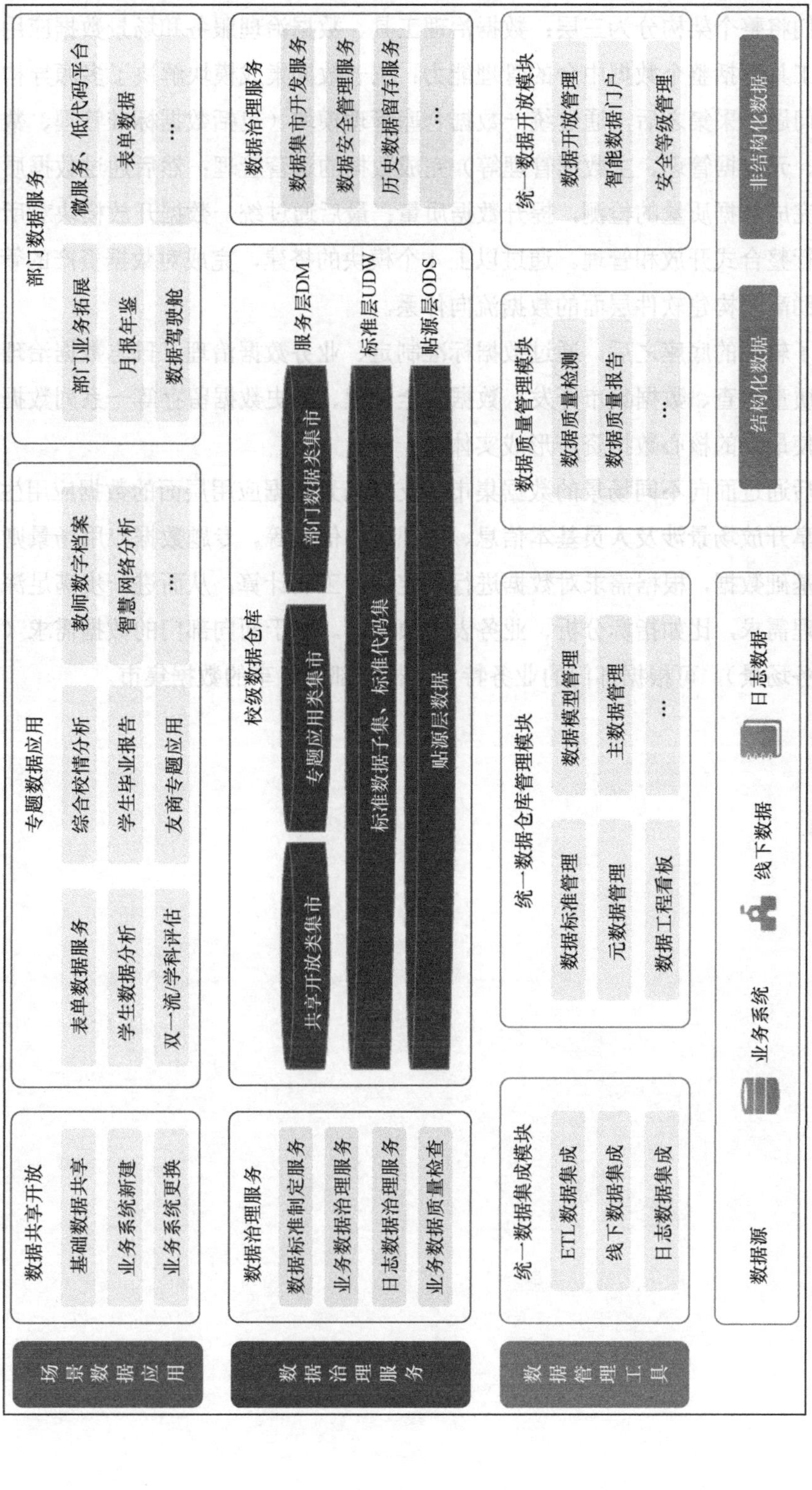

图 15-10 高校场景化数据治理的整体方案架构

我们将整个架构分为三层：数据治理工具、数据治理服务和场景数据应用。数据治理工具囊括整个数据中台的管理能力：统一数据集成模块解决了多源异构数据的采集问题；采集之后，通过统一数据仓库管理模块（包括数据标准管理、数据模型管理、元数据管理、主数据管理等）完成数据的运营管理；然后通过数据质量管理模块完成数据质量的检测，提升数据质量；最后通过统一数据开放模块对所有的数据进行整合式开放和管理。通过以上 4 个模块的搭建，完成对数据资产的管理，从而帮助高校构建软件层面的数据流向体系。

有了软件的底座之后，通过数据标准制定、业务数据治理、日志数据治理、业务数据质量检查、数据集市开发、数据安全管理、历史数据留存等一系列数据治理活动，使最终的核心数据资产形成实体。

最后通过面向不同场景的数据集市，支撑场景数据应用层面的数据应用生态。数据共享开放场景涉及人员基本信息、组织机构信息等。专题数据应用场景则基于原来的基础数据，根据需求对数据进行一定的加工和计算，从而进一步满足深度的数据处理需求，比如指标分析、业务表单填报等。对于面向部门的数据需求（部门数据服务场景），可根据部门的业务特点，构建部门专享的数据集市。

第 16 章　数字化时代数据安全运营的探索与实践

刘永波　深圳昂楷科技有限公司董事长，华为赛门铁克科技有限公司前副总裁，国际安全组织 OWASP（Open Web Application Security Project）中国区高级顾问，中国智慧城市专家委员会行业技术专家，广东省综合评标评审专家，全国工商联大数据运维（网络安全）委员会委员。

随着大数据、云计算、物联网、移动互联网、人工智能等新一代信息技术的发展及其与国民经济的融合，数字化时代已经到来并加速推动我国数字经济迈上新台阶。数字技术和人类生活交互融合，促使数据业务量呈指数级爆发增长，数据海量聚集，数据的安全性和隐私保护等问题正面临严峻的挑战。与此同时，敏感数据泄露会造成巨大的经济损失和负面影响，甚至影响国家战略安全。

16.1　数字化时代数据安全面临新挑战

数字化新形势下，数据安全面临如下新的挑战。

（1）数据安全合规要求趋严趋紧：国家中央及地方监管机构共同监督数据应用合法合规，对数据安全合规建设提出诸多新要求。

（2）大数据广泛应用，与民生紧密相关：大数据应用涉及经济民生、社会治安、国家安全等，广泛化和智能化的数据利用趋势使我们面临越来越多的数据安全风险。

（3）敏感数据存在大量的开放、共享、交易、利用需求：政府、公安、医疗、金融、运营商、能源、教育等基础设施行业业务的开展，必然涉及大量的对敏感数据的应用需求，这对数据安全提出了更高要求。

（4）数据深入参与实时调度指挥，影响深远：多源异构的数据在实时加工运算过程中发挥重要作用，对生产生活的决策优化调度影响深远，数据安全作为基础底座变得更为重要。

（5）出现更多的新技术，对数据安全的风险和漏洞防护要求更高：5G、AI、云、中台、容器等技术大量应用，数据应用场景越来越复杂，数据安全风险识别和防护要求更高。

数据的可变性、流动性，以及应用场景的复杂性、威胁的持续性等决定了数据安全治理的复杂性、艰巨性、长期性，近年来出现的很多数据安全风险事件与缺乏完善的数据安全治理体系密切相关。传统的网络安全建设理念难以应对数字化时代的数据安全风险，为了应对数据安全新挑战，应采用全新的运营理念进行数据安全建设。

16.2 数字化时代数据安全运营体系建设的理念和架构

传统的网络安全建设旨在以网络边界安全为基础，构建安全可靠的网络环境；而数据安全运营体系建设旨在以数据为中心，围绕数据全生命周期，实现数据安全的纵深防御。数据是流动的，所面临的风险也具有动态变化、持续发生等特性，在建设数据安全运营体系时，需要有新的理念来应对新形势、新威胁、新挑战。

数字化时代数据安全运营体系建设的理念是，以持续有效进行数据安全防护为核心，既要把握好数据安全与业务之间的紧密联系，又要兼顾效率与稳定可靠之间的平衡。图 16-1 描述了数字化时代数据安全运营体系建设的理念和思路。

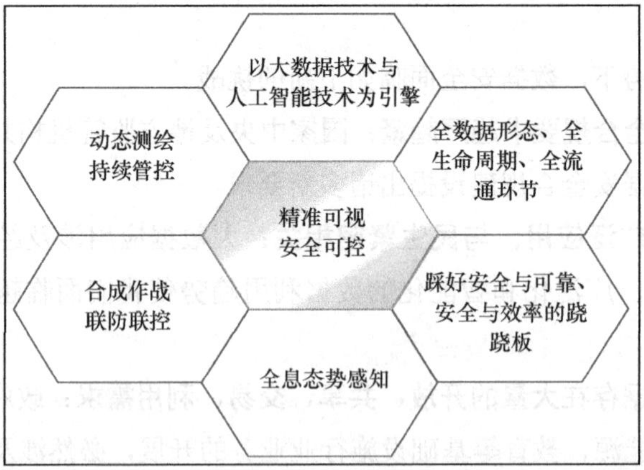

图 16-1 数字化时代数据安全运营体系建设的理念和思路

16.2.1 数字化时代数据安全运营体系建设理念的 6 个维度

数字化时代数据安全运营体系的建设理念包含如下 6 个维度。

（1）两个基本原则：对数据资产、风险的精准可视原则；对数据安全风险、安全措施的可控原则。

（2）三个全面覆盖：数据安全治理要全面覆盖全数据形态、全生命周期、全流通环节。

（3）两个平衡：安全与可靠、安全与效率之间的平衡。

（4）两个引擎：将大数据技术、人工智能技术作为数据安全运营的引擎。

（5）两个坚持：坚持对数据资产进行动态测绘，并坚持对风险进行持续管控。

（6）两种能力：建立全息态势感知能力，进而形成联动联防的控制能力。

16.2.2 数字化时代数据安全运营体系总体架构的 4 个关键组件

图 16-2 描述了数字化时代数据安全运营体系的总体架构，该架构围绕数据安全运营目标，以数据安全组织体系为组织保障，以数据安全管理体系为规范指导，以数据安全技术体系为技术支撑，打造数据安全运营驾驶舱，构建数据安全闭环管控。

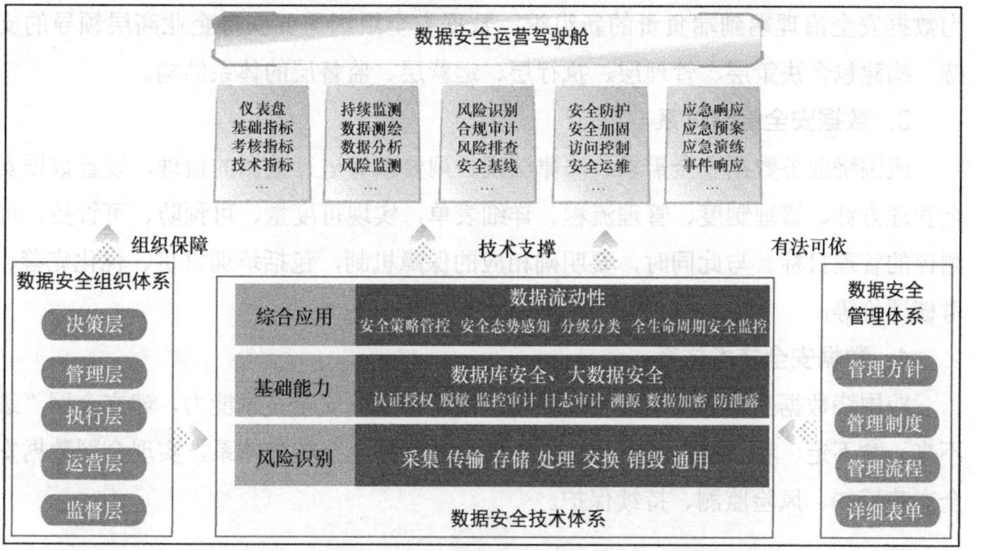

图 16-2 数字化时代数据安全运营体系的总体架构

1. 数据安全运营驾驶舱

通过提炼出相应的运营指标，并落实到日常运营动作中，如持续监测、风险识别、安全防护、应急响应，再通过风险评估、安全稽查、定期审计等考核监督手段，不断总结、完善、优化运营指标和日常运营动作，实现数据安全运营的 PDCA 循环（见图 16-3）。

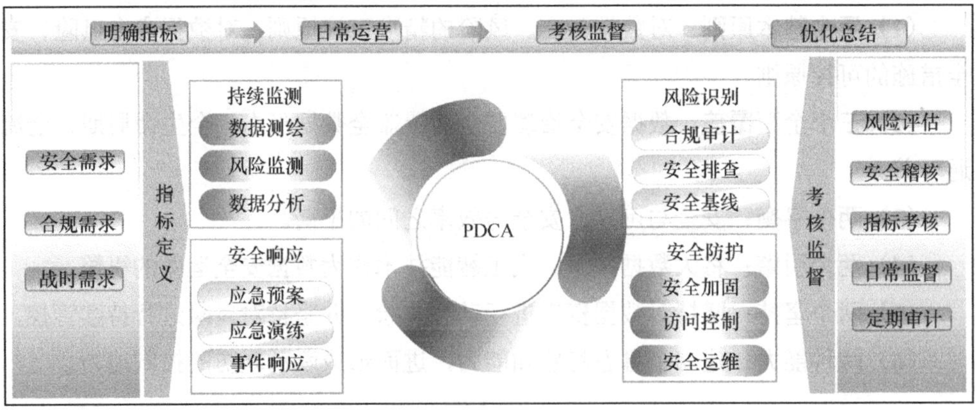

图 16-3 数据安全运营的 PDCA 循环

2. 数据安全组织体系

当前无论是传统网络安全部门还是应用部门，都难以独立履行数据安全治理职责。在数据安全治理过程中，需要建立跨领域、懂数据、懂安全、懂业务，且能够为数据安全治理端到端负责的新组织。数据安全组织需要获得企业高层领导的支持，构建包含决策层、管理层、执行层、运营层、监督层的体系结构。

3. 数据安全管理体系

应围绕业务数据安全需求、法律法规合规要求等进行数据的梳理，设置数据安全管理方针、管理制度、管理流程、详细表单，实现可度量、可预防、可管控、可测评的管理目标。与此同时，要明确相应的保障机制，包括培训宣贯、优化完善、考核评价等。

4. 数据安全技术体系

应围绕数据生命周期中的安全问题，采用相应的安全技术能力，建立全网“进不来、拿不走、看不懂、改不了、走不脱”的数据安全防护体系，实现全网数据安全态势感知、风险监测、持续保护。

16.3 数据安全运营体系建设的 7 项关键举措

为使数据安全运营体系真正落地，我们提出了数据安全运营体系建设的 7 项关键举措。

1. 数据安全运营指标设计

结合业界数据安全运营指标体系和业务场景制定个性化的数据安全运营指标，

将数据安全事件驱动的效果演变成细粒度指标驱动的安全能力评估，落实数据安全运营指标评审，有效量化和指导数据安全运营体系建设和落地，为决策提供依据，指导数据安全运营工作有序开展。

2. 数据资产动态测绘及持续分级

在数据安全治理过程中，第一步往往是了解数据资产本身，梳理数据分布情况及数据关联性。接下来开展数据分类分级，持续完善、细化重要数据识别和数据分类分级规则，自动化输出分类分级清单。注意，分类分级输出的结果也要落实到数据安全运营驾驶舱中，成为数据安全运营驾驶舱中重要的数据安全治理元数据，形成全网统一的数据安全控制策略。数据分类分级也应持续开展并动态测绘，以保障数据分类分级结果的有效性。

3. 数据全流通环节安全防护

数据流通包含诸多环节，如数据采集、数据存储、数据处理、数据应用、数据共享、数据交易、开发运维等，存在不同的流通场景。随着数据业务的不断扩大，我们需要应对跨系统、跨部门、跨业务的数据流动。每个流通环节和应用场景的复杂度密切相关，需要区别对待并具体分析，应详细设计数据安全防护方案，促进数据全流通环节安全防护。

4. 供应链中开发运维场景的安全管控

开发运维场景是供应链中重要的一环，由于第三方开发运维人员的操作权限较大，可以直接接触到敏感数据，因此无论是主动还是被动，都有可能产生数据泄露风险，需要重点考虑开发运维场景下敏感数据的安全。可以利用数据访问权限管控、数据去标识化、特权账号权限管理等技术手段，建立开发运维场景下的敏感数据安全防护机制。

5. 数据全生命周期安全防护

数据全生命周期包括数据的采集、传输、存储、处理、交换、销毁等多个环节，其中的各个环节都面临着一些安全风险。可以利用接入控制、数据访问权限控制、敏感数据脱敏处理、数据水印溯源、监控审计等数据安全技术能力单元，辅助强化数据安全防护能力建设，实现贯穿数据全生命周期的安全防护。

6. 数据安全态势感知，联防联控

数据资产庞大，数据流动方向复杂且多样，这直接或间接导致数据泄露事件频频发生，既有内外部攻击威胁，也有技术、管理层面的漏洞和缺陷，因此仅靠单一的措施或功能难以全面防护。昂楷数据安全综合治理平台利用大数据、人工智能技术对数据进行挖掘分析，形成数据资产分布地图、研判预防复杂的数据攻击、快速处理风险、优化安全策略，达成数据安全态势感知、合成作战、联防联控的效果。

7. 数据安全持续稽核，巩固运营效果

数据所面临的威胁和风险是持续变化的，数据安全防护标准、数据攻击行为和方式均随时间不断演变，数据安全防护体系也不能一成不变。在数据安全运营过程中，需要依据国家法规、行业标准及组织自身制定的数据安全目标，通过数据安全能力稽核、风险评估、渗透测试、合规审计等措施，持续对数据安全防护效果进行稽核、优化，以保障数据安全防护效果。

16.4 数据安全运营体系的建设过程与成效

16.4.1 开展数据安全运营体系建设的 3 个阶段

数据安全运营体系的建设是一个长期且复杂的过程，一次性建设存在投入高、周期长、见效慢等问题，宜采用阶段式或逐步完善的方式，围绕组织、管理、技术、运营 4 个维度，循序渐进地开展数据安全体系建设，逐步实现数据安全闭环管控。

（1）基础建设阶段。抓牢数据安全基础技术能力建设，建立数据安全管理体系和组织体系，开展数据分类分级工作，构建数据安全基础体系。

（2）优化提升阶段。完善数据安全技术能力，提升人员数据安全能力，开展数据安全风险评估，建设数据安全运营平台。

（3）持续运营阶段。进行数据安全态势监测、数据安全应急演练、数据安全事件管理、数据安全运营指标考核、数据安全防护策略优化等。

数据安全运营体系的建设具有统一管控、不重复建设、持续防护等特点，形成数据资产地图，并达成数据权责相符、安全风险实时监测、安全事件快速处理、安全态势全局掌握，从而保障业务在安全的环境中稳定运行，持续发挥数据价值。

16.4.2 数据安全运营体系建设案例与成效

下面以某省政务部门大数据平台建设为例，介绍如何应对数据安全挑战，保障业务可靠运行。

1. 用户现状

该省政务部门的大数据平台有几千个节点，涉密数据量和高敏数据量庞大，需要进行分类分级管理；业务系统开发单位有上百家，开发、运维人员有上千人，他们均可接触到高敏数据，且流动性大，需要规范与审计这些人员的操作行为；特权账号人员众多，也可接触到高敏数据，如果发生安全事件，无从查起。

2. 解决方案

从制度体系建设、技术体系建设、运营体系建设三方面开展数据安全体系化建设。

（1）制度体系建设：协助进行数据安全运维体系和制度建设，从制度管理层面做出相应的规范要求。

（2）技术体系建设：采用数据库防火墙对涉密数据、高敏数据进行权限管控，非授权人员不能访问；采用数据库审计系统对敏感业务大数据平台组件进行操作过程监管，开展访问模型分析及监控；采用数据脱敏系统对敏感数据进行自动扫描、分类管控，数据共享时进行去隐私化处理；采用数据安全综合治理平台，所有数据安全能力单元统一管理，二次分析，形成整体数据安全态势感知能力。

（3）运营体系建设：定期对开发、运维人员进行数据安全培训，提升他们的数据安全防范意识；安排驻场人员及时处置风险、优化策略并定期演练，以获得持续防护效果。

3. 方案效果

通过进行数据安全体系化建设，该省政务部门在全国率先解决了大数据平台下数据敏感程度高、涉敏应用多、运维人员复杂等安全挑战，达到数据安全风险可视、可控，有力保障了关键数字化业务的可靠运行。

第 17 章　数据质量问题解决之道

郑保卫　韩国釜庆大学博士，清华经管未来科技 EMBA，恩核（北京）信息技术有限公司董事长，DAMA 大中华区理事会理事，多年来专注于数据治理产品的研发和应用，南京市高层次创业人才、北京市朝阳区“凤凰计划”创业类海外高层次人才、2023 年北京市朝阳区“最美科技工作者”。

当前，数据质量问题仍然是数据治理领域极受重视的问题之一，存在发现难、解决难等诸多困难。尽管许多企业已经将解决数据质量问题提上了日程，并制定了完善的流程、安排了相应的岗位、使用了先进的工具，但是到目前为止，数据质量问题发现了多少、解决了多少、取得了什么效果、体现了什么价值，仍然很难评估。

17.1　解决数据质量问题所面临的挑战

随着数据在社会发展中发挥越来越重要的作用，数据质量问题也呈现日益严重的趋势。我们应该突破传统管理方法，改变解题思路，理论结合实际，高质高效解决数据质量问题。然而，数据质量问题的解决不是一蹴而就的。要想找到解决问题的正确思路，就得搞清楚问题的现状及面临的挑战。

1. 问题解决周期长

数据质量问题复杂，解决周期长。从确定范围到制定规则，从执行规则到问题分发，过程复杂且耗时耗力；与此同时，针对早期客户信息缺失、信息数据异常等历史遗留问题，需要反复与客户进行信息核对确认。此外，在解决过程中还会遇到找不到客户等情况，这也拉长了解决数据质量问题的周期。

2. 数据质量问题认责难

数据生产涉及多个部门、多业务系统、不同层级、不同机构，在进行责任划定的过程中，跨部门协调非常困难，甚至会出现互相推诿的情况，这给认定数据质量问题的责任来源带来了很大的困难。

3. 问题溯源耗时耗力

通过与一线客户沟通我们了解到，工程师和员工往往面对的是最耗时耗力的工作，需要用最原始的手段解决问题。因为数据质量问题通常只是表象，根本原因还需要向下追溯。比如，报表质量问题涉及数据仓库、数据湖、数据集等将近 10 层链路；继续深度追溯，业务层面、加工层面、迁移过程等均有可能出现问题，导致追溯难度很大，需要耗费大量的时间和精力。

4. 数据质量问题多

随着数据应用的深化以及数据管理要求的提高，我们发现数据质量频现多系统、多维度、唯一性、完整性、关联性等多重难题，且问题数据量很大，很容易就达到千万级甚至上亿级规模。

5. 领导重视不够

只有在强监管的行业里，数据质量才会引起足够的重视。例如，由于银行必须向国家金融监督管理总局上报数据，因此在领导的监督下，数据质量问题能够得到及时整改解决；而在非强监管的行业里，提升数据质量带来的价值很难产生实际收益，效果不易统计评估，加上数据质量问题修改难度大，即使一个字段的数据问题也会涉及多部门、多机构的协调，导致很多领导对数据质量问题不重视、不投入。

6. 解决问题难度大

产生数据质量问题的原因可归结为两类：第一类是数据录入或生产的时候导致数据质量问题产生，比如数据缺失、数据不一致等；第二类是 IT 系统之间交互的时候导致数据质量问题产生。新增数据通过系统改造可以避免出现类似的问题，但存量数据涉及场景复杂，更新补录可能引起新的问题，因此解决此类数据质量问题的难度很大。

17.2 数据质量管理方法论

DAMA-DMBOK 2 提出了数据质量管理的方法论——PDCA。

- **Plan**（计划）：建立流程和规范，明确建设目标。
- **Do**（执行）：建立规则，执行检核规则。
- **Check**（检查）：检查已处理数据，自动标记解决状态。
- **Act**（修正）：落实整改、优化解决方案，准备下一个循环。

PDCA 落地实施的具体路径如下。

1. 数据质量管理组织架构

解决数据质量的管理组织问题是进行数据治理和数据管理的第一步。如图 17-1 所示，根据数据质量管理组织架构，将解决过程划分为 4 个阶段。

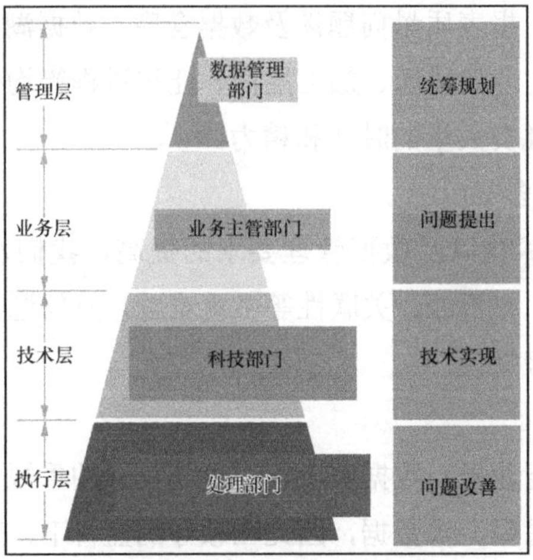

图 17-1 数据质量管理组织架构

首先是统筹规划阶段。由数据管理部门对重大数据质量事项进行决策，监督数据质量问题整改情况；审议并决定数据质量考核方案，定期审阅数据质量考核结果；审议数据质量管理制度、流程及机制；协调处理数据质量管理工作的主要问题；开展数据质量全生命周期解决机制建设。

其次是问题提出阶段。业务主管部门以工单的形式提交数据质量问题并分类处理。例如，对私客户个人收入可以根据批量代发薪资业务进行逆向推导，地区代码、性别、年龄、出生年月日等可以根据身份证号码进行推导，对公客户净资产、实收资产等可以根据客户财报进行推导计算，企业规模可以根据行业、人员数、净资产等进行推导计算。

接下来是技术实现阶段。科技部门可通过引入外部数据或者利用系统整改等技术手段，从根本上杜绝问题的发生。

最后是问题改善阶段。由处理部门统一组织各机构集中补录，比如通过第三方渠道获取基本信息；电话通知客户近期进行财报、信贷抵押物信息的审查，索取基本账户、基本账户开户行信息等；与监管单位协商，补录困难时可否不做报送，如个人家庭收入、信贷等。

数据质量的管理组织问题不解决，各部门之间就难以协调，相关工作就无法落地。在很多机构里，负责数据管理相关工作的部门可分为一级部门、二级部门和小组等。以金融机构数据治理为例，自 2018 年以来，经过 5 年的治理，最终治理效果的差别主要表现在组织上——一级部门的治理效果明显更好，二级部门的治理效果相对差一些，小组的治理效果往往最差。

2. 数据质量管理模式

常见的数据质量管理模式有三种，如图 17-2 所示。

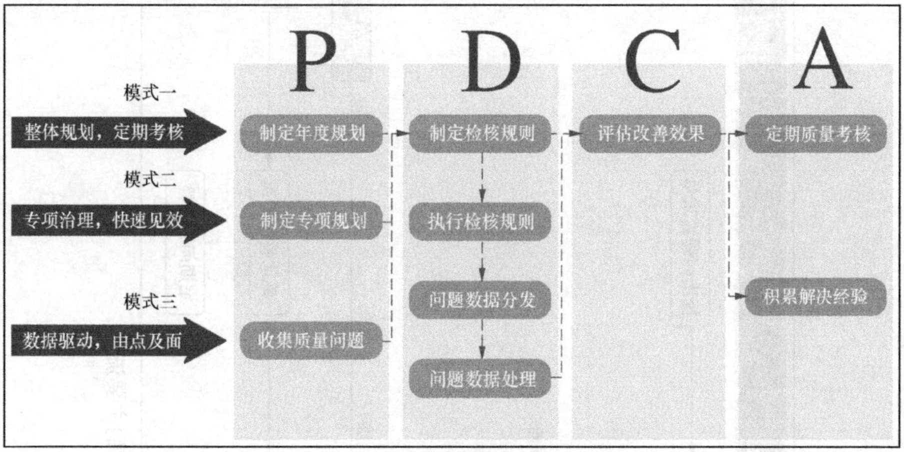

图 17-2 常见的数据质量管理模式

- **模式一**：整体规划，定期考核。按照制定年度规划、制定检核规则、评估改善效果、定期质量考核的工作流程，统筹数据质量的管理。
- **模式二**：专项治理，快速见效。以业务为中心，各部门积极协同，通过小范围试点，明确治理目标，跑通治理流程，实现短期见效，以便下一步推进全局性治理。
- **模式三**：数据驱动，由点及面。收集质量问题，制定解决办法，高效高质处理问题，最后评估效果，积累经验。

上述三种模式对应数据质量管理的三个关键点：一是数据质量问题的收集和获取，以及数据分发机制的重要性；二是评估机制的重要性，以建立考核机制和保障落地效果；三是经验积累的重要性，建立知识库和问题库，快速解决数据质量问题。

3. 定位数据质量问题的流程

针对 PDCA 管理流程，还可以从数据质量规划层面、数据质量管理层面、全员管控层面、数据质量问题处理层面进行细分，最终落实到数据质量管理的全流程。

图 17-3 展示了定位数据质量问题的主要流程，在这个流程中，有三个难点会严重影响数据质量问题的解决，它们分别是制定检核规则难、分发问题数据难和处理问题数据难。如果能攻克这三个难点，就能在很大程度上提升数据质量。

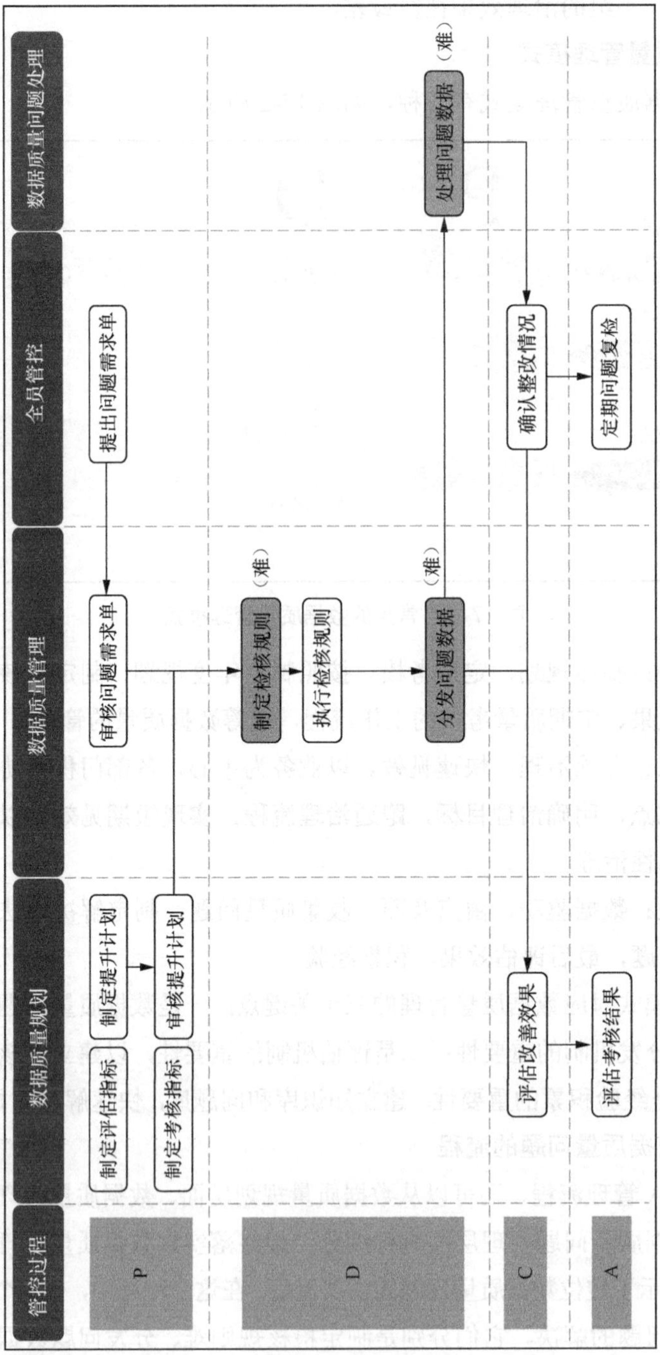

图 17-3 定位数据质量问题的主要流程

17.3 “四驾马车”赋能数据质量问题解决

为支撑PDCA管理流程，我们提出通过“提术”“联术”“智术”“技术”这“四驾马车”来支撑落实数据质量问题的解决与处理（见图17-4）。其中，“提术”是以业务为中心，快速分类、识别提取数据质量问题；“联术”是通过数据标准、数据架构、血缘分析、主数据等实现多点联合，解决数据质量问题；“智术”是充分利用人工智能、机器学习等技术，通过自我深度学习来构建问题知识库、方案知识库，实现问题与方案的智能推荐；“技术”是借助大数据平台，支撑海量数据的批量计算，实现海量存储和数据剖析。简言之，就是以“提术+联术”为手段，以“智术+技术”为支撑，降本提效，助力问题数据解决，提升数据质量。

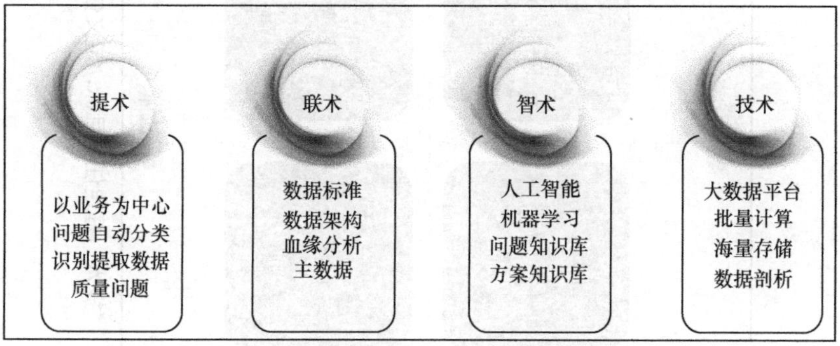

图17-4 “四驾马车”赋能数据质量问题解决

1. “提术”框定任务目标，定义任务优先级

“提术”就是要框定目标，以业务来驱动，定义任务优先级。如图17-5所示，“提术”优先考虑第一类——重要且易整改的问题，如果在业务方面发现字段内容为空，则大概率是设计的问题。数据一致性的问题，需要通过技术手段健全关联关系，以保持数据一致。第一类的问题需要以点带面，实现价值最大化。其次考虑第二类——重要但难整改的问题，这类问题大部分涉及唯一性和一致性，与主数据相关，比如客户的数据分布广泛但不完整，这类问题就需要拉长周期、长期规划、逐步落实。接下来考虑第三类——不重要但易整改的问题，这类问题更多的是业务逻辑问题，比如关联校验问题等。最后考虑第四类——不重要且难整改的问题，比如客户身份证号码、客户地址、电话号码等，只能细化分类，拉长时间，慢慢解决。

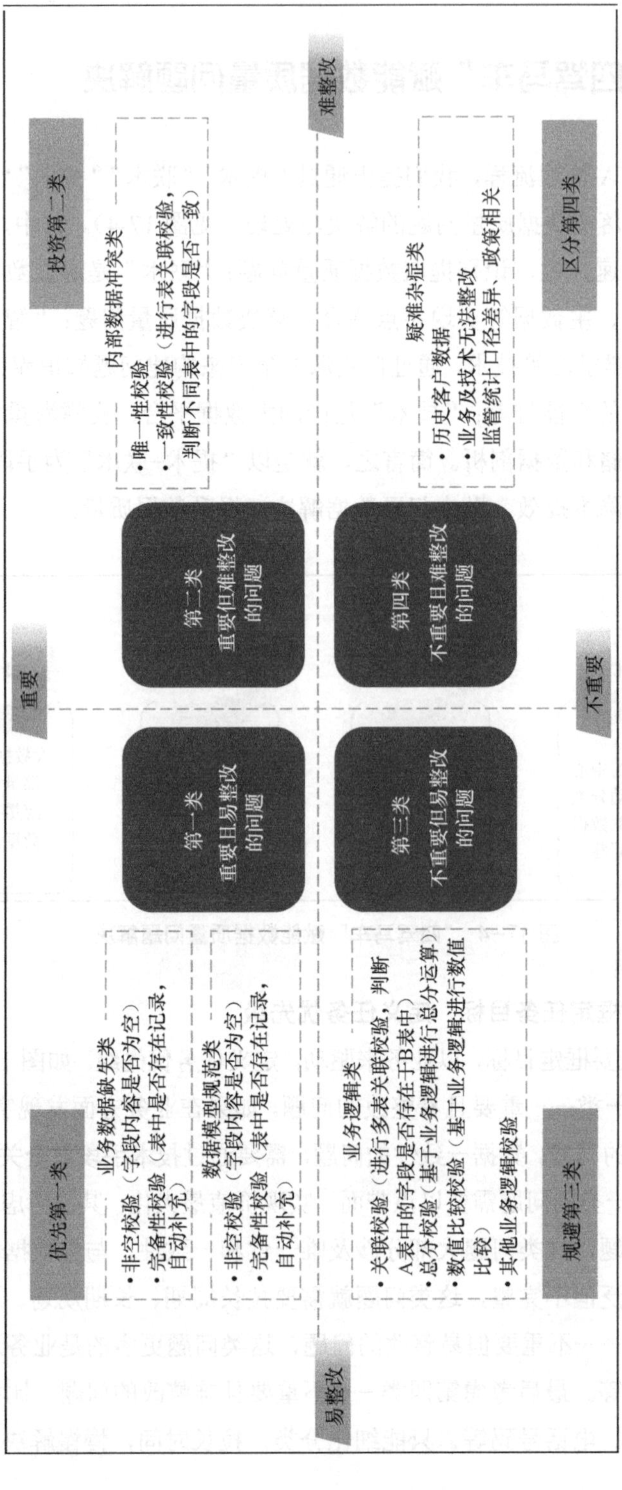

图 17-5 “提术”框定任务目标，定义任务优先级

2. “联术”整合工具，高效解决问题

数据质量问题不一定是单点问题，往往同时关联数据架构、元数据、主数据、数据标准及应用场景，如图 17-6 所示。

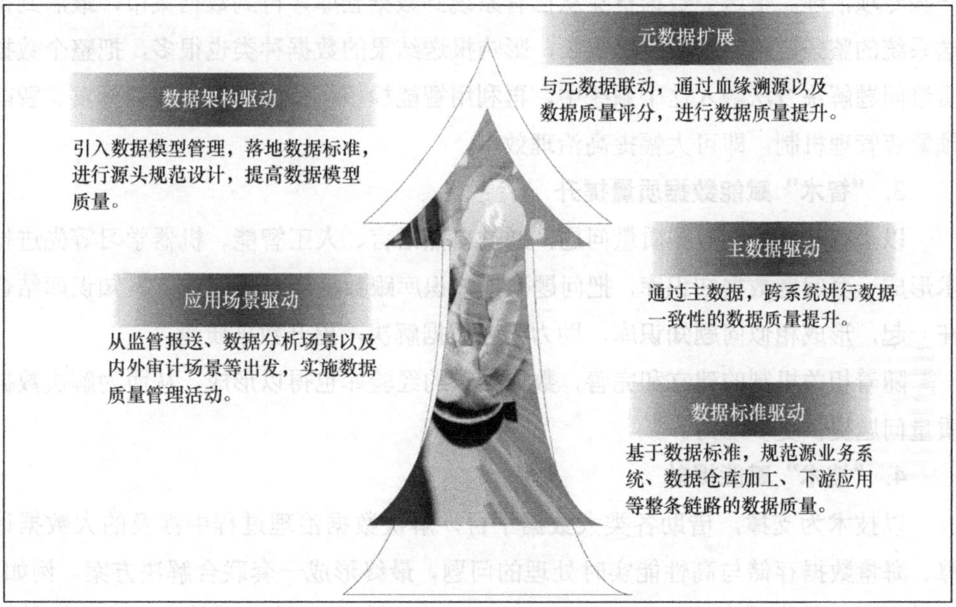
元数据扩展
与元数据联动，通过血缘溯源以及数据质量评分，进行数据质量提升。
数据架构驱动
引入数据模型管理，落地数据标准，进行源头规范设计，提高数据模型质量。
主数据驱动
通过主数据，跨系统进行数据一致性的数据质量提升。
应用场景驱动
从监管报送、数据分析场景以及内外审计场景等出发，实施数据质量管理活动。
数据标准驱动
基于数据标准，规范源业务系统、数据仓库加工、下游应用等整条链路的数据质量。

图 17-6 “联术”整合工具，高效解决问题

首先是数据架构。金融机构业务系统存在的最大问题是没能有效管理模型和数据字段，标准不统一。针对这一问题，应该先进行统一管理并对标、落标，把标准关系建立起来，再基于标准关联场景生成规则。

其次是元数据。血缘部分在理解、使用方面发挥的价值有限，因此必须在整个血缘关系建起来之后，把数据质量的剖析结果内置进去，并将不同字段加工成新的字段，一旦值控制率产生偏差，就可以预警，从而实现事前、事中、事后全流程管控。

然后是主数据。基于主数据进行质量管理，通过主数据，跨系统进行数据质量提升。例如，ECIF（Enterprise Customer Information Facility，企业客户信息工厂）有 5 个系统，只需要配置一条或多条规则，对应到这 5 个系统里的 5 个字段上，流程结束之后，数据是否一致就能一目了然，跨系统的数据一致性问题也会得到明显改善。

接下来是数据标准。基于数据标准解决数据质量问题，在实现系统落标或对标

的前提下，通过同一数据在不同系统中的数据质量检核结果，有效完成数据质量问题整改。

最后是应用场景。很多金融机构在面对一些特殊场景（如监管报送）时，会做一些专项治理。报送类数据贯穿从已有系统到数据仓库，再到数据集市，最后到报送系统的整条链路，这条链路很长，影响报送结果的数据种类也很多，把整个数据质量问题解决方法融入这个系统中，再利用智能检核、智能分析、智能分发、智能预警等管理机制，即可大幅提高治理效率。

3. “智术”赋能数据质量提升

以“智术”解决数据质量问题，通过自然语言、人工智能、机器学习等先进技术形成一套问题数据知识库，把问题数据知识库跟数据质量问题的方案知识库结合在一起，形成相似问题知识库，助力问题数据解决，提升数据质量。

随着相关机制的建立和完善，数据质量的经验库也得以形成，从而为解决数据质量问题提供更多助力。

4. “技术”赋能提效

以技术为支撑，借助各类大数据平台，解决数据治理过程中涉及的大数据计算、海量数据存储与高性能实时处理的问题，最终形成一套联合解决方案。例如，通过采用“数据节点注册、数据链路配置、数据任务构建、系统资源分配”的分层管理模式，实现数据治理的降本增效；通过存储赋能，支撑海量数据存储；通过计算赋能，支撑大数据离线计算和实时计算；通过高性能实时处理，针对不同数据节点类型提供 TB 级吞吐量、秒级低延迟的增量数据处理能力，提高企业检核效率。

17.4 全流程管控助力数据质量长效管理

建立长效机制是提升数据质量的关键。可以将长效机制和 CMM（Capability Maturity Model，能力成熟度模型）结合在一起，坚持治存量、控增量的原则，覆盖 IT 系统建设和业务系统建设。如图 17-7 所示，从立项、需求、设计、编码、测试、试运行、验收到基线变更全环节，建立一套可持续发展的机制，既要解决历史存量数据质量问题，也要通过这种机制控制数据质量问题的新增，慢慢实现高效、良性的数据管理和数据治理。

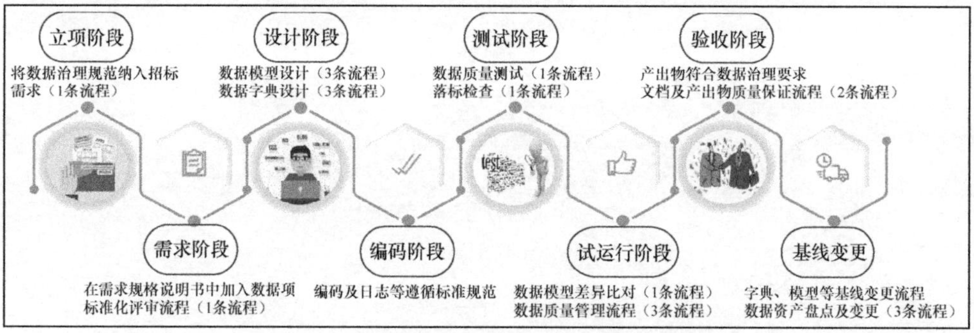

图 17-7 全流程管控助力数据质量长效管理

从 2018 年发展到本文写作时，数据治理经历了 5 年多的时间。而数据质量问题也随着数据治理的发展日趋严重，在很大程度上制约着数据治理的发展。积极的一面是，尽管新的问题不断涌现，但相应的研究仍在持续深入，对应的策略也在逐步完善。近年来，伴随着理论知识的升级和实战经验的积累，数据质量问题的全面解决指日可待，数据质量问题将不再成为影响数据治理发展的桎梏。

第五篇

企业最佳实践

第 18 章　中国石化的数据治理框架、方法和效果

蒋楠　正高级工程师，中国石油化工集团有限公司（以下简称中国石化）信息和数字化管理部副总经理。长期从事信息化规划、设计、建设和应用工作，主持集团级多业务域信息化系统建设工作，全面推进集团数字化平台建设、数据治理和应用工作，建立了中国石化数据治理体系，统筹管理中国石化 IT 体系。作为主要负责人，主持完成了中国石化各类信息化建设项目数十个，多次荣获中国石化科技进步奖、中国石化管理创新奖，发表论文十余篇、专（合）著两部。

工业革命带动科技和产业高速发展，使人们的生活发生了巨大的变化。新一代信息技术带来了生产关系和上层建筑的变革，正在重新塑造世界。基于数字技术的数字经济成为发展最快、创新最活跃、辐射最广的经济活动。习近平总书记强调，数字经济正在成为重组全球要素资源、重塑全球经济结构、改变全球竞争格局的关键力量。2020 年 4 月发布的《中共中央 国务院关于构建更加完善的要素市场化配置体制机制的意见》把数据与土地、劳动力、资本、技术等一并视为生产要素。2022 年 12 月发布的《中共中央 国务院关于构建数据基础制度更好发挥数据要素作用的意见》提出关于数据产权、数据要素流通、收益分配、安全治理等 20 条政策举措。在数字经济时代，数据成为驱动创新、引领升级的关键生产要素，是企业可持续发展的重要战略资产。

中国石化作为世界行业领先、国内最大的上中下游一体化能源化工公司，业务众多、流程复杂，流转在企业各个业务系统之间的数据不断产生。如何充分利用已有数据、提升生产效率、降低运营成本和挖掘数据价值成为企业关注的重点。数据治理是实现企业数据要素价值释放，让数据成为新“石油”的关键。通过数据治理，可以打通企业内部不同层级、不同领域之间的数据壁垒，全面激活数据资产、提升数据质量，形成数据和应用良性循环，对内支撑业务应用和管理决策，对外加强数据服务增值，实现数据潜在价值向实际业务价值的转化。

本章结合石化行业特点，对中国石化数据治理的概念和特点进行界定，提出数据治理总体框架及数据治理工作方法。然后进一步地通过总结数据应用实践验证数据治理效果。最后对未来数据治理工作进行了展望。

18.1 中国石化的数据治理概述

18.1.1 国内外的数据治理概念

数据治理理论经过多年的发展与演变，逐步形成了治理过程理论体系和产业实践应用理论体系。

国外学界对于“数据治理”的认识始于 2004 年，由美国佐治亚大学的休·J.沃森（Hugh J. Watson）在 *Decision Support Systems* 杂志上探讨“数据仓库治理”在企业管理中的实践时首次提出。同年，世界知名的 DGI（Data Governance Institute，数据治理研究所）认为，数据治理是信息相关流程的决策权与问责制度体系，是对数据相关事项做出决策的工作。DAMA-DMBOK 2 指出，数据治理是在数据资产管理过程中行使权利和管控的活动的集合，以确保根据数据管理制度和最佳实践正确地管理数据。

国家标准 GB/T 34960.5—2018《信息技术服务 治理 第5部分：数据治理规范》定义数据治理是数据资源及其应用过程中相关管控活动、绩效和风险管理的集合。国家标准 GB/T 36073—2018《数据管理能力成熟度评估模型》提出数据治理是对数据进行处置、格式化和规范化的过程。

产业实践机构也对数据治理的概念不断深化，从不同的视角提出了自己的定义。IBM 认为数据治理是指管理企业数据生命周期中的数据可用性、数据保护、数据易用性和数据质量。阿里巴巴将数据的资产化以及围绕数据资产的价值挖掘作为数据治理的核心目标。华为将数据作为企业的战略资产，打造以政策指引为纲领，以信息架构和数据质量为抓手，以流程、组织、IT 工具为依托的数据治理体系。

目前，实体制造型企业的数据治理理论和方法相对欠缺。作为数据潜能释放的重要领域，石油化工行业的数据治理具有较强的现实意义。

18.1.2 中国石化的数据治理概念

中国石化作为我国石油化工行业龙头企业，业务覆盖勘探开发、炼油化工、油品销售、金融资本等上中下游业务链，生产经营与决策管理流程复杂，多期共存的数据信息系统历史包袱重，数据具有种类多、规模大、增速快、存储格式复杂、分布广泛等特点，数据治理工作的难度更大、复杂性更高。中国石化数据治理概念是基于中国石化现状，结合国内外数据治理理论和企业领先实践提出的。

中国石化数据治理是指在集团公司数据治理委员会的领导下，为了提升数据质量和数据共享服务能力、推进数字化转型发展而采取的一整套管理行为和技术手段，由数据治理部门发起并推行。

数据治理是一项系统工程，不仅仅涉及 IT 手段，更多的是管理上的变革。数据治理工作应在集团层面建立统一组织，统筹业务、技术、管理人员协同推进。数据治理的最终目标是提升数据的价值，推进数据战略执行，促进企业数字化转型发展。

18.2 中国石化的数据治理总体框架

中国石化数据治理总体思路是以服务集团公司数字化转型为基本原则，充分发挥域长负责制优势，充分借鉴行业先进经验，充分利用已有建设成果，打造一体化、专业化、常态化、资产化的数据治理新模式，建立健全集团公司数据治理体系，构建集团公司数据资源“版图”，促进集团公司数据资源共享，实现集团公司数据资产价值释放。

中国石化在集团公司“十四五”发展规划和数字化转型战略的指引下，立足集团公司治理现状，借鉴业界主流数据治理方法论以及石油石化行业实践经验，构建集团公司数据治理总体框架，在各业务域开展数据治理，全面提升数据资产管理能力、数据资产运营能力，并建立体系运行所需的保障机制和工具支撑，形成数据治理长效机制，实现数据“提质、赋能、优化”，驱动业务创新，推进数字化转型。

18.2.1 中国石化数据治理总体框架的主要内容

中国石化数据治理总体框架包含保障机制、工作任务、运营任务、平台工具 4 部分，如图 18-1 所示。保障机制是数据治理、数据应用、数据运营等总体工作有序开展的基础；工作任务规定了数据治理的范围；运营任务为数据应用、数据资产化等过程提供支撑；平台工具是承载数据治理流程、数据资源、运营模式的重要载体。这 4 部分既相互独立，又相互依存。

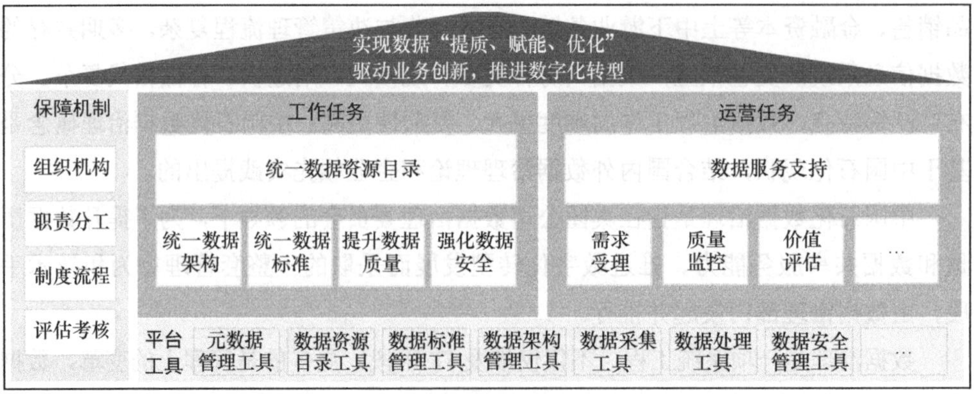

图 18-1　中国石化数据治理总体框架的主要内容

1. 保障机制

保障机制主要包括组织机构、职责分工、制度流程和评估考核等内容。

（1）成立数据治理委员会，建立协同工作机制。

在全集团推行域长负责制，将业务划分为19个业务域，并为部分业务域设置分域。在此基础上，成立数据治理委员会，明确各方责任分工。

中国石化数据治理委员会由集团公司领导和各业务域域长组成，数据治理委员会、数据治理办公室和数据治理责任人协同联动、共同发力，推动集团公司数据治理工作的开展。

数据治理委员会负责审定集团公司数据战略和规划，以及解决跨板块、跨业务领域的数据争议等。图18-2是中国石化数据治理委员会的组织架构图，数据治理办公室设在信息和数字化管理部，负责集团公司数据治理工作的日常管理与推进，组建数据治理专家团队，以及指导各业务域和直属企业开展数据治理工作。另外，在集团内部建立数据治理责任人制度，在各业务域、直属企业、分（子）公司设立数据治理责任人，各业务域域长为所管业务域的数据治理责任人，各直属企业、分（子）公司的主要负责人则为所辖部门的数据治理责任人。

（2）构建数据治理制度体系，打通数据管理流程。

制度是一切管理的基石和保障，要实现有效的管理，必须先建章立制。为全面实现“依法治数、依法管数”，中国石化根据数据治理发展趋势及业务实际情况，在现有制度的基础上完善数据管理相关法规，编制中国石化数据治理相关管理制度、流程、规范、模板及指导书等，形成“1+6+N”制度体系，为集团公司数据治理提供政策指引和基础保障。与此同时，各业务域及直属企业按照集团公司制度要求制定执行细则并具体落实本单位数据治理工作。

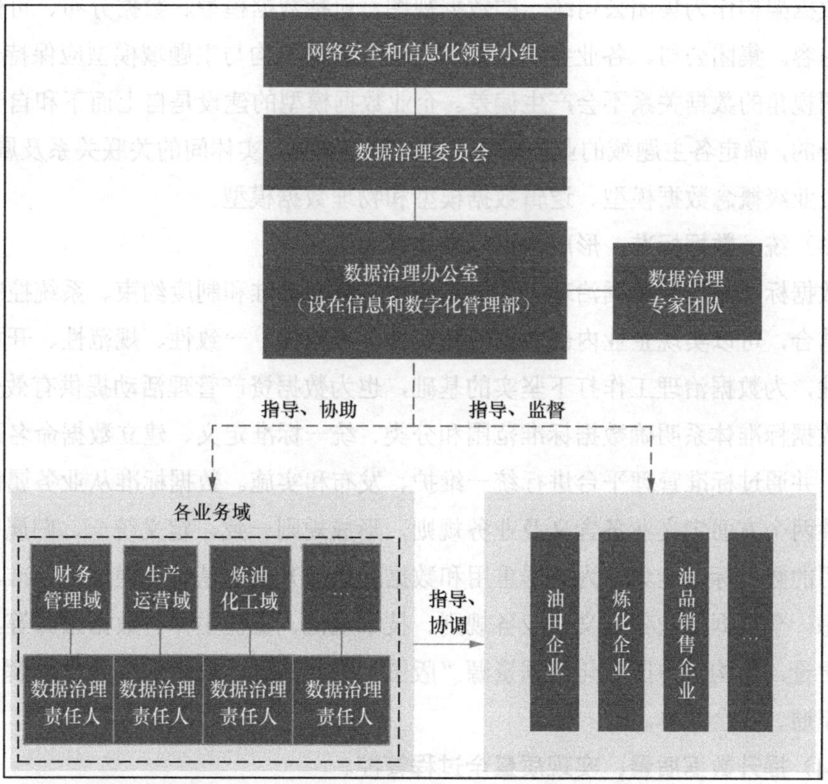

图 18-2 中国石化数据治理委员会的组织架构图

2. 工作任务

数据治理工作包括统一数据资源目录、统一数据架构、统一数据标准、提升数据质量和强化数据安全 5 个工作任务，旨在从业务和 IT 视角梳理清楚有什么数据、数据的业务定义与规则、数据之间的关系、数据的分类分级等。

（1）统一数据资源目录，构建数据资源“版图”。

数据资源目录应从业务视角出发，梳理、构建和发布集团公司数据资源体系。数据资源目录通过将各业务域的业务盘点和应用系统盘点相结合的方式，厘清本业务域数据资源的业务定义、管理权责、数据流程及交互关系，进而整合和发布数据资源全集目录及相关数据标准。通过构建集团公司统一的数据资源目录，从根本上解决有数不能查、有数不能懂等问题，实现数据资源统一管理，真正让数据可见、可查、可懂、可信、可用，形成业务定义清晰准确、责任权属关系明确、高效易用的集团数据资源“版图”。

（2）统一数据架构，构建企业级数据模型。

数据架构作为集团公司统一的数据视图，包括数据模型、数据分布、可信数据源等内容。集团公司、各业务域和直属企业的数据架构与主题域模型应保持一致，使不同视角的数据关系不会产生偏差。企业数据模型的建设是自上而下和自下而上相结合的，确定各主题域的业务对象、逻辑数据实体、实体间的关联关系及属性等，建立企业级概念数据模型、逻辑数据模型和物理数据模型。

（3）统一数据标准，形成数据标准体系。

数据标准是开展数据治理工作的基础。将数据标准和制度约束、系统控制等手段相结合，可以实现企业内部数据的完整性、有效性、一致性、规范性、开放性和共享性，为数据治理工作打下坚实的基础，也为数据资产管理活动提供有效依据。

数据标准体系明确数据标准范围和分类、统一标准定义、建立数据命名及编码规范，并通过标准管理平台进行统一维护、发布和实施。数据标准从业务属性、技术属性两个方面定义业务含义及业务规则，形成规则一致、定义统一、归属明确、可复用的数据标准全集，为数据重用和数据质量提升奠定基础。通过抓标准，有效规范每一个数据的业务定义、业务规则、技术规范、责任主体、数据来源等，提高数据质量，为构建中国石化数据资源“版图”夯实基础，确保业务数据理解一致、顺畅流通、安全共享。

（4）提升数据质量，实现质量全过程管控。

制定集团公司统一的数据质量评估框架，提供数据质量评估服务。首先，确立数据质量认责机制，加大数据源头质量管控力度，压实数据质量管理责任，强化数据质量日常监督机制，实现从事后检查逐步向事前检查的转变。其次，细化数据质量规则，按照数据质量的六性维度——“规范性、准确性、完整性、及时性、一致性、可能性”维度，结合业务规则、数据标准等要求，制定各业务域数据质量规则，构建科学、合理的数据质量体系。最后，数据质量评估框架从符合性质量和适用性质量两方面，分别评估数据的技术规范程度和业务适用程度，同时参照国家、行业相关标准规范进行具体的数据质量评测。

（5）强化数据安全，构建数据安全体系。

依据《中华人民共和国网络安全法》《中华人民共和国数据安全法》《中华人民共和国个人信息保护法》等国家数据安全管理相关法律法规，基于中国石化网络安全整体防御体系和安全技术，构建数据安全体系，着力打造面向数据使用、数据共享的数据安全防护能力，主要包括数据安全分级分类、数据安全风险评估、数据安全监控与审计、数据安全技术等内容。

通过制定有效的数据安全策略和规程，确保合适的人以正确的方式使用和更新数据，并限制所有不适当的数据访问和更新行为，以及保证数据和信息资产在使用过程中有恰当的认证、授权、访问和审计措施，促进数据安全流通与应用，为数据湖及数据中台提供全方位的数据安全保障。

3. 运营任务

数据运营是一个长期的过程，通过建立长效运营机制，实现常态化、专业化的数据资产配置、使用和维护，满足数据应用需求，改善数据资产运营效率，提升数据资产收益。

运营任务主要包括需求受理、质量监控、价值评估等内容。中国石化专门组建了业务、技术均过硬的数据治理专家团队和运营团队，通过管理数据资产的配置、使用、维护、审查等，改善内部响应效率。数据消费者可以根据平台已有数据资源成果开展各类数据应用建设。针对新建数据资产，数据团队充分利用“多湖一中台”数据资源进行数据抽取、加工、转换，以 API 服务方式送达数据需求方。最后，针对业务域的数据治理、数据运营和数据应用效果开展相关评估，并通过运营团队建立良好的数据交换渠道。运营团队承担数据文化建设等职责，全过程保障服务的质量和效率。

4. 平台工具

中国石化基于中国石化工业互联网平台“石化智云”提供的数据汇聚、数据标准化、数据融通、数据服务等能力，建设了“多湖一中台”体系，其中包括多级数据湖和统一数据中台。

数据湖承载数据采集、存储等功能；数据中台提供数据服务、数据管控、数据安全及统一数据治理工具、数据门户等功能。中国石化按照统一的数据治理技术路线，充分利用已有的数据治理工具，采用“完善提升+引进开发”的方式，为各业务域及直属企业提供统一数据治理工具支撑。这些工具主要用于数据集成管理、数据标准管理、主数据管理、数据模型管理、数据服务管理等。数据治理工具为数据全生命周期管理和数据资产运营提供技术支撑和工具集，通过构建服务化、集约化的数据共享应用环境，敏捷响应数据应用需求，促进业务创新。

18.2.2 中国石化的数据治理工作方法

为了进一步明确业务部门和信息部门的数据治理工作内容，中国石化发布了数据治理工作指南，明确了“整体规划、分步实施、急用先行、治用结合”的工作原则，提出了中国石化数据治理“七步法”，如图 18-3 所示，其中涵盖数据治理的工作步骤、工作内容及相关工作模板，为各业务域提供切实可行的方法，有效推进中国石化数据治理工作的全面开展。“七步法”将数据治理工作科学拆分，同时将业务部门、信息部门的工作有机融合，双方各司其职，共同完成数据治理工作，建成中国石化数据资源“版图”。

图 18-3 中国石化数据治理“七步法”

1. 完善数据治理组织

各业务域的域长是所管业务域数据治理工作的责任主体，承担所管业务域从上到下的纵向统筹管理和组织实施工作，并负责所涉及的其他业务域的横向组织协调工作。各业务域及相关企业参照集团公司数据治理组织设置方式，组建数据治理工作推进组，负责组织、推进、协调本业务域、本单位的数据治理工作。与此同时，成立业务域数据治理专家团队，在总部数据治理专家团队的指导下开展工作。

2. 分析数据现状

各业务域围绕业务、应用系统和数据等维度开展现状调研，厘清业务条线，梳理应用系统对业务的支撑情况，识别数据应用痛点，明确数据治理需求。其中，业务方面重点分析业务现状及业务规划，识别应用需求，分析信息化支撑情况及薄弱环节，梳理现有规章制度、标准规范、内外部监管要求；应用系统方面重点分析各系统的应用情况，识别业务应用功能的重叠情况，统计数据分析平台和工具及其应用情况。通过对业务和应用进行分析，总结业务域数据应用建设需求和数据治理需求。

3. 编制治理计划

各业务域参照集团公司数据治理总体框架和重点任务，结合域内现状，明确域内数据治理目标，制定未来一至三年数据治理工作计划，确定工作优先级，提出相关信息化项目建设建议。制定短期数据治理计划较开展全量数据治理更具优势，可以快速定位数据治理工作重点，循序迭代验证数据治理成果，以实践成果不断更新完善工作计划，持续为业务开展赋能、赋智。

4. 开展数据资源盘点

各业务域按照数据治理工作计划，开展数据资源盘点。一是基于业务视角，梳理业务分类及业务对象；二是基于技术视角，梳理源系统、技术属性等信息。业务部门和信息部门通力配合、深度参与，及时解决业务、技术分歧问题。

基于业务视角梳理数据资源主要包括梳理业务分类及业务对象，明确业务所属业务域和主题域分类，同时通过相关岗位职责、管理流程及台账报表分析，梳理业务流程和业务活动，明确业务间的关系，分析识别业务对象及相关属性，并对业务对象进行业务定义和详细描述，初步形成业务对象及属性清单，并补全相关业务及管理属性信息。

基于技术视角梳理数据资源主要包括分析与业务对象相关的源系统，结合源系统用户手册、系统设计文档和数据库设计说明等，梳理业务对象的技术属性信息。

5. 制定数据标准

各业务域基于前期数据资源盘点成果，聚焦业务管理需要和跨系统使用需求，完善业务、技术、管理层面等内容，形成域内数据标准。其中，管理属性和业务属性主要由业务部门负责，技术属性主要由信息部门负责。

各业务域完成域内数据标准编制后，提交数据治理办公室组织审查，审查通过后统一发布，形成集团公司规则一致、定义统一、归属明确、可复用的数据标准。新建系统应严格遵循已发布的数据标准，将数据标准贯彻落实到系统设计、开发、测试等各个阶段。

6. 推动数据入湖

按照集团公司统一技术路线要求，各业务域遵循数据入湖标准，明确需要入湖的数据资源的管理责任人、引用标准、数据源、数据密级等信息，制定数据入湖策略，推动数据入湖。

数据入湖需要遵循如下 6 项标准。

（1）明确数据治理责任人。入湖时需要明确数据治理责任人，清晰入湖数据的管理责任，实现数据问题可追踪、可定位到数据责任人。

（2）执行数据标准。按照已发布的数据标准，检查入湖数据的数据标准执行情况，并结合业务需要，持续扩充、完善数据标准。

（3）认证数据源。认证入湖数据的唯一源系统，一般指业务上首次产生或正式发布某项数据的应用系统。

（4）定义数据密级。依据数据安全分级标准，定义数据密级。

（5）制定数据质量方案。按照业务管理需要，制定数据质量检查指标及检查方案，进行源系统数据质量评估，制定数据质量方案，满足数据质量要求。

（6）注册元数据。进行元数据注册，为数据应用导航，并为数据地图的建设提供关键输入。

在实施数据入湖时，应按照数据标准在数据湖内构建统一的数据模型，并按照数据需求、类型、频度等维度制定灵活的数据入湖策略，使用数据治理工具完成数据入湖，开发数据服务。

7. 发布数据资源

各业务域提交数据资源盘点成果，数据治理办公室组织审查通过后，在中国石化数据服务平台上发布，形成数据资源目录，支撑数据应用。资源目录信息审查主要包括业务域内审查和跨域审查。业务域内审查的关键信息包括数据资源描述、业务域分类、数据责任人、数据安全等级等，跨域审查的关键信息包括业务域分类、业务对象、数据责任人等。

业务域发布数据资源后，可在中国石化数据服务平台上查询、使用域内数据资源。各业务域可申请使用数据，经数据所有者同意后，获得其他业务域数据资源使用权。

中国石化基于数据治理“七步法”，按照“数据+平台+应用”的信息化建设新模式，使用已发布的数据资源和数据标准，建设数据应用，验证数据治理成果。可以通过设定评估指标来验证数据治理成果，包括但不限于数据查询性能提升、数据质量提高、数据标准统一等。

中国石化数据治理“七步法”采用循环迭代的方式，通过制定两到三年的工作计划来不断完善数据治理成果，最终构建中国石化数据资源“版图”全集，持续提升数据质量，以更好地支撑数据应用。

18.3 中国石化的数据治理效果

中国石化的数据治理工作取得了良好的效果，具体表现在数据治理体系、数据资源成果、数据服务平台和数字文化等方面。

18.3.1 数据治理体系

在构建数据治理体系方面，中国石化从定方向、建组织、建体系三个方面做出了卓有成效的工作。

（1）定方向：完成数据治理总体工作规划设计。编制《中国石化数据治理专项报告》，确定工作思路；发布《中国石化数据治理工作指南》《中国石化数据治理白皮书》，明确数据治理战略目标、工作任务、工作步骤“七步法”，各业务域按照“七步法”指导全域开展数据治理工作。

（2）建组织：组建数据治理专家队伍。在数据治理组织方面，各业务域及分域已经有序组建数据治理专家团队。各业务域分别以不同形式成立专家团队、专家库、工作小组、推进小组等组织结构，拥有全域专家1600余人。

（3）建体系：编制制度流程规范。首先，制定集团统一的《数据资源管理规定》，确定数据治理工作总纲。其次，以《数据资源管理规定》为基础，编制数据治理相关细则，包括《数据架构管理细则》《主数据管理细则》《数据标准管理细则》《数据质量管理细则》《数据安全管理细则》《数据生命周期管理细则》，明确数据全生命周期管理内容、相关管理流程与管理机制，保障数据治理各项工作在总体框架下有序开展。同时，优化数据管理原则，明确数据应按照“谁产生谁负责、谁所有谁负责、谁使用谁负责”的数据确权原则，按照业务职责归属数据所有权。经数据所有者同意、数据管理者配合，让数据消费者获得数据使用权。

18.3.2 数据资源成果

各业务域开展数据资源盘点，建设统一数据资源目录。

- **战略与决策管理域：**完成4个业务子域、9个关键业务的数据资源盘点工作，完成97家企业、9万余条项目信息的数据清洗工作。
- **财务管理域：**完成会计、资金、资产管理3个子域的数据治理和数据标准评审及发布工作，跨域提供标准化的财务数据资源和数据标准。
- **人力资源管理域：**完成人才管理子域数据治理和数据标准评审及发布工作，并完成相关信息系统贯标实施工作。
- **物资供应管理域：**完成物资域全域数据的盘点工作，并编制完成第一批数据标准和内部确认，覆盖全域业务的35%。
- **安全环保域：**在安全管理方面围绕7大主题域、48个核心业务流程，初步完成全域数据资源盘点，形成141个业务对象、2113项属性；在环保管理方面围绕环保业务环境风险、污染管控等关键业务，初步梳理57个业务对象、1340项属性。
- **国内油气勘探开发域：**初步完成数据资源目录整合，包括8个主题域、32项业务一级子域、1558个业务对象、2707个数据集、38821个数据项。
- **炼油化工域：**同步开展事业部与试点企业的数据盘点工作，发布第一批458项炼油化工域数据标准，开展主数据贯标工作。
- **金融服务域：**结合金融行业监管规范要求，完成保险经纪业务数据标准的编制和内部确认，同时启动投资业务和年金业务的数据治理工作。

18.3.3 数据服务平台

数据服务平台以“对内促进数字化转型，支撑并驱动业务创新发展；对外支撑数据资产运营，实现数据价值变现”为总体目标，遵循“取于云、建于云、用于云”的原则，结合大数据处理技术，以“采、聚、理、用、保”为主线，建设中国石化数据服务平台，具备多源异构数据采集、数据汇聚、数据治理、数据服务、数据分析、数据安全等能力。同时，着重进行数据分析、数据服务的建设，推动人人分析数据和数据运营发展，逐步成为中国石化与政府、合作伙伴、社会团体等相关方的“数据枢纽”。

目前，中国石化数据服务平台上线运行两年多，总计接入400多个源系统，实现接口13000个，开发API服务5000多个，支持了150余套数据分析类应用，直接服务了3万多个客户，总调用次数超过2.2亿次，日均访问次数已超过200万次。中国石化数据服务平台通过提供API调用、数据订阅等多种数据服务形式，可满足报表展示、在线查询、多维分析等多种应用场景，不但支撑各层级数据应用，还为客户、供应商、合作伙伴进行数据赋能，推进服务方式、管理模式以及生产方式的变革，促进产业链生态建立，为集团公司各业务域的数字化转型提供强劲动力。中国石化荣获2021年DAMA中国“数据治理最佳实践奖”；中国石化数据服务平台获得2022年DAMA中国“数据治理优秀产品奖”，并通过了中国信通院对数据中台成熟度模型能力的测评。

18.3.4 数字文化

在中国石化内部，形成数据治理培训机制。中国石化组织数据治理理论培训及工作研讨会28期，累计培训数据治理相关人员2600余人次；组织数据治理技术交流43期，累计培训500余人次，在全集团持续开展数据治理培训赋能。

面向石化行业，提升中国石化在数据治理领域的影响力。首先，联合北京大学、中国石油大学、中国石油等高校和单位，联合编制石油石化行业数据治理白皮书，进一步扩大中国石化在行业内的影响力，发挥链长企业示范作用。其次，编制石油石化数据治理领域团体标准，立足石油石化企业实际需求，提供实施路径等方面的参考模型，为石油石化企业开展数据治理工作提供参考。

18.4 中国石化的数据治理工作展望

未来，中国石化的数据工作还需要从以下方面进行优化。

18.4.1 持续提升数据治理能力

数据治理是一个长期推进、持续提升的过程。中国石化作为一家全球化的企业，应充分考虑并分析宏观经济影响和外部政治文化影响，分析内外部业务、市场和利益相关方的各类需求，调整治理目标与路径，以适应内外部环境的变化，支撑数据治理的实施，促进业务健康、可持续发展。

目前，全球各国加快了数据领域的立法和监管，严厉而缜密的数据合规体系在全球快速建立。随着业务、技术的不断发展，数据立法范围逐步扩大，企业应加快数据合规与风险治理的步伐。中国石化为迎接数据跨境合规的挑战，一方面了解内部数据跨境现状和外部监管规则，并了解企业数据跨境合规管控重点；另一方面以风险为导向，建立和完善企业数据跨境合规管控机制，搭建立足自身、内外联动、成本效益并举、灵活可持续的数据跨境合规体系。

18.4.2 探索数据资产化管理

深入学习贯彻国家数据要素条例，探索新背景下的数据所有权机制创新研究，加大数据使用过程中的价值释放。

充分发挥中国石化海量数据规模和丰富应用场景优势，探索并丰富数据资产化的理论内涵，研究数据资产内外部衡量指标体系、数据价值分配机制、数据资产价值评估方法、数据要素流通交易机制、数据资产入表、数据价值收益分配等，明确数据资产化过程演进路径，为中国石化数据资产化管理提供常规可落地的方法指引，激活全业务链数据要素潜能，增强企业数字化转型发展新动能。

18.4.3 打造数据服务新生态

构建中国石化数据服务平台内外部合作机制。依托中国石化数据服务平台能力，组建数据枢纽、沉淀业务知识，面向大型制造企业与特色中小企业促进应用推广，打造石油化工行业产业链生态，为石油化工行业的数字化转型提供强劲动力。

构建共享共建、战略联盟新商业模式。借助“石化智云”石油化工行业公有云，打造石油化工行业的数据中心、技术中心、赋能中心，更好地服务石油化工行业，带动石化产业转型升级。

第19章　金融业数据资产化时代的数据治理新实践

杜啸争　北京航空航天大学系统工程专业学士，北京大学光华管理学院EMBA。目前担任中电金信高级副总裁、数据研发委员会主席。曾任阿里云全球技术服务部中国区交付总经理，负责阿里云政企项目的交付工作。还曾在联想集团、Teradata等多家大型公司供职，专注于金融行业的大数据平台建设、数据管控体系建设、数据中台产品及数据生态圈应用建设等。参与过多家大型国有银行、股份制银行以及中小银行的大数据平台及应用建设。带领中电金信数据团队连续6年荣获IDC中国银行业IT解决方案市场份额第一名，是中国电子信息行业联合会聘请的“数据治理行业专家”。

19.1　金融业数据管理迈入数据资产化新时代

金融业是国内发展数据治理比较早的行业，金融业数据管理最早可追溯到2000年，国内从那一年开始便在金融业建立数据仓库，经过20多年的发展，整个金融业数据管理已经迈入数据资产化新时代。十几年前，当很多外籍专家来中国教授数据仓库方法论和建模方法论时，应该完全想不到如今会有像DAMA大中华区这样专注数据管理的专业组织出现。金融业数据管理砥砺前行20多年，从模仿国外的模式到如今的自我创新模式，一路走来，其演进可分成5个时代，如图19-1所示。

图19-1　金融业数据管理的演进

从2000年开始，金融业数据管理先后经历了数据仓库时代、数据治理时代、数据应用时代和大数据时代，如今已经迈入数据资产化时代。从2018年开始，金融业数据管理国产化的趋势变得比较明显。2019年7月，工商银行的Teradata（天睿）产品下线就是一个非常典型的标志，此后国内的大型银行逐渐用国产产品替换国外产品。到 2022 年年底，国内主要的大型银行都在进行或已经完成国产化的实践。到 2023 年年底，国内大型金融机构已基本完成国产化替代。

就数据资产化时代而言，随着数据被定义成生产数据、生产要素，以及“数据二十条”的发布，整个数据行业看到了数据资产管理的方向，数据资产化成为数据行业发展的第二增长曲线。

19.2 数据管理技术上云成为重要发展趋势

2022 年 Gartner 发布的数据管理技术发展曲线显示，数据管理的很多技术在国内和国外是相通的，比如数据湖仓、DataOps 等技术。依据技术趋势并结合同业的情况，可以看出整个数据管理技术的发展趋势如下。

（1）整个数据管理技术上云。随着新一代技术架构的升级，基于云原生技术架构成了大型企业的基本要求，而数据管理技术作为业务系统和管理系统中重要的分支，上云也就成了一个必然的趋势。

（2）数据管理将和 AI、机器学习等技术紧密结合，以便增强数据管理能力。以前人们认为 AI 是一个高技术、智能化的方向，且研究的精力大多放在建模和数据算法上。而现在随着数据的长期积累，数据量日益增大，AI 逐渐从 model centric AI（以模型为中心的人工智能）向 data centric AI（以数据为中心的人工智能）转变，数据管理与 AI 之间的联系越来越密切，AI 的很多能力反哺了数据管理的发展。

（3）跨平台管理和管控需求催生了对 DataOps 的需求。客户对数据平台管理的需求、跨平台的需求、快速迭代的需求越来越多，对时效性的要求也越来越高，这就使得数据管理趋势要适应 DataOps 的要求。随之而来的是很多客户在设计之初便会结合需求、开发、运维一体化的管理实践，从 DataOps 的需求入手。

（4）通过主动元数据、数据编织、湖仓一体等技术，加快数据为分析服务的进程。数据编织是大众认可的从应用端反向驱动的一种数据平台构建技术，随着技术的发展和知识的积累，使用数据编织将是未来重要的技术管理趋势。

19.3 金融客户数据管理热点涌现

经过与大型金融机构客户沟通并汇总反馈，我们发现金融客户数据管理呈现出如下4个趋势。

（1）组织架构的调整。2022年年初，原中国银保监会（现国家金融监督管理总局）发布了《关于银行业保险业数字化转型的指导意见》，大型金融机构陆续成立数据管理部。由于数字化转型在金融机构已经成为非常重要的趋势，数据管理部发展成和业务部门、科技部门同等重要的一级部门，预计未来会有越来越多的金融机构通过设立数据管理部来推进自身的数字化转型。

（2）技术架构的迁移。自从2019年7月工商银行的Teradata产品下线以来，可以看到大型金融机构都在迁移自己的数据平台——从国外的平台向国内的平台迁移。在迁移过程中，金融机构并不是单纯地从以前的平台迁移到新的平台，而是伴随着新一代技术架构的升级，即从以前单一的数据仓库平台升级成新一代湖仓一体的技术架构。湖仓一体的技术架构是大型金融机构乃至中小金融机构数据平台发展的重要趋势，因为它既可以解决数据的快速接入、接出问题，又能够解决面向业务分析的问题。

（3）数据资产化。数据资产化助力银行寻找新的业务热点和方向。企业架构建模和数据平台模型的一体化打通成为重要趋势。

（4）数据安全。实现数据的可用不可见是当下非常重要的一个热点。基于这个热点，数据治理可以总结成基于数字化转型的需求、业务转型的需求、监管的需求、安全的需求、敏捷的需求和服务的需求，推动数据资产化时代的数据治理，最终实现数据的可用、好用和安全。

19.4 “1+2+3”数据治理体系框架

针对相关的行业趋势和热点，我们提出了“1+2+3”数据治理体系框架（见图19-2）。其中的“1”是指统一的数据资产管理平台，用来解决相关数据的接入、处理、加工、管控问题，包括整个运营过程；“2”是指两套体系，一套是数据安全合规咨询体系，另一套是数据资产运营体系，这两套体系从宏观层面解决整体数据的规划和安全设计问题；“3”是指数据资源化、数据资产化和资产价值化的过程。

国内金融业从2006年开始做数据标准，如今已经做到第三个阶段。第一个阶段是数据标准，第二个阶段是数据管控工具，第三个阶段是场景化数据治理和多业务场景的梳理。数据治理咨询体系可以简单总结为4个要点：整体规划、标准先行、局部改进和升级改造。

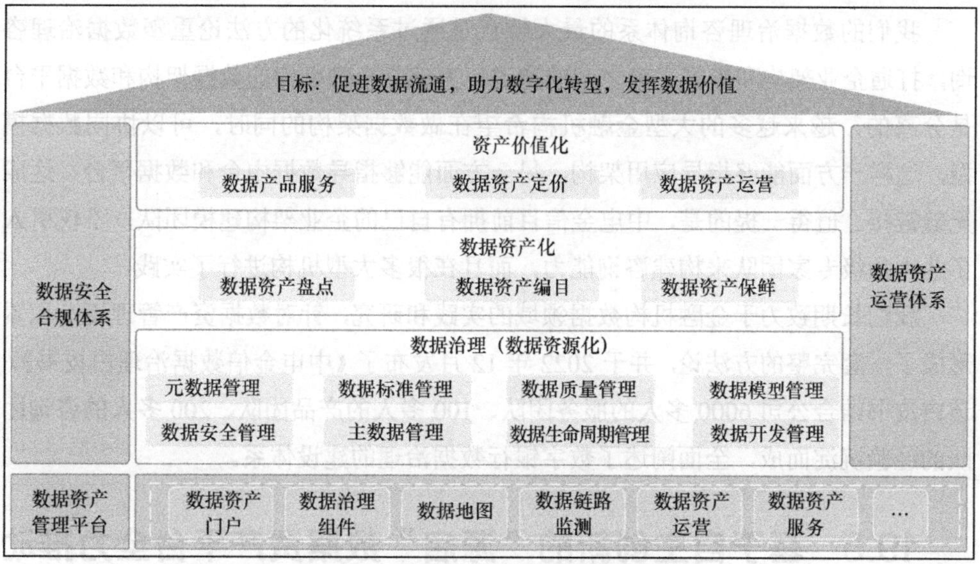

图 19-2 “1+2+3”数据治理体系框架

1. 整体规划：全面布局数据治理，解决顶层设计问题

数据治理在国内金融业实践了20多年，积累了很多成功的经验。企业在开展数据治理工作的时候，一定要结合自身业务战略发展、IT规划、数据管理现状等进行规划和实施。以体系驱动的方案是自上而下建设的，能够帮助企业达成对数据治理全貌的理解和共识，有利于推动后续工作开展。在具体实践过程中，需要与实际情况结合，以实际数据质量问题为抓手，不断提升数据质量和业务质量，最终实现数据价值。

2. 标准先行：确定数据准入与改进的方向，解决抓手问题

紧跟近年来国产数据库迁移的大趋势，通过梳理数据标准，在国产数据库中落地数据标准也是一个很好的数据治理抓手。数据标准驱动的服务方案一般包括如下活动：现状调研、标准设计、标准映射、标准执行和标准管理。

3. 局部改进：寻求数据治理的最佳性价比，解决效率问题

局部改进使得我们能够以高优先级数据质量问题的改进或以满足急迫的监管要求为依据，局部推进数据治理工作，寻求数据治理的最佳性价比。

4. 升级改造：伴随新一代IT建设落地数据治理，解决时机问题

以新一代核心项目群建设为契机，通过数据标准建设、数据开发管理、数据资产运营等治理活动，将数据治理全过程融合到IT项目的生命周期中，包含规划需求、设计开发、测试上线、运营运维等不同阶段。

我们的数据治理咨询体系的最大特点是通过系统化的方法论重塑数据治理咨询，打通企业架构和数据平台之间的通道。大部分金融机构的数据架构和数据平台是分离的，越来越多的大型金融机构希望在做数据架构的同时，可以协同数据模型，这样一方面能够指导应用架构，另一方面能够指导数据中台和数据平台，达成无缝链接。值得一提的是，中电金信目前拥有自己的企业架构建模团队，不仅引入了业内顶级专家团队来构建咨询能力，而且在很多大型机构进行了实践。

我们长期致力于金融机构数据领域的实践和研究，针对数据资产管理逐渐积累形成了一套完整的方法论，并于2022年12月发布了《中电金信数据治理白皮书》，该白皮书结合公司6000多人的服务团队、100多人的产品团队、200多人的咨询团队的经验沉淀而成，全面阐述了数字银行数据治理的建设体系。

19.5 基于自主创新的“源启”数据资产平台全力推动企业数据资产化过程

我们的数据治理咨询体系所依托的工具平台是“源启”数据资产平台，其架构如图19-3所示。“源启”数据资产平台是中国电子金融级数字底座“源启”的核心平台之一，金融级数字底座“源启”是中国电子依托全栈自主计算产业链，采用新一代技术架构，为金融及重点行业打造的数字化新型基础设施。“源启”数据资产平台能够助力客户实现业务数据化、数据资产化乃至资产价值化，为金融机构数字化转型和数据化运营提供企业级、全链路的数据平台能力支撑。

“源启”数据资产平台具有如下4个独特优势。

（1）将多年的咨询和实施经验融入数据资产平台。中电金信的数据管理产品依据中电金信服务了300多家客户的实践经验总结而来，内置了企业级数据模型、企业级指标体系以及企业级质量检查规则等，可以协助客户快速地从0到1建立数据资产平台。

（2）具有松耦合、组件式的技术特点。中电金信的数据管理产品拥有多个组件，而其中的每一个组件又是可分拆的。基于一套技术架构平台，既能提供整体端到端的产品支持，又能够提供解耦支持。

（3）开放和多平台适配。与其他厂商的数据资产管理方案相比，基于中国电子金融级数字底座“源启”的“源启”数据资产平台的一大特点在于具有国产化适配能力。“源启”数据资产平台与国内多家知名数据库、调度系统、操作系统、数据交换以及中间件厂商达成合作协议，能完整适配其产品，从而构建了自主创新的国产化适配体系。

（4）全面满足云原生的要求。“源启”数据资产平台的整个技术体系都是基于云原生架构搭建的。

图 19-3 “源启”数据资产平台的架构

19.6 数据治理的最佳实践

我们以金融业为主，逐渐向大型央企覆盖。下面介绍两个实践案例。

实践一：某大型央企以数据资产为驱动，全面重构数据治理体系

图 19-4 是某大型央企以数据资产驱动全面重构数据治理体系的案例。在信息化建设过程中，竖井式建设的业务系统带来的数据不完整、不准确、不一致、冗余等问题成为信息化管理水平提升的瓶颈。这家央企的组织架构是典型的集团公司加子（分）公司的模式，在这种模式下，从集团往下推相关的数据治理工作是非常难的。

根据客户现状，并结合中金电信大数据团队在多个类似项目中积累的行业经验以及咨询专家的加持，从总体上建立相关的组织架构流程制度以及保证措施，规划数据资产项目，数据资产管理平台将由历史数据存储、数据整合平台、数据应用层、数据应用门户、调度监控、运维管理组成。按此规划，基于数据资产管理平台的基础数据平台将成为全集团唯一的 BI 系统数据的来源和供应方，帮助客户构建统一监测分析体系、打造统一决策系统、规划统一建设运营、实现运维统一调度指挥，助力客户进行很好的数字化转型。

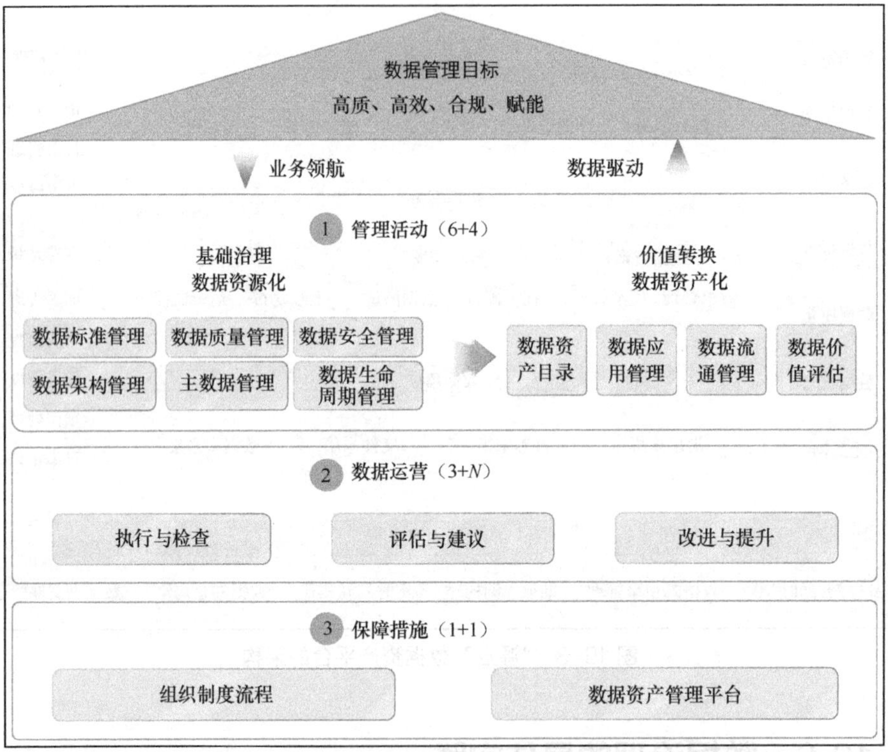

图 19-4 某大型央企以数据资产驱动全面重构数据治理体系的案例

实践二：聚焦管理，全面盘点数据资产，构建数据资产管理体系

某头部城商行从 2008 年开始进行数据治理，数据治理痛点不断涌现，表现如下：数据杂乱，未资产化，没有进行梳理盘点，部门间标准不统一，无法全面了解数据资产存量，用户体验差；数据孤岛现象严重，流通效率低，数据存在部门门槛，各业务域数据未打通，难以实现数据共享，使用效率低；口径混乱，使用门槛高，大量数据口径缺失，同时存在数据同义不同名、同名不同义的问题，业务人员难以理解数据；人工输入，安全保障难，多以人工方式输入/输出，开发无规范，数据资产无法兼顾数据流通和数据安全等。

针对以上痛点，中金电信大数据团队利用企业架构建模，盘点数据资产并整合核心数据模型以提供数据资产统一管理（见图 19-5）。该城商行于 2022 年使用中电金信数据资产运营工具成功上线数据资产管理平台，全面盘点占全行 80%的核心数据资产，形成数据资产的统一管理及使用。

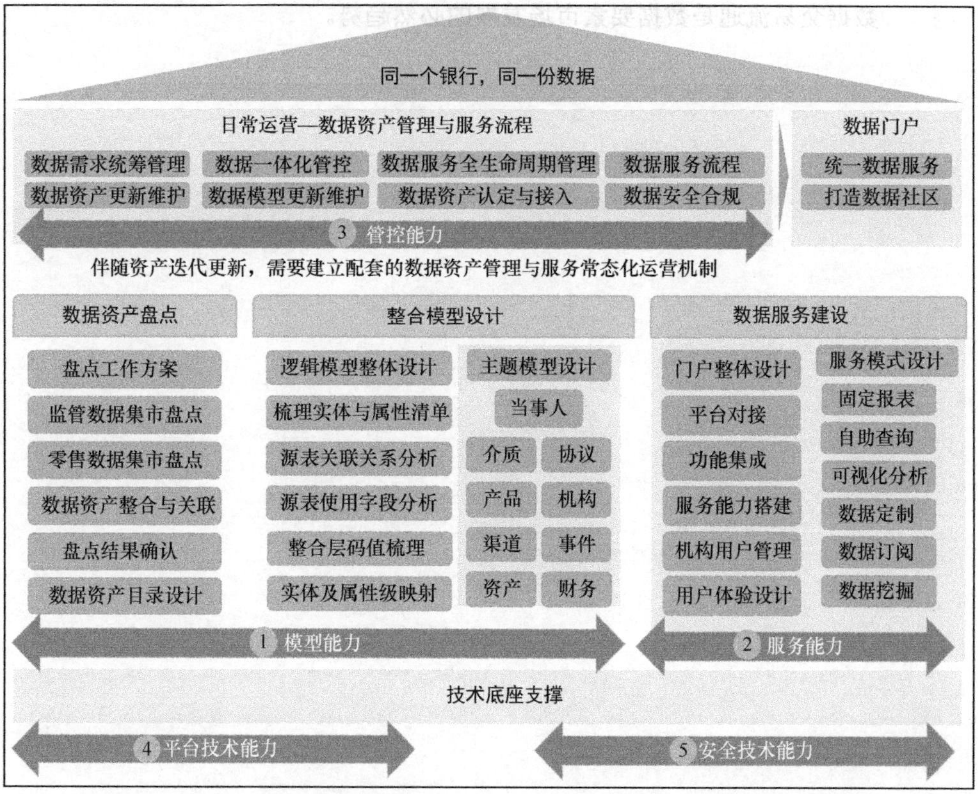

图 19-5 某头部城商行全面盘点数据资产以构建数据资产管理体系的案例

19.7 数据治理的后续发展方向

数据治理的后续发展方向总结如下。

- **数据开发治理**：一体化的数据开发治理会变成后期数据治理越来越重要的抓手。
- **数据资产运营**：“数据二十条”的发布是数据管理从业者的福音，数据资产如何变现、如何让合适的数据产品找到合适的用户、数据资产如何运营等，将成为业务用户讨论的热点。

- **数据安全治理**：安全是底线，任何时候都要将数据安全放在首位，数据安全治理将是数据行业从上到下的重要关注点。
- **数据交易流通**：很多金融机构已经开始在内部尝试实现相关数据产品的交易，预计未来数据管理部门将会从以成本为中心逐渐向以利润为中心转变，数据交易流通是数据要素市场发展的必然趋势。

第20章　中国联通：深化落实数据战略，助力企业数字化转型

欧阳秀平　正高级工程师，上海松佰牙科器械有限公司CIO，上海松佰信息科技有限公司CEO。曾任中国联通集团广州软件研究院院长、中国联通广东省分公司CIO，拥有超过25年的IT、互联网技术、业务和运营等跨界经验，长期从事企业数字化转型以及IT信息化领域、移动互联网领域、电商及新零售领域的工作，是首批DAMA认证首席数据官（Certified Chief Data Officer，CCDO）、IPMP（International Project Manager Professional）认证国际特级项目经理、IPMP评估师，还担任过广东省信息协会副会长、广东省互联网协会常务理事、广东省互联网协会区块链专业委员会副主任委员、广东软件行业协会常务理事、广东省计算机学会区块链专业委员会委员、广东省科学技术厅科技评审专家。

当前我国经济正处于转型升级阶段，数字经济成为国民经济高质量发展的新引擎，传统经济与数字经济逐渐融合，以数据为关键生产要素的数字经济在各个产业创新活跃并得到全面应用。当下数字化转型成了所有企业的热门话题，各类大中小微企业都在竭力利用数字化技术进行转型，或努力生存下去，或改变自己在同行中的竞争格局，或创造新的业务和商业模式。但并不是所有企业都能利用数据取得商业上的成功，因为要想发挥数据要素价值，就必须解决企业需要什么数据、如何管理数据、谁对数据质量负责、如何用数据创造价值等一系列核心问题。制定与企业自身契合、可落地可执行的数据战略是解决上述核心问题的“金钥匙”。

企业的数字化转型该如何深入，让数字化能力发挥更大的作用？落实数据战略，发挥数据要素价值，是企业数字化转型进入下一阶段的关键路径。本章将结合中国联通数字化转型实践经验，分享企业数字化转型的必要性、重点问题与挑战，以及数据战略落地的十大关键步骤。

20.1 数字化转型是国家重要战略

从国家层面看，加速数字经济发展，推动社会、政府、企业的数字化转型是国家重要战略。习近平总书记在党的二十大报告中强调："加快发展数字经济，促进数字经济和实体经济深度融合，打造具有国际竞争力的数字产业集群。""十四五"规划中提到：加快数字化发展，建设数字中国，以数字化转型整体驱动生产方式、生活方式和治理方式变革。2022 年国务院《政府工作报告》中提到：促进数字经济发展，加强数字中国建设整体布局，促进产业数字化转型。由此可见，数字化转型是数字经济时代社会基座的重要组成，是国家实现高质量发展的必经之路。

与此同时，我们也能看到数据已经上升至国家战略层面。2020 年 4 月，《中共中央 国务院关于构建更加完善的要素市场化配置体制机制的意见》正式发布，提出数据是生产要素，全面提升了数据的战略地位。2021 年 12 月，国务院印发《"十四五"数字经济发展规划》，明确指出：数据要素是数字经济深化发展的核心引擎。2022 年 12 月，《中共中央 国务院关于构建数据基础制度更好发挥数据要素作用的意见》要求加快构建数据基础制度，促进数据合规高效流通使用，更好发挥数据要素作用。

数据在企业竞争中也发挥着重要的作用，表现如下。

- **数据帮助企业提升效率**。例如，美的利用 AI 技术使企业生产效率提升 50%，排产效率提升 70%，产期缩短 35%。
- **数据为企业带来效益增长**。例如，中国联通推出面向企业客户的联通云犀数字产品，该产品通过提供企业数字化指挥舱，在 2021 年为企业创收 3.5 亿元。
- **数据让企业实现业态转变和商业模式创新**。2021 年，特斯拉通过售卖基于大数据的自动驾驶软件 FSD 获利 38.02 亿美元，占其当年总收入的 7.06%，这项业务的营收有望在 2025 年占到其年收入的 25%。

由此可见，数据要素价值的发挥决定了企业能否拥有独特的"护城河"，以塑造核心竞争力。

20.2 企业数字化转型的重点问题与挑战

当前企业数字化转型面临着各种问题与挑战，主要有三点。

第一点，如何加速从书面战略走向实践战略。在实际执行战略的时候，由于企业本身的运行惯性、体制机制建设、文化基因、转型能力储备等方面的因素，往往谈得多，推进得少。

第二点，如何通过机制创新获取战略转型的资源和能力。转型需要加大资源的投入和能力建设，如何突破传统框架获得转型资源是一项巨大挑战。

第三点，如何实现数字化与业务的深度融合，创造业务价值。对于企业来说，关键不是建设了多少系统和平台，而是数字化和数据能力给企业的业务发展带来了多少帮助，以及在效率、效益、变革方面给企业带来了多少改变。

基于以上数字化转型深入过程中面临的问题和挑战，大多数企业意识到数据已成为重要战略资源。为了有效利用数字化带来的机遇，降低潜在风险和损失，企业必须制定数据战略，深入研究业务战略对数据的需求，回答组织需要什么数据、如何获取数据、如何管理数据、如何确保数据的可靠性，以及如何利用数据的问题。数据战略一般从企业战略、业务战略出发，推动数据基础设施建设，提升企业数据管理能力，实施企业数据运营，通过企业数据要素价值化来保障企业战略的实施效果。

20.3 数据战略落地的十大关键步骤

大型企业通常采用“集团-省-市”的多级管理模式，业务构成杂、IT 系统多、业务链路长，企业生态覆盖从研发到销售全产业链。数字化技术的应用与数字经济的发展正在影响甚至颠覆行业的传统格局，对这类企业来说，抓住数字经济带来的新发展机遇、落实数据战略至关重要。结合中国联通的实践经验，我们归纳总结出数据战略落地的十大关键步骤。

1. 提升数据治理在企业战略中的地位

数据战略是驱动企业数字化转型持续深化的核心抓手，要实施数据战略，就要提升数据治理在企业战略中的地位。图 20-1 是数据治理在信息化阶段和数字化阶段的不同战略地位对比情况：在信息化阶段，数据治理处于最底层，仅仅是副产品；而到了数字化阶段，数据治理不是简单的技术范畴工作，而是企业治理的新阶段。在数字化阶段，企业跨越了组织边界、经营边界和技术边界，原有的传统模式被颠覆，不断沉淀和形成的数据资产加速了企业数字化转型的步伐，重构业务规则并推动组织实现数字化转型。数据从支撑工具上升到战略层面，推动企业向数据驱动型组织转变，通过数据改善资源配置有效性、提升人员能力和水平、创新企业产品和服务。数据治理成为企业治理的总纲领、总方向，企业上上下下，特别是管理层，应该对此达成共识。

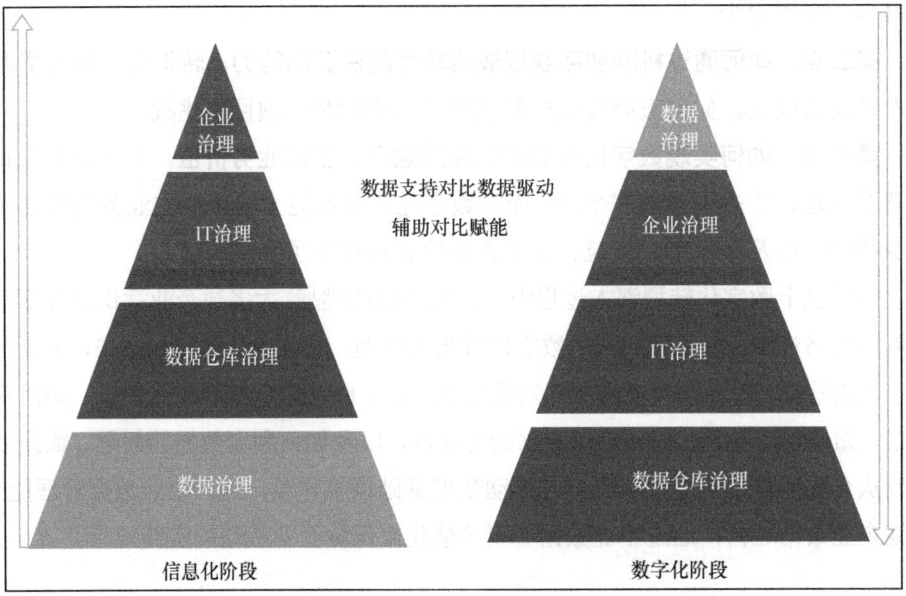

图 20-1 数据治理在信息化阶段和数字化阶段的不同战略地位对比情况

2. 确定数据战略的愿景、使命和目标

数据战略是围绕企业“降本、增效、提质”展开的，旨在进行业务创新和助力企业转型发展。可以通过看清业务战略，为数据战略明确具体的目标、环境和保障，从业务需求、业务成效来引领数据战略方向。此外，数据战略的实施可以持续为业务战略的达成提供创新动力，并为企业的战略判断和科学决策、运营效率提升、产品与服务创新提供持续有力的支持。业务战略和数据战略需要有机结合、相互促进。

业务战略为数据战略提供了目标、环境和保障，指导、引领数据战略方向；数据战略为业务战略提供创新动力，能够执行、影响、引领企业战略。经过实践探索，我们认为要想确定与业务战略融合的数据战略愿景、使命和目标，就需要做好以下三点。

- **数据战略要能解决当下业务经营问题，提升经营效率和效益。**数据战略要以问题为导向，按场景驱动，将解决生产经营中遇到的突出问题和运营痛点作为抓手来开展工作。
- **数据战略要能指引业务战略未来的方向。**数字技术的进步可能产生新的市场需求，构建新的商业模式，进而导致行业变革。
- **数据战略和业务战略相互促进。**数据战略能够挖掘数据价值，提高业务效率和效益，甚至可能发展出新的商业模式。相应的，企业业务的扩展、用户规模的膨胀，也促使企业完成数据资产的增值，为数据技术落地提供多元场景。

3. 选择关键应用场景作为检验数据战略的实战场

数据战略在科学决策、运营提效、业务创新三个方面可以发挥巨大作用。中国联通最早规模化应用数据是为了进行内部经营分析和科学决策，同时也在业务创新和对外数据服务方面做了尝试（如“大数据行程卡”）。我们选择的场景是内部运营提效，在人、财、物三个领域进行深入实践。通过结合数据与劳动力，驱动人才结构调整，促进员工作业和管理效能提升；通过结合数据与资产，实现数据要素驱动资产配置效率提升，提高投资效能；通过结合数据与资本，构建成本与收入模型，提高资金使用效率，同时构建数据价值量化体系，为数据变现提供基础。

- **“数据”+“劳动力”**：首先考虑数据要素与劳动力要素的关联。一是数据驱动人才结构调整；二是数据驱动员工作业和管理效能提升。
- **“数据”+“资产”**：其次考虑数据要素与资产要素的融合。一是数据要素驱动资产配置效率提升与投资评估；二是资产要素为数据战略的实现提供物资保障。
- **“数据”+“资本”**：最后考虑数据要素与资本要素的融合，提升企业价值管理效能。一是构建成本与收入模型，提高资金使用效率；二是构建数据价值量化体系，为数据变现提供基础。

4. 构建业务负责制的治理组织，保障战略落地

企业的数据治理能力决定了企业数据管理水平和数据变现能力，企业需要建立与数据战略匹配的数据治理组织体系，保障战略落地。在不同行业、不同公司，CDO（Chief Data Officer，首席数据官）的定位和汇报对象往往不同，因此对于CDO职位的设置，业界一般有4种模式。

- **第1种**：在CIO（Chief Information Officer，首席信息官）/CTO（Chief Technology Officer，首席技术官）下设置CDO，以技术为主推动。
- **第2种**：在CMO（Chief Marketing Officer，首席营销官）下设置CDO，以业务数据应用为主推动。
- **第3种**：在CEO（Chief Executive Officer，首席执行官）下直接设置单独的CDO，此时需要面对协调技术和业务的双重挑战。
- **第4种**：CFO（Chief Financial Officer，首席财务官）兼任CDO，直接向CEO汇报，此时对数据战略有强管控力。

中国联通选择由 CFO 兼任 CDO，直接向 CEO 汇报。原因是 CFO 是数据治理的最大受益者，CFO 对公司商业模式理解透彻，能作为业务与数据的桥梁，负责整个公司的绩效管理、价值管理、目标管理等，对数据战略有更强的管控力。

此外，企业需要基于自身特点选择适合的数据组织架构。中国联通采用联邦式的数据组织架构，成立了数据治理中心来保障数据战略的执行，并在业务部门设置数据专业组织，形成业务、技术、数据的“铁三角”，负责具体实施。任命业务责任制的数据拥有者负责数据标准质量管控与数据价值场景挖掘等，向 CDO 汇报，进行企业数据问题的决策。

5. 将数据思维植入企业文化，构建核心竞争力

数据治理是一个久久为功的系统工程，需要融入企业文化才能生生不息。在企业内部用数据说话、用数据管理、用数据决策、用数据行动、用数据驱动创新；构建上限一致的数据文化，通过培养认证，统一理念、观点、话术等，形成统一的数据文化基础。持续在企业的生产经营过程中，在各个环节、各个岗位，不断养数据、管数据、用数据。具体可以从以下两方面发力。

- **企业高层身体力行，带头学习数据治理知识。**中国联通高层率先获得数据治理认证，带动公司各级、各领域数据治理人员、业务人员参与，在一年内就达到近 300 人的认证规模，从数据治理知识层面上解决了盲区。
- **从企业战略层面倡导用数文化。**中国联通提出“推动数据‘看得见、管得住、用得好’”的战略目标，始终坚持面向客户、市场、一线，聚焦 IT 核心能力，实现“五网一中台”协同贯通的集约化能力建设与面向客户场景的 IT 运营能力同步提升，构建中国联通智慧运营大脑，将数据思维植入企业文化，形成企业价值观。

6. 制定企业级的数据管理制度，保障流程处处顺通

制定有效的数据管理制度是企业数字化转型成功的必要条件，要让数据管理活动有章可循。如图 20-2 所示，中国联通将制度规范分为 3 类：办法细则、企业标准及规范方案。办法细则要讲清楚“为什么做，谁来做”，明确数据管理工作的原则、分工和流程；企业标准统一数据语言和数据架构，讲清楚数据要做成什么样，要记录哪些信息，是数据流通共享的基础；规范方案规定“怎么做”，比如数据需求、采集、服务具体的规范步骤是怎样的，以保障企业数据管理行为的高效运作。在集团层面统一构建管理制度和标准规范，上下贯通、刚性执行，全面提升数据治理成效。

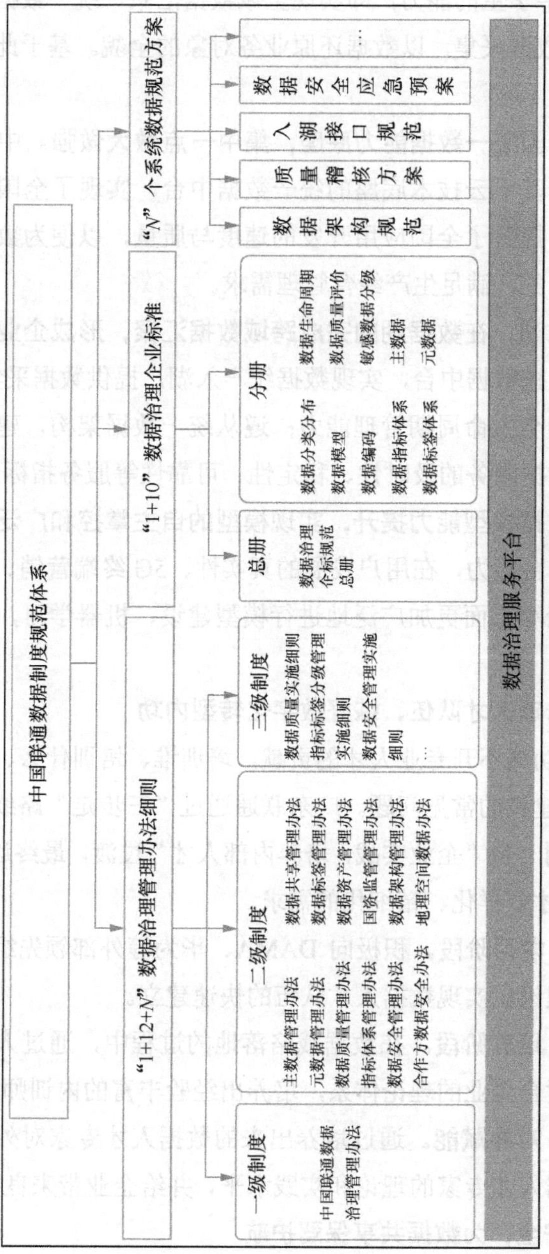

图 20-2 中国联通数据制度规范体系

7. 完善数据基础设施，打造坚实的数据底座

传统企业存在数据孤岛、数据资源数不清、数据标准不一致是常见的问题。我们希望企业拥有数字孪生的能力，即实现全域数据汇聚，统一数据中台，对业务对象进行统一标准的数据采集，以数据还原业务对象的全貌。基于此，企业需要构建以下数据能力。

- **坚持打造全国统一数据能力底座，集中一点做大做强。**中国联通在全集团构建了一套基于云技术底座的统一数据中台，实现了全国数据一点集中、一点服务，提升了全国应用开发的速度与质量，以便为数据使用方提供便捷优质的服务，满足生产经营管理需求。
- **数据统一入湖，在数据湖内完成跨域数据汇聚，形成企业数据资产目录。**中国联通依托数据中台，实现数据统一入湖，提供数据采集、存储、集成、分析、归档全生命周期管理能力；遵从统一数据架构，建立数据服务保障机制，对数据服务的及时性、稳定性、可靠性等服务指标进行监控。
- **加大自有数据模型能力提升，实现模型的自主掌控和广泛应用。**中国联通依托数据中台能力，在用户发展的真实性、5G 终端营销、网络优化的判断和科学决策等方面更加广泛地进行模型建设、机器学习，以数据算法驱动经营管理。

8. 建设数据治理人才队伍，练好数字化转型内功

数字化转型成功离不开专业人才的贡献，培训谁、培训什么、培训对象水平如何评估是人才队伍建设的常见问题。广东联通通过“三步走”路线，逐步从“向外学习，引进优秀人才”向“企业实战，培养内部人才”过渡，最终达到“对外赋能”，满足企业对数据人才多样化、精细化的需求。

- **第一阶段：学习阶段。**积极向 DAMA、华为等外部领先组织学习，引入先进的行业理论，实现数据人才队伍的快速建立。
- **第二阶段：培养阶段。**在数据战略落地的过程中，通过人才嵌入项目的方式总结出适合企业的理论体系，培养出经验丰富的内训师。
- **第三阶段：对外赋能。**通过培养出来的数据人才专家对外赋能，提升和完善企业数据人才专家的理论和实践水平，并给企业带来良好的声誉和利润。

9. 夯实数据安全，为数据共享保驾护航

数据安全和合规管理不当会给企业带来巨大风险和损失。数据安全体系首先要处理好长期和短期的问题，一方面明确责任机制，健全制度体系；另一方面以问题为导向，解决短期问题，确保有长效的保障机制。此外，数据安全既要对内满足用数需求，又要对外合法合规。广东联通抓住了“人”这一关键要素，确保每一名员工“实名认证、分级授权、操作可追溯”。

- **健全数据安全顶层设计**，完善企业内部 CDO、CSO（Chief Security Officer，首席安全官）、CIO 责任体系，强化网络与信息安全下的数据安全组织架构与定岗定责；不断完善数据安全分类分级、重要数据识别制度与流程编制，强化数据资产识别、防泄露、加密、脱敏、销毁等数据安全能力建设。
- 以工号实名制为抓手，打造“工号+身份证号+活体认证”的**牢不可破的数据安全底层能力**，为防诈断卡行动、个人隐私保护、网络信息安全提供安全底座。
- **建立数据安全运营体系**，用适当的安全技术和管理手段整合人、技术、流程，建立持续降低企业安全风险的综合能力。

10. 以治促用，以用促治，数据运营迭代提升治理水平

数据治理需要业务和技术在企业实践中双向驱动，推动企业制度与流程的再塑，因而是一个长期推进的过程。

- **数据运营机制需要以数据治理促进业务协同。**数据治理本质上治理的是企业数据资产，是对数据资产生产、采集、存储、加工、服务全过程的管理，也是对数据资产相关利益者的协调和规范。“以治促用”要求数据治理打破企业数据孤岛，实现数据共享，打破“部门墙”，促进业务协同。
- **数据运营机制需要以业务协同反哺数据治理。**在数据治理过程中存在一些误解，比如认为数据治理增加了条条框框，反而对业务效率产生了制约。数据的产生主要源自人力资源、采购、生产、财务等业务领域，要最大化利用数据的价值，就必须在生产环节打破业务壁垒，开展跨业务协同。优化的业务流程、规范的业务操作能使数据质量得到提升，跨业务的协同对数据治理起反哺作用。

20.4 中国联通数据战略实施的经验总结

企业数据战略的有效实施需要持续在多个方面发力，比如制定企业数据战略、打造数据组织和数据文化、明确战略执行原则、落实关键行动。其中最重要的是把数据战略放在企业战略的最高层，全局谋划，系统推进。通过组织和文化转型保障组织活力，同时坚定“战略和执行统筹、业务和技术双轮驱动、自主和合作并重”的核心原则，保障转型始终在正确的轨道上。这样就可以通过顶层设计有规划、有部署，并通过平台赋能构建企业数据能力，以及通过生态落地保障长期监控发展，持续迭代优化，不断在转型过程中实现自我进化。

在高速发展的数字经济时代，要真正发挥数据的生产要素价值，为企业降低成本、促进增长和创造新的商机，实施定制化的数据战略至关重要。构建企业级的数据战略是企业发展路线图上的重要篇章。本章提出的数据战略落地的十大关键步骤可以有效解决企业对数据战略缺乏系统性认识的问题，帮助企业识别数字化变革过程中的难题，找出具有战略需求的数据资产，并利用数据技术增强组织的洞察力，提高决策质量和效率，从而全面提升企业的长期竞争力。